Alpbach September 2018

Siegfried Kiontke

Lebende Moleküle

Wie Lebenskraft Materie formt und ordnet

Gestaltung und Gesamtbearbeitung: Margit Eberlein, Christine Lohner
Lektorat: Dr. Renate Oettinger
Druck: Pauli Offsetdruck e. K., Oberkotzau
1. Auflage 2018

© 2018 VITATEC Verlagsgesellschaft mbH

VITATEC Verlagsgesellschaft mbH
Am Schlichtfeld 2
82541 Münsing

Alle Rechte vorbehalten, einschließlich derjenigen des auszugsweisen Abdrucks sowie der fotomechanischen und elektronischen Wiedergabe.

ISBN: 978-3-9811885-5-4

Inhalt

Vorwort 7

Danksagung 15

1. Ist Leben wirklich ein Zufallsprodukt? 17

1.1	Der Organismus als ganzheitliches System	19
1.2	Die Vielfalt möglicher Wirkungen darf nicht unterschätzt werden	20
1.3	Die Kluft zwischen Leben und Materie	20
1.4	Kennzeichen des Lebens	21
1.5	Die Quantenphysik als Erklärungsansatz	23
1.6	Quantenphysik braucht günstige Konditionen	25
1.7	Elektromagnetische Felder als mögliche Lösung	26

2. Elektromagnetismus: Alles ist in Bewegung, schwingt und strahlt 27

2.1	Definition wichtiger Begriffe	29
2.2	Die Felder der Erde	33
2.3	Longitudinalwellen und Skalarwellen	38
2.4	Alles schwingt und strahlt	40
2.5	Was ist Substanzabstrahlung?	41
2.6	Elektromagnetische Informationsübertragung	43
2.7	Zusammenfassung	44

3. Fraktale Muster und Vorschriften — 45

- **3.**1 Dreidimensionale Fraktale in Organismen — 47
- **3.**2 Fraktale und Gesundheit — 48
- **3.**3 Fraktale und Musik — 48

4. Ordnung und Organisation in der Zelle — 51

- **4.**1 Die scheinbare Ordnung — 52
- **4.**2 Die Details und das Ganze — 54
- **4.**3 Das Rätsel der komplexen Strukturen — 55
- **4.**4 Energetische Hinweise auf die Kohärenz in der Zelle — 60
- **4.**5 Kohärenz ist kein selbstverständliches Phänomen — 63

5. Erkenntnisse aus der Quantenphysik — 65

- **5.**1 Die kleinsten Materieteilchen — 66
- **5.**2 Was bezeichnet der Begriff „Quanten"? — 67
- **5.**3 Wärmeabstrahlung im Niedrig- und Hochfrequenzbereich — 68
- **5.**4 Die wichtigsten Aspekte der Quantenphysik im Überblick — 69
- **5.**5 Möglichkeitsfelder in der Quantenphysik — 72
- **5.**6 Das Nullpunktfeld und die Vakuumfluktuationen — 75
- **5.**7 Kohärente Domänen und Wasser — 76
- **5.**8 Die Quantenverschränkung — 77

6. Ungleichgewichte und der Energiekreislauf   85

6.1   Die Natur ist nicht im Gleichgewicht   86
6.2   Beispiele von Ungleichgewichten   88
6.3   Vorteile metastabiler Zustände   90
6.4   Die energetische Gratwanderung   91
6.5   Der Energiekreislauf im Überblick   101

7. Codes, Informationen und Muster in lebenden Organismen   103

7.1   Informationsaustausch und Codes   104
7.2   Was ist Information?   105
7.3   Eigenschaften von Codes   108
7.4   Codes in der Zelle   110
7.5   Muster und deren Wahrnehmung   117
7.6   Das Montagnier-Experiment   121
7.7   Die Schwierigkeit der Mustererkennung in der Zelle   124
7.8   Mustererkennung auf Distanz   126

8. Braucht der Organismus Blaupausen?   129

8.1   Das Glucose-Molekül und seine Zusammensetzungen   131
8.2   Wie lässt sich die Morphogenese (Formbildung) erklären?   134
8.3   Strukturbildung aufgrund stehender Wellen   139
8.4   Elektrische Ströme und Formerhaltung   142
8.5   Das Vitalfeld   144

9. Aspekte der Quantenbiologie — 147

- **9.1** Unerwartete Quanteneffekte — 148
- **9.2** Ordnung aus Unordnung — 151
- **9.3** Quanteneffekte im Lichtsammelkomplex — 152
- **9.4** Weißes Rauschen — 155
- **9.5** Farbiges Rauschen — 156
- **9.6** Der Tunneleffekt — 157
- **9.7** Der Magnetsinn der Tiere — 162
- **9.8** Der Versuch Quantenphänomene zu deuten — 164

10. Vom Reduktionismus zur Ganzheitlichkeit — 165

- **10.1** Das faszinierende Zusammenspiel innerhalb der Zelle — 166
- **10.2** Faszinierende Vernetzungen innerhalb und zwischen Organismen — 167
- **10.3** Vom Reduktionismus über Quantenphysik zum Vitalfeld — 171
- **10.4** Ist das Bewusstsein ein Quanteneffekt? — 176

Weitere Informationen — 179

- Über den Autor — 181
- Literaturverzeichnis — 182
- Glossar — 186
- Index — 192
- Bildnachweise — 198

Vorwort

Liebe Leserin, lieber Leser!

„... als Physiker, der sein ganzes Leben der nüchternen Wissenschaft, der Erforschung der Materie widmet, bin ich sicher von dem Verdacht frei, für einen Schwarmgeist gehalten zu werden. Und so sage ich nach meinen Erforschungen des Atoms dieses:

Es gibt keine Materie an sich."

Diese Worte stammen von dem bedeutenden deutschen Physiker Max Planck (1858 bis 1947), der als Begründer der Quantenphysik gilt. Mit seiner Behauptung war er seiner Zeit und insbesondere den Erkenntnissen der traditionellen Forschung weit voraus. Denn erst seit Neuerem kristallisiert sich zunehmend heraus, dass er alles andere als ein „Schwarmgeist" war, sondern den Nagel auf den Kopf getroffen hat: *„Es gibt keine Materie an sich."* Materie gestaltet sich erst aus der Wechselwirkung unterschiedlicher Quantenfelder. (Wil 2008)

Seit damals hat ein tief greifendes Umdenken in der Medizin und Biologie eingesetzt. Experimente der modernen Physik im Bereich der Quantenphysik und der (elektromagnetischen) Felder haben die herkömmlichen chemisch-mechanistischen Vorstellungen von den Lebensvorgängen abgelöst. Die Physik hat in lebenden Systemen komplexe Strukturen offengelegt, die erstaunliche Fähigkeiten besitzen und die wir heute immer detaillierter verstehen.

Diese neue Sichtweise schärft nun unseren Blick für den Unterschied, der zwischen Molekülen der sogenannten „toten Natur" und den molekularen Strukturen in lebenden Organismen besteht.

Allerdings sind die neuen Erkenntnisse noch nicht bis in die Schulmedizin und zur Forschung an den Universitäten durchgedrungen. Dort werden weltweit fast alle zellulären, neuronalen und pathophysiologischen Zustände nach wie vor auf Basis der Biochemie und der Molekularbiologie betrachtet. Das heißt:

Um Krankheiten diagnostizieren und behandeln zu können, wird in der Regel nur nach quantitativen und/oder qualitativen Veränderungen bestimmter Molekülverbindungen geforscht. Aufgrund der molekularen Veränderungen wird dann nach Mechanismen gesucht, die den Krankheitsprozess beschreiben und erklären können. Als Ergebnis erfolgt die Behandlung fast ausschließlich mit chemischen Produkten auf der Grundlage bekannter Pharmakologie.

Dass dieses Vorgehen nicht mehr zeitgemäß ist, liegt auf der Hand. Denn es ignoriert die Forschungen im Bereich der Biophysik, deren Ergebnisse im Zusammenhang mit neuen Erkenntnissen aus interdisziplinären Grenzgebieten der klassischen Physik geradezu revolutionär sind.

Diese Forschungen machen nicht nur deutlich, dass biologische Systeme biophysikalisch miteinander kommunizieren, sondern legen auch eine übergeordnete Struktur und Fernordnung nahe und liefern zudem verblüffende Ergebnisse im Rahmen einer ganzheitlichen Betrachtung des Menschen in seiner Umwelt.

So steht es mittlerweile zum Beispiel außer Frage, dass es Lebewesen gelernt haben, den Elektromagnetismus als System zur Informationsübertragung und somit als Mittel der Kommunikation zwischen Zellen und Geweben zu nutzen.

Dieses Buch hat es sich nun zur Aufgabe gemacht, den Unterschied zwischen lebender und toter Materie auf leicht verständliche Weise darzustellen und schwierige Zusammenhänge aus der Physik und insbesondere der Quantenphysik möglichst einfach darzulegen. Damit ist es gleichermaßen für Mediziner, Heilpraktiker und Therapeuten wie auch für Patienten mit geringeren Vorkenntnissen der Physik und Medizin geeignet. Sämtliche Kapitel sind so aufgebaut, dass die Zusammenhänge anhand von Beispielen und aussagekräftigen Bildern schnell nachvollziehbar sind.

Prinzipiell können alle Kapitel in beliebiger Reihenfolge und unabhängig voneinander gelesen werden. Aus didaktischen Gründen empfiehlt es sich jedoch, die vorgegebene Reihenfolge der Kapitel einzuhalten, da auf diese Weise auch der ganzheitliche Ansatz der Betrachtungen deutlicher wird.

Doch bevor Sie sich in das Buch vertiefen, kommen wir noch mal auf Max Planck zurück. Er war der Ansicht:

„Alle Materie entsteht und besteht nur durch eine Kraft, welche die Atomteilchen in Schwingung bringt und sie zum winzigsten Sonnensystem des Alls zusammenhält. Da es im ganzen Weltall aber weder eine intelligente Kraft noch eine ewige Kraft gibt – es ist der Menschheit nicht gelungen, das heiß ersehnte Perpetuum mobile zu erfinden –, so müssen wir hinter dieser Kraft einen bewussten intelligenten Geist annehmen. Dieser Geist ist der Urgrund aller Materie. Nicht die sichtbare, aber vergängliche Materie ist das Reale, Wahre, Wirkliche – denn die Materie bestünde ohne den Geist überhaupt nicht –, sondern der unsichtbare, unsterbliche Geist ist das Wahre!

Da es aber Geist an sich ebenfalls nicht geben kann, sondern jeder Geist einem Wesen zugehört, müssen wir zwingend Geistwesen annehmen. Da aber auch Geistwesen nicht aus sich selber sein können, sondern geschaffen werden müssen, so scheue ich mich nicht, diesen geheimnisvollen Schöpfer ebenso zu benennen, wie ihn alle Kulturvölker der Erde früherer Jahrtausende genannt haben: Gott!

Damit kommt der Physiker, der sich mit der Materie zu befassen hat, vom Reiche des Stoffes in das Reich des Geistes. Und damit ist unsere Aufgabe zu Ende, und wir müssen unser Forschen weitergeben in die Hände der Philosophie." (Pla 1949)

Doch bevor auch dieses Buch den philosophischen Aspekt der Entstehung des Lebens am Ende kurz streift, entführt es Sie in die spannende Welt der modernen Physik mit ihren ebenso erstaunlichen wie faszinierenden Erkenntnissen.

Ist Leben wirklich nach dem Zufallsprinzip entstanden? Die traditionelle Forschung beantwortet diese Frage bis heute mit einem klaren Ja und postuliert, dass es zwischen lebender und toter Materie keinen wesentlichen Unterschied gebe.

Dass sich vor Milliarden von Jahren aus toter Materie lebende entwickeln konnte, sei einer Vielzahl von Zufallsprozessen zu verdanken, die sich wiederum rein zufällig aneinandergereiht hätten.

Kapitel 1 stellt diese Behauptung grundsätzlich infrage und zeigt gravierende Unterschiede zwischen lebender und toter Materie auf. Darüber hinaus legt es dar, dass es ein übergeordnetes Prinzip geben muss, nach dem Leben – keineswegs rein zufällig, sondern vielmehr mit erstaunlicher Präzision – „funktioniert".

Leben ist in hohem Maße geordnet und auf Überleben ausgerichtet. Leben erfordert ein Höchstmaß an Kohärenz und Kollektivität. Doch woher kommen diese unabdingbaren Faktoren, ohne die Leben (langfristig) nicht möglich wäre? Wie es sich inzwischen gezeigt hat, können die Quantenphysik und die Existenz elektromagnetischer Felder in Organismen einen Erklärungsansatz für diese Phänomene bieten.

In Hunderten von wissenschaftlichen Studien wurde im Laufe der vergangenen 60 Jahre festgestellt, dass elektromagnetische Felder und Strahlung eine wesentliche Wirkung auf biologische Regelsysteme ausüben können – und insbesondere auch auf die Zellaktivitäten, die für die Entfaltung des Lebens unerlässlich sind.

In **Kapitel 2** werden zunächst die zum Verständnis wichtigen Begriffe „Felder", „Frequenzen", „Wellen", „Phasen" und „Interferenz" definiert sowie die verschiedenen Felder erläutert, die uns auf der Erde umgeben. Ein weiterer Abschnitt widmet sich der Definition und Bedeutung von „Longitudinal-" und „Skalarwellen". Basierend auf der Erkenntnis, dass alles „schwingt und strahlt", wird schließlich die „Substanzabstrahlung" von Organismen thematisiert, die sich bei lebenden und toten Organismen deutlich unterscheidet.

Die dargestellten Betrachtungen führen schließlich zu der Schlussfolgerung, dass elektromagnetische Signale für die Koordination der Abläufe in der Zelle von herausragender Bedeutung sind. Diese Erkenntnis bringt uns der Antwort auf die Frage „Was macht Leben aus?" ein großes Stück näher.

Detaillierter geht dann **Kapitel 3** auf die Entstehung des Lebens ein. Es beschäftigt sich mit den sogenannten „Fraktalen"; das sind natürliche oder künstliche Gebilde, die in ihrem Aufbau einen hohen Grad an Selbstähnlichkeit aufweisen. So sieht ein Baumzweig beispielsweise ähnlich aus wie ein verkleinerter Baum. Auch im menschlichen Organismus spielen fraktale Muster und Konstruktionsvorschriften eine bedeutende Rolle, beispielsweise beim Aufbau unseres fein verästelten Blutgefäßsystems.

Entdeckt hat das fraktale Prinzip bereits der antike Philosoph Pythagoras (etwa 570 bis 500 v. Chr.) – und zwar in Bezug auf die Musik. Musik ist aus fraktalen Frequenzmustern aufgebaut. Wie dieses Kapitel darlegt, könnten solche Frequenzmuster (außerhalb des hörbaren Bereichs) auch die Vorschriften für den fraktalen Aufbau eines Organs bilden und in der Therapie zur Behandlung eingesetzt werden.

Einen weiteren wichtigen Aspekt der Entstehung und Funktionsweise des Lebens, nämlich die Kohärenz, thematisiert **Kapitel 4**. In jeder einzelnen Zelle laufen pro Sekunde mehr als 50.000 Prozesse gleichzeitig ab, ohne dass sie sich gegenseitig stören. Wie bemerkenswert das ist, wird noch deutlicher, wenn man bedenkt, dass es in jeder Zelle mindestens eine Million Proteine gibt, die theoretisch miteinander wechselwirken könnten: Statistisch gesehen sind das Trillionen möglicher Wechselwirkungen. Und doch finden im gesunden Organismus nur diejenigen Wechselwirkungen statt, die den Lebensprozessen dienlich sind.

Wir stehen somit vor der Frage, wie es überhaupt möglich ist, dass in der Zelle funktionsfähige komplexe Moleküle entstehen und anschließend in der Membran platziert werden können. Am Beispiel der „molekularen Motoren" wird dargestellt, wie anspruchsvoll die Anforderungen sein können, die an den Aufbau und die Funktionsweise der Molekülkombinationen gestellt werden. Für solche „Wunderwerke" ist eine hohe Kohärenz im Sinne von koordinierter Zusammenarbeit vieler Motorproteine gleichzeitig zwingend erforderlich. Nur gemeinsam bringen sie die enorme Kraft auf, die benötigt wird, um die Schwingung zu erzeugen, die den Motor in Bewegung setzt.

Ein weiteres bemerkenswertes Beispiel für Kohärenz sind die „Biophotonen". Wie gelingt es der Zelle, in einem einzigen Photon so viel mehr Energie zu konzentrieren, als üblicherweise zur Verfügung steht? Auch dieser Prozess ist ohne Kohärenz zwischen mehreren Zellkomponenten nicht erklärbar.

Kohärenz in der Zelle ist keineswegs ein selbstverständliches Phänomen, sondern nur unter bestimmten Voraussetzungen möglich. So treten bei Molekülen und Atomen Kohärenzphänomene meist erst bei niedrigen Temperaturen auf. Der Grund: Die störenden willkürlichen Wärmebewegungen der Teilchen sind bei tiefen Temperaturen geringer, sodass Ordnungsphänomene möglich werden. Umso fantastischer ist es, dass die Zelle dazu in der Lage ist, auch bei Körpertemperatur Kohärenz herzustellen. Doch wie gelingt ihr das?

Wie in Kapitel 1 bereits angedeutet, kann die Quantenphysik einen Erklärungsansatz für die Kohärenzphänomene in der Zelle bieten. **Kapitel 5** stellt nun die in diesem Zusammenhang wichtigsten Erkenntnisse aus der Quantenphysik dar.

Viele physikalische Größen erweisen sich im atomaren Bereich als quantisiert, das heißt: Sie nehmen stets nur bestimmte, unterscheidbare Werte an. Sie können sich also nicht kontinuierlich, sondern nur in Form sogenannter „Quantensprünge" verändern.

Im Jahr 1900 postulierte der deutsche Physiker Max Planck, dass auch die Wärmeabstrahlung und -absorption nicht gleichmäßig, sondern in kleinen separaten Einheiten („Quanten") stattfindet, und legte damit den Grundstein für die Quantenphysik.

In atomaren Dimensionen können Teilchen nicht mehr als feste Kügelchen betrachtet werden, sondern werden durch eine Wellenfunktion beschrieben, wodurch Teilchen die Eigenschaften von Wellen bekommen. Die Wellenfunktion hat eine gewisse Ausbreitung durch den Raum und gibt die Wahrscheinlichkeit an, das Teilchen irgendwo in diesem Raum anzutreffen. Wo genau, lässt sich nicht sagen, sondern wird durch die „Möglichkeitsfelder" der Quantenphysik beschrieben.

Die Welleneigenschaften ermöglichen es den atomaren Teilchen zudem, an Plätze zu gelangen, die „normale" Teilchen nie erreichen würden („Tunneleffekt"). Die örtliche Unbestimmtheit der Teilchen wird am Beispiel des Doppelspalt-Experiments aufgezeigt.

Weiterhin wird auf die Vakuumfluktuationen (Nullpunktenergie) eingegangen, die es erlauben, viele atomare Phänomene theoretisch vorherzusagen und experimentell zu bestätigen. So können Vakuumfluktuationen im Wasser beispielsweise zu kohärenten Domänen führen. Aus dieser Beobachtung lassen sich unter anderem Möglichkeiten für die stabile Speicherung elektromagnetischer Wellen in bestimmten Zellbereichen ableiten.

Ein weiterer Abschnitt dieses Kapitels befasst sich mit der Quantenverschränkung, die besagt, dass zwei oder mehr Teilchen unter bestimmten Umständen nicht mehr als einzelne Teilchen mit ihren eigenen Zuständen beschrieben werden können, sondern nur noch als Gesamtsystem. Auch diese Erkenntnis kann zum Verständnis der Kohärenzphänomene in der Zelle beitragen.

Neben der Kohärenz ist aber auch die Betrachtung der Gleichgewichte und Ungleichgewichte in der lebenden Natur von Bedeutung, um die Frage, ob Leben wirklich ein Zufallsprodukt sein kann, zu beantworten. Dieser Betrachtung widmet sich **Kapitel 6**.

Während die tote Natur stets nach einem Zustand des Gleichgewichts strebt, befinden sich bei lebenden Organismen viele mechanische und biochemische Parameter nicht im stabilen Gleichgewicht mit der Umgebung, sondern nehmen „metastabile" Zustände ein. Diesen – in der entsprechenden Situation vorteilhaften – Zustand können sie über einen längeren Zeitraum hinweg halten, um dann am richtigen Ort und zum richtigen Zeitpunkt wieder in den stabilen Zustand überzugehen.

Im Vergleich zu stabilen Zuständen weisen metastabile Zustände eine höhere Energie auf. Dieses energetische Grundprinzip metastabiler Zustände kann als Methode zur Energiespeicherung nutzbar gemacht werden. Ein Beispiel dafür ist die Photosynthese als metastabiler Zustand: Die aus der Umgebung aufgenommene Energie wird in energiereichen Molekülen (vor allem in Glucose) gespeichert und später über die Nahrungskette wieder abgegeben.

Angefangen damit, dass die Sonnenenergie von der Pflanze aufgenommen wird, bis zu dem Moment, in dem sie verbraucht wird, durchläuft sie einen fein gegliederten, vielstufigen Prozess, der als „energetische Gratwanderung" bezeichnet werden kann.

Ein nicht minder wichtiger Aspekt, der lebende von toter Materie unterscheidet, betrifft die Informationsübertragung. Viele für die Lebens- und Arterhaltung wichtige Vorgänge in der Zelle arbeiten mit einer Form der Kodierung, um Informationen zu übermitteln. Beispiele dafür sind der Zuckercode, der epigenetische Code und der DNA-Code. Tote Materie dagegen braucht keine Codes, da sie auch keine Mechanismen besitzt, die auf die Zukunft ausgerichtet sind.

Eine spezielle Form von Codes sind Muster, die wahrgenommen und mit gespeicherten Mustern verglichen werden; jedes Muster enthält Information. Auch Substanzen besitzen ein solches Muster, das – wie sich in Versuchen gezeigt hat – in Wasser gespeichert werden kann (Montagnier-Experiment).

Innerhalb der Zelle könnte die Mustererkennung dafür sorgen, dass die Moleküle ihre geeigneten Reaktionspartner finden. Das klingt im ersten Moment sehr praktikabel, doch sobald man bedenkt, wie prall gefüllt die Zelle mit verschiedensten

Molekülen ist, wird deutlich, wie schwierig dieses Unterfangen ist. Nimmt man dann noch die herkömmliche Betrachtungsweise der Biologie hinzu, die davon ausgeht, dass sich die Moleküle ziellos und willkürlich (vom Zufall geleitet) bewegen, scheint es sogar schier unmöglich. Und doch gelingt es den Molekülen!

Wie die Moleküle mithilfe elektromagnetischer Signale und elektrischer Felder auch auf engstem Raum und über die Distanz hinweg einander an ihren Mustern erkennen, wird in **Kapitel 7** veranschaulicht.

Kapitel 8 führt zunächst noch einmal zur Glucose zurück, die in Kapitel 6 eingehend dargestellt wurde. Sie ist das Endprodukt der Photosynthese und ein herausragendes Beispiel dafür, dass nicht die Beschaffenheit eines Moleküls dafür ausschlaggebend ist, was der Organismus damit macht, sondern dass der Organismus diese Entscheidung selbst trifft. So können Pflanzen aus Glucose sowohl Stärke (Speichermolekül) als auch Cellulose (Baustoff) bilden, und für jeden Herstellungsprozess sind andere „logistische" Strukturen erforderlich.

Aufgrund welcher Instanzen die Pflanze diese Entscheidung trifft, wofür sie die Glucose verwendet, ist bislang noch nicht geklärt. Noch fehlt uns die Kenntnis über die „Blaupausen" (Konstruktions- und Betriebsanleitungen) für die übergeordneten Funktionen in Organismen.

Nehmen wir zum Beispiel die Morphogenese (Formbildung): Woher weiß der Organismus eines Embryos, welche Form und Platzierung die einzelnen Organe haben sollen? Woher kommen die Informationen über die Feinheiten, wie das Kind und später der erwachsene Mensch aussehen sollen? In den Genen ist für diese detaillierten Angaben kein Platz, doch woher kommen sie dann?

Ein Erklärungsmodell, das in Kapitel 8 dargestellt wird, sind die morphogenetischen Felder, deren Existenz durch Experimente bestätigt wird. Es konnte gezeigt werden, dass bei der Entwicklung von Hühnerembryos langsam veränderliche elektrische Felder vorhanden sind, deren Spannungsgradienten für die Ausprägung der räumlichen Struktur einen Teil der Blaupause bilden.

Ebenso konnte belegt werden, dass auch elektromagnetische Felder solche Konstruktionsanleitungen liefern (Strukturbildung aufgrund stehender Wellen). Darüber hinaus gelang es, auch die Bedeutung elektrischer Ströme für die Formerhaltung und Regeneration in Experimenten darzustellen.

Aufbauend auf diesen Erkenntnissen wird schließlich ein eindrucksvolles Beispiel dafür geliefert, dass das als Blaupause dienende Vitalfeld (die Gesamtheit aller bioelektrischen und quantenmechanischen Vorgänge im Organismus) sogar sichtbar gemacht werden kann.

In **Kapitel 9** werden die bisher dargestellten erstaunlichen Erkenntnisse der Quantenphysik dann tiefgründiger hinterfragt. Die Vorstellung, dass sich Teilchen an mehreren Orten gleichzeitig befinden können, ist wohl die, die uns am schwersten fällt.

Ebenso scheint es uns rätselhaft, wie die Natur überhaupt in der Lage ist, die Voraussetzungen für quantenphysikalische Phänomene zu schaffen. Normalerweise laufen diese nur unter bestimmten Bedingungen ab, wie zum Beispiel bei sehr niedrigen Temperaturen. Der Natur jedoch gelingt es, sie auch bei alltäglicher Umgebungstemperatur zu erzeugen. Doch wie?

In diesem Zusammenhang spielt die Kohärenz eine wichtige Rolle und damit die Frage: Wie kann unter natürlichen Bedingungen auf mikroskopischer Ebene Ordnung erzeugt werden? Die spezifischen Mechanismen, die dafür erforderlich sind, werden in Kapitel 9 näher beleuchtet. Dazu werden auch die Phänomene der „Ordnung aus Unordnung", des „weißen" und „farbigen Rauschens" sowie der „Tunneleffekt" genauer unter die Lupe genommen.

Als weiteres Beispiel zur Quantenverschränkung wird auf den Magnetsinn der Tiere eingegangen. Unbestritten haben wir der Quantenphysik viele bahnbrechende Erkenntnisse zu verdanken und nicht zuletzt auch die zunehmende Offenheit für eine ganzheitliche Betrachtung des Organismus, derer sich **Kapitel 10** annimmt. Am Beispiel der Knochen sowie der Befruchtung und Schwangerschaft wird dargestellt, dass im Organismus sozusagen „alles mit allem" verknüpft ist. Mehr noch: Bei der Befruchtung kommen sogar Verknüpfungen zwischen dem Immunsystem des Mannes und dem der Frau zum Tragen, und in der Schwangerschaft lässt sich zwischen der Mutter und dem heranwachsenden Embryo eine noch viel weitergehende Ganzheitlichkeit als bisher angenommen nachweisen.

Diese und alle weiteren dargestellten Wechselwirkungen innerhalb und außerhalb der Zellen lebender Organismen sind viel zu komplex, als dass sie ohne übergeordnete Prinzipien ablaufen könnten. Ebenso ließe sich die geringe Fehleranfälligkeit der Lebensprozesse ohne die Kontrollmechanismen, wie sie von Feldern bereitgestellt werden, nicht verwirklichen. Um die Vorgänge des Lebens von seiner Entstehung an zu begreifen, bedarf es also einer neuen Betrachtungsweise: der des Vitalfeldes!

Nach diesem Postulat unternimmt Kapitel 10 abschließend noch einen kleinen Exkurs zu den philosophischen Aspekten der Abläufe im Organismus. Was bedeutet es, dass Teilchen Welleneigenschaften besitzen? Wie können wir uns das vorstellen? Die Schwierigkeit besteht insbesondere darin, dass wir versuchen, die Welt der Quantenphysik mit den uns aus unserer alltäglichen Welt bekannten Begriffen zu beschreiben – ein Versuch, der zwangsläufig scheitern muss, da es sich schlichtweg um unterschiedliche Welten handelt.

So ist es in unserer Welt auch Usus, unser Gehirn als den Ort zu betrachten, an dem bewusste Entscheidungen gefällt werden. Aber haben wir wirklich einen freien Willen? Sind die materiellen Hirnvorgänge wirklich der Auslöser unseres Handelns? Oder gibt es darüber hinaus noch ein separates immaterielles Bewusstsein?

Die Quantentheorie legt diese Ansicht einer Trennung von Gehirn und Bewusstsein, die auch von renommierten Hirnforschern unterstützt wird, nahe. Mit diesem ebenso faszinierenden wie wohl auch verwirrenden Gedanken endet dieses Buch.

Danksagung

Um ein Buch zu veröffentlichen, sind viele Menschen tätig.

Für die fachliche Unterstützung bedanke ich mich herzlich bei meinem Freund Dr. Wabe Heeringa, der mit seinen konstruktiven Diskussionen, seiner Kritik und seinen Verbesserungsvorschlägen zum Gelingen dieses Buches beigetragen hat.

Für die Buchgestaltung, die Erstellung von Grafiken und die sorgfältige Durchsicht der Texte gilt mein besonderer Dank Frau Margit Eberlein.

Des Weiteren möchte ich mich bei Frau Dr. Renate Oettinger sowie bei Frau Christine Lohner und Herrn Martin Schwan bedanken, die in unterschiedlicher Form zu diesem Werk beigetragen haben.

Dr. Siegfried Kiontke

1. Kapitel

Ist Leben wirklich ein Zufallsprodukt?

1.1 Der Organismus als ganzheitliches System

1.2 Die Vielfalt möglicher Wirkungen darf nicht unterschätzt werden

1.3 Die Kluft zwischen Leben und Materie

1.4 Kennzeichen des Lebens

1.5 Die Quantenphysik als Erklärungsansatz

1.6 Quantenphysik braucht günstige Konditionen

1.7 Elektromagnetische Felder als mögliche Lösung

Ist Leben wirklich ein Zufallsprodukt?

Wie entsteht Leben? Oder genauer gesagt: Wie kam es dazu, dass sich auf unserem Planeten vor Milliarden von Jahren plötzlich lebende Materie entwickeln konnte? Worin liegt überhaupt der Unterschied zwischen lebender und toter Materie? Schließlich besteht beides letztendlich aus den gleichen Atomen. Was also macht „das Leben" aus?

In der regulären (üblichen) Forschung wird generell davon ausgegangen, dass es zwischen lebender und toter Materie im Prinzip keinen wesentlichen Unterschied gibt. Die Entstehung des Lebens sei dem Zufall zu verdanken. Durch Zufallsprozesse sei aus toter Materie „wie von selbst" lebende entstanden, und durch nachfolgende weitere Zufallsprozesse hätte sich diese lebende Materie weiterentwickeln können. Der Schluss, zu dem diese Annahme führt: Leben ist nichts anderes als eine sehr komplizierte Anordnung von Materie, die sich zufällig ergeben hat.

Zu den Anhängern dieser Theorie gehören auch James Watson und Francis Crick, die die Schraubenstruktur der DNA entdeckt haben (Watson-Crick-Modell).
So war Crick zum Beispiel der Ansicht: *„Ein Organismus ist grundsätzlich nichts anderes als eine Ansammlung von Atomen und Molekülen."* (Cri 1967)

1.1 Der Organismus als ganzheitliches System

Obwohl sich die Mehrheit der Forscher dieser Meinung anschließt, kann nicht verneint werden, dass im menschlichen Organismus ganzheitliche Mechanismen vorhanden sein müssen, die den Körper funktionieren lassen.

Wenn der Tod eintritt, sind in der Regel noch alle Moleküle, die zum Funktionieren des Körpers erforderlich sind, vorhanden – trotzdem lebt der Körper nicht mehr. Der Unterschied zwischen „Leben" und „Tod" kann also nicht auf einzelne Moleküle zurückzuführen sein. Vielmehr muss er darin begründet sein, dass etwas Übergeordnetes weggefallen ist.

Das Wesentliche am menschlichen Körper ist, dass er ganzheitlich (holistisch) funktioniert. Die Teile des Körpers arbeiten zusammen, damit der Körper als Ganzes bestimmte Funktionen und Bewegungen etc. durchführen kann.

Nicht die Eigenschaften der Materie, das heißt der Moleküle, Ionen usw., entscheiden darüber, was im Körper passiert. Vielmehr ist es umgekehrt: Die Materie im Körper wird genutzt und entsprechend gelenkt, um bestimmte Ziele zu erreichen. Sprich: Die Biochemie des Körpers ist einem holistischen Prinzip untergeordnet.

Unter diesem Aspekt lassen sich die erstaunlichsten Fakten beobachten, die verdeutlichen, in welcher Variationsvielfalt lebende Organismen Materie der gleichen Art zu nutzen wissen.

Nehmen wir zum Beispiel die Glucose (= ein Zucker). Glucose erfüllt im pflanzlichen und tierischen Leben bekanntlich viele Funktionen. Sie ist unter anderem der wichtigste Energielieferant, aber auch der Baustein für die Cellulose (Hauptbestandteil der pflanzlichen Zellwände), die das Strukturmolekül für Pflanzen und Bäume darstellt. Die mächtigsten Bäume bestehen zu über 95 Prozent aus Glucose.

Oder nehmen wir das NO-Molekül (= Stickstoffmonoxid). Die Makrophagen (Zellen des Immunsystems; gehören zu den Fresszellen) verwenden es als Munition, um Eindringlinge zu bekämpfen. Der Körper nutzt es aber auch als Signalmolekül und ebenso als Molekül, um die Blutgefäße zu erweitern. Das sind völlig unterschiedliche Anwendungen, bei denen die gleichen Moleküle zum Einsatz kommen.

Daraus lässt sich ableiten, dass nicht die bloßen Eigenschaften der Moleküle an sich bestimmen, wie sie im Körper wirken, sondern dass der Körper – als ganzheitliches System – selbst entscheidet, wie die Moleküle eingesetzt werden sollen.

1.2 Die Vielfalt möglicher Wirkungen darf nicht unterschätzt werden

Sowohl die Forschung als auch die Pharmazie haben diese Fähigkeit des Körpers, das gleiche Molekül für sehr unterschiedliche Aufgaben zu verwenden, immer wieder unterschätzt. Im Experiment wird eine bestimmte Wirkung eines Moleküls festgestellt und daraufhin der Schluss gezogen: „Das war's dann, wir wissen, was das Molekül macht."

Doch weit gefehlt: Sobald sich das Molekül nicht mehr in der experimentellen Situation, sondern im Körper befindet, entfaltet es noch weitere Wirkungen. Der Körper schickt es für unterschiedliche Aufgaben zu unterschiedlichen Positionen in den Organismus.

Körperfremde Moleküle können vom Körper aber nicht korrekt eingeschätzt und zugeteilt werden, sodass es zu schädlichen Nebenwirkungen des Moleküls kommt. Die berüchtigten Pharmazieskandale wie „Contergan" und „Vioxx" usw. waren alle ausnahmslos eine Folge dieser Fehleinschätzung der Wirkung von Molekülen. So gesehen sind die Pharmazieskandale weitere Beweise für die ganzheitliche Funktions- und Wirkungsweise des menschlichen Organismus.

1.3 Die Kluft zwischen Leben und Materie

Es gibt jedoch auch eine Reihe von Wissenschaftlern, die für die ganzheitlichen Aspekte des Lebens ein offenes Auge haben. Sie sind allerdings weniger zahlreich und weniger laut. Ihrer Ansicht nach muss es noch andere Wirkungsprinzipien als die Zufallsprinzipien der reinen Materie geben, um die wunderbaren Eigenschaften des Lebens zu erklären.

Der Quantenphysiker Hans-Peter Dürr hat zu dieser Thematik mehrere Bücher geschrieben. Er betrachtet die Ganzheitlichkeit des Lebens aus der Sicht der Quantenphysik. Eines seiner Bücher trägt den passenden Titel: *„Warum es ums Ganze geht"* (Dür 2009).

Der Biologe Marcello Barbieri wiederum sieht die Ganzheitlichkeit vor allem in der Existenz von biologischen Codes wie dem DNA-Code (siehe Kapitel 7.4). In einem Artikel (Bar 2008) schreibt er: *„Das größte Problem der Biologie ist das Verständnis der Kluft, die zwischen Leben und Materie existiert. Es scheint eine unüberbrückbare Kluft zwischen ihnen zu sein, aber wie könnte das Leben aus der Materie hervorgegangen sein, wenn sie grundlegend unterschiedlich voneinander sind?"*

Eine schwerwiegende Aussage, denn nach der heute anerkannten Ansicht ist das Leben ja lediglich eine extrem komplexe Form der Chemie im Sinne einer besonderen Anordnung von Materie. Und das wiederum ist gleichbedeutend damit, dass es diese grundlegende Kluft zwischen Leben und Materie, von der Barbieri spricht, nicht gibt. Vielmehr seien die allerersten Moleküle spontan auf der Erde erschienen und hätten sich durch Zufallsprozesse „von selbst" allmählich in zunehmend komplexeren Strukturen den langen Weg hoch bis zu den ersten Zellen entwickelt.

Zufallsprozesse können nicht die Erklärung sein

Das Problem, welches Molekül zuerst auftrat, ist zwar Gegenstand unzähliger Debatten, doch diese Frage spielt in gewisser Weise eine untergeordnete Rolle. Denn was wirklich infrage steht, ist die Behauptung, dass spontan entstandene Aminosäuren und Proteine das Potenzial gehabt haben sollen, sich zu den ersten Zellen zu entwickeln.

Wie können diese primitiven Moleküle es zum Beispiel geschafft haben, funktionierende Codes zu entwickeln? Auf solche Fragen hat die heutige Molekularbiologie keine Antworten.

In ihrem Buch „*Sieben Moleküle, die chemischen Elemente und das Leben*" schreiben die Chemiker Jürgen-Heinrich Fuhrhop und Tianyu Wang (Professor beziehungsweise Forscher an der FU Berlin): „*Nach 50 Jahren präbiotischer Forschung klafft die Lücke zwischen der lebenden und der toten Materie hoffnungslos auseinander und wir verstehen die Entstehung des Lebens nicht – und selbst der Zusatz ‚noch nicht' erscheint nach zwei Jahrhunderten Naturstoffchemie in kleinsten und größten Dimensionen, in längsten und kürzesten Zeiten und bei höchsten und bei niedrigsten Energiezuständen unangemessen optimistisch.*" (Fuh 2009)

Viele weitere angesehene Naturwissenschaftler teilen diese Aussage. Bislang hat dieser Zweifel darüber, wie das Leben entstanden ist, es allerdings (noch) nicht bis in die Lehrbücher geschafft, sodass Schüler und Studenten nach wie vor in der „Sicherheit", dass das Leben im Wesentlichen nichts anderes als eine spezielle Form der Chemie ist, ausgebildet werden.

1.4 Kennzeichen des Lebens

Eine eindeutige Definition dafür, was „Leben" ist, gibt es nicht. Jedoch ist eine Reihe von Eigenschaften, die lebende Systeme besitzen und tote Systeme nicht aufweisen, bekannt:

- Lebende Systeme können sich fortpflanzen.
- Sie können sich erhalten und wachsen.
- Sie sind reizbar und damit fähig, chemische oder physikalische Änderungen in ihrer Umgebung zu registrieren.
- Sie sind von ihrer Umwelt abgegrenzte Stoffsysteme.
- Sie weisen einen Stoff- und Energiewechsel auf und sind damit mit ihrer Umwelt in Wechselwirkung.
- Sie organisieren und regulieren sich selbst (Homöostase).

Die erstaunliche Präzision der Abläufe in der Zelle

Wie sich gezeigt hat, laufen die Prozesse in der Zelle viel präziser ab, als es statistisch zu erwarten wäre. Das Ablesen der DNA oder die Teilung der Chromosomen verläuft fast fehlerfrei. Die Zellprozesse gehorchen somit nicht dem Zufall, der bei den Prozessen in der toten Natur eine Rolle spielt.

Dabei laufen in der Zelle Tausende von Prozessen gleichzeitig ab, ohne dass sie sich gegenseitig stören. Das ist bemerkenswert, denn außerhalb der Zelle, im Reagenzglas oder in einer chemischen Produktionsanlage, gelingt es meistens nur, ein einziges einfaches organisches Molekül, wie etwa eine Aminosäure, zu produzieren. Zahlreiche Einstellungen – wie Temperatur, Druck, Mengenverhältnisse usw. – müssen zeitlich und örtlich genau kontrolliert werden, damit das gewünschte Endprodukt überhaupt entstehen kann. Es wäre schon ein Zufallstreffer und Kunststück, zwei Prozesse gleichzeitig nebeneinander ablaufen zu lassen. Für die Zelle jedoch ist das Routine.

Es muss also ein sehr hohes Maß an Organisation, Kohärenz und Kollektivität in der Zelle vorhanden sein, um alle ablaufenden Prozesse so zu steuern, dass überall und zur rechten Zeit die korrekten Produkte entstehen. Die Moleküle in der Zelle verhalten sich sogar dermaßen kohärent, wie es sonst in der Natur nur bei sehr tiefen Temperaturen und starken Magnetfeldern oder beim Laser vorkommt. Das sind quantenmechanische Aspekte, die später noch näher erläutert werden.

Abb. 1:
Jede Struktur oder Form aus toter Materie ist den Naturkräften unterworfen und wird auf Dauer zerfallen.

Leben will leben!

Neben der Beobachtung, dass Leben in hohem Maße geordnet ist, ist eine weitere auffällige Erkenntnis, dass das Leben leben will – oder anders ausgedrückt: Die wesentlichen Lebensprozesse sind alle dazu da, das Leben zu erhalten und die Zukunft sicherzustellen. Das ist vielleicht die meistbezeichnende Eigenschaft der lebenden Natur: Sie besitzt Mechanismen, die auf die Zukunft gerichtet sind. Sie ist darauf vorbereitet, sich bei Angriffen zu verteidigen (Verteidigungsmechanismen), sich zu reparieren, wenn Schäden auftauchen (Reparatur- und Heilungsmechanismen), und sie besitzt Mechanismen, die sie dazu befähigen, sich zu reproduzieren (Reproduktionsmechanismen), wenn die Zeit gekommen ist. Weitere lebenserhaltende Prozesse sind unter anderem die Nahrungsaufnahme und Verdauung, die Sinneswahrnehmungen und die Fortpflanzung. All das sind Mechanismen, die dafür sorgen, dass der einzelne Organismus und/oder die eigene Art möglichst lang und gut überleben können.

Unbelebte Materie wiederum hat diese Eigenschaften nicht. Sie hat nicht die gleiche Neigung, sich erhalten oder reproduzieren zu wollen. Jede Struktur oder Form aus toter Materie ist den Naturkräften unterworfen und wird auf Dauer zerfallen. Lebende Materie jedoch widersetzt sich den Naturkräften und ist bestrebt, sich zu erhalten.

Abb. 2:
Lebende Materie widersetzt sich den Naturkräften und ist bestrebt, sich zu erhalten und zu reproduzieren.

Auch die Verwendung von Codes, wie beispielsweise dem DNA-Code, gehört zum Aspekt der Zukunftsorientierung „des Lebens". Dazu ein weiteres Zitat von Barbieri: *„Alle Komponenten der Materie entstehen durch spontane Prozesse, die keine bestimmten Reihenfolgen und Codes erfordern, während alle Komponenten des Lebens durch Fertigungsprozesse entstehen, die Reihenfolgen und Codes brauchen. Es sind Reihenfolgen und Codes, die den Unterschied zwischen Leben und Materie ausmachen."* (Bar 2008)

Ein Code wird nur mit dem Ziel, ihn später zu verwenden, konstruiert und hinterlegt. Ein Code wäre sinnlos, wenn nicht an später gedacht werden würde. Die tote Natur würde nie auf die Idee kommen, einen Code einzusetzen. Wozu auch? Die tote Natur ist einfach da und braucht nicht an morgen zu denken. Codes existieren in der toten Natur also nicht, was wiederum zu dem Schluss führt, dass die Biologie keine komplexe Form der Chemie sein kann.

1.5 Die Quantenphysik als Erklärungsansatz

Die erste quantenphysikalische Betrachtungsweise wurde von Erwin Schrödinger, Nobelpreisträger und einer der Begründer der Quantenphysik, vorgestellt. Vor dem Zweiten Weltkrieg floh er von Österreich nach Irland, wo er 1944 das Buch „What is Life" (Schrö 1944) veröffentlichte. Darin betrachtet er einige Aspekte der Biologie sowohl aus der Sicht der klassischen Physik als auch aus der Sicht der Quantenphysik.

Viele Gesetze aus der klassischen Physik gelten nur für Objekte, die aus einer sehr großen Zahl von Teilchen bestehen, wie zum Beispiel die Gesetze, die mit Gasdruck oder Temperatur zu tun haben. Bei abnehmender Teilchenzahl werden die Ergebnisse, die diese Gesetze erwarten lassen, zunehmend unpräzise, und es treten statistische Schwankungen auf, die zu dem Faktor (Quadratwurzel der Teilchenzahl)/(Teilchenzahl) proportional sind.

Bei Raumtemperatur und atmosphärischem Luftdruck (= der Luftdruck in unserer Umgebung) sind diese Schwankungen äußerst klein. Nehmen wir zum Beispiel einen Partyballon mit 4 Litern Inhalt. Dieser enthält etwa 10^{23} Gasmoleküle.

Die Wurzel daraus ist etwa $3 \cdot 10^{11}$.

Der oben genannte Quotient errechnet sich dann als $3 \cdot 10^{11}/10^{23} = 3 \cdot 10^{-12}$.

Der Druck und die Temperatur dieses Ballons genügen somit mit nur 0,0000000003 Prozent Abweichung sehr genau dem klassischen Gas-Gesetz. Das reicht für jede praktische Anwendung aus! Es ist sogar sehr schwierig bis unmöglich, überhaupt so genau zu messen.

Doch wie lässt sich das nun auf die Zelle übertragen? Schrödinger schätzte ab, dass ein Gen aus etwa einer Million Atomen besteht. Damals war die Struktur der DNA noch nicht geklärt, doch Schrödinger lag mit seiner Abschätzung nicht weit daneben. Inzwischen ist bekannt, dass manche Gene mehr, manche weniger Atome haben, als Schrödinger annahm; es geht hier aber nicht um die genaue Anzahl, sondern um die Größenordnung.

Bei der Zellteilung müssen die Gene ganz genau kopiert werden, denn wenn es zu Fehlern kommt, sieht es um die nächste Generation des Organismus schlecht aus. Diese erforderliche Präzision ist auch gegeben. Es ist bekannt, dass die Fehlerquote bei der DNA-Verdopplung unter 1 zu 1 Milliarde liegt. Die wichtige Frage, die sich nun stellt: Wie kann diese Fehlerquote so klein sein? Bei einem Vorgang nach den Gesetzen der klassischen Physik würde die Fehlerquote bei

(Quadratwurzel aus 1 Million)/1 Million

= 1.000/1.000.000 = 0,001 = 0,1 Prozent liegen.

Das ist jedoch nicht der Fall und wäre für das Überleben des Organismus dramatisch.

Schrödinger postulierte, dass sowohl die Gene als auch der ganze Organismus nicht den klassischen physikalischen Gesetzen, sondern den quantenphysikalischen Gesetzen unterliegen. In „What is Life" schreibt er, dass der lebende Organismus als makroskopisches System sich teilweise so verhält, als wenn es sich dem absoluten Nullpunkt nähert und dadurch die molekulare Unordnung wegfällt (Schrö 1944). Das bedeutet, dass ein lebender Organismus sich auch bei 37 °C, entgegen der klassischen Physik, in einem hochgeordneten Zustand befindet.

Erst im vergangenen Jahrzehnt wurde zunehmend klar, dass Schrödinger recht hatte. Doch seinerzeit wurden seine Behauptungen rasch vergessen oder gar bestritten. Es herrschte generell die Überzeugung, dass die Quantenphysik in der Biologie keine Rolle spielt. Die Wärmebewegungen der Moleküle würden bei der „hohen" Temperatur, weit entfernt vom absoluten Nullpunkt (= 0 Kelvin, entspricht −273,15 °C), die in lebenden Organismen vorzufinden ist, alle quantenphysikalischen Effekte zunichtemachen.

Aufgrund der steigenden Zahl der Ergebnisse in der Molekularbiologie wird jedoch immer deutlicher, was im Einzelnen im Organismus abläuft, und es werden immer mehr Phänomene entdeckt, die nur quantenphysikalisch erklärt werden können. Inzwischen lässt es sich nicht mehr leugnen, dass in lebenden Organismen bei den Temperaturen, die an der Oberfläche der Erde herrschen, Phänomene stattfinden, die nur mit der Quantenphysik erklärt werden können.

Die Quantenphysik an sich ist aber nicht die Lösung, sondern sie ist nur eine Methode, die Wahrnehmungen korrekt zu beschreiben. Sie gibt den Weg vor, der gegangen werden muss, um überhaupt zu weiterem Verständnis zu gelangen. Oder anders formuliert: Wir sehen in der Biologie Phänomene, die nur über die Quantenphysik erklärt werden können. Empirisch stellen wir fest, dass sie die korrekte Erklärung liefert.

Doch die Frage, wie die Konditionen geschaffen werden konnten, durch die diese Phänomene möglich wurden, ist damit noch nicht beantwortet. Das lässt sich an folgendem Beispiel verdeutlichen:

1.6 Quantenphysik braucht günstige Konditionen

Heute wird viel von Quantencomputern gesprochen. Die kleinsten Recheneinheiten des Quantencomputers sind die sogenannten „Qubits", beim normalen Rechner sind es die „Bits". Die Qualität des Rechners hängt unter anderem stark davon ab, wie stabil seine Bits oder Qubits ihre Information festhalten können.

Beim Quantencomputer liegt genau darin das größte Problem. Ohne spezielle Vorkehrungen wechselwirken die Qubits nämlich mit der Umgebung (dieser Vorgang wird als „Dekohärenz" bezeichnet) und verlieren so ihre Information.

Das zu verhindern ist für die Computerkonstrukteure eine große Herausforderung. Vielfach wird dazu übergegangen, das ganze System stark abzukühlen, wodurch die Eigenbewegungen der Qubits und deren Wechselwirkungen mit der Umgebung stark verringert werden können. Das heißt: Damit ein Quantencomputer funktionieren kann, sind spezielle Maßnahmen und besondere Vorrichtungen notwendig.

Diese Erkenntnis führt uns zu der Skepsis zurück, mit der Schrödingers Ideen seit 70 Jahren begegnet wird. Diese Skepsis beruht auf der Annahme, dass bei Raumtemperatur und bei den flüssigen, scheinbar chaotischen Verhältnissen in der Zelle keine Quantenzustände über eine genügend lange Zeit aufrechterhalten werden können.

Die Skepsis ist auf den ersten Blick somit durchaus berechtigt, denn man kann sich bis heute nicht vorstellen, wie die Natur in der Zelle ähnliche Bedingungen, wie sie für das Funktionieren von Quantencomputern notwendig sind, bereitstellen könnte.

Woher kommt die Kohärenz?

Die heutige Forschung steht somit vor der Aufgabe, eine Antwort darauf zu finden, wo die Kohärenz herkommt, die zwischen den Molekülen in der Zelle erforderlich ist, damit die Quantenphysik überhaupt greifen kann. Das zu beantworten ist ein ernst zu nehmendes Problem.

Mittlerweile ist deutlich geworden, dass die Zelle nicht mehr als ein Gefäß mit Wasser, in dem die Moleküle willkürlich umherschwimmen, betrachtet werden kann.

Professor Wilhelm Huck von der Universität Nijmegen (Niederlande) erklärte im Jahr 2016 in einem Zeitungsinterview: *„Wir haben die Blaupause der Zelle noch nicht gefunden. Alle Ideen darüber, wie Moleküle sich in einer Zelle verhalten, gehen davon aus, dass sie sich in einer homogenen Lösung befinden. Aber wenn ich eine Zelle aufbreche, ist sie proppenvoll mit ungleich verteilten Eiweißen, Fetten, DNA, RNA usw. Es ist keine Flüssigkeit, es ist eher ein Gel. Je mehr ich entdecke, umso mehr habe ich mich nur weiter von der Lösung des Problems entfernt."* (Huc 2016)

Professor Vladimir Voeikov von der Lomonosov Universität in Moskau stellte diesen scheinbaren Widerspruch ebenfalls fest. Einerseits sei die Zelle überfüllt mit RNA, Proteinen, Vesikeln etc., an denen das meiste Wasser der Zelle in gelartiger Konsistenz gebunden ist, was die Beweglichkeit der Moleküle und Ionen vermindert. Andererseits können trotzdem Reaktionen in einer Zelle tausende Male schneller als im Reagenzglas ablaufen. (Voe 2007)

1.7 Elektromagnetische Felder als mögliche Lösung

Wie die Aussagen von Huck und Voeikov zeigen, sieht die reguläre Forschung das Problem also durchaus. Die große Mehrheit der Forscher lehnt es aber ab, auch nur in eine Richtung zu denken, in der die Lösung wirklich zu finden sein könnte.

Diese Richtung wäre ein Modell der Zelle, bei dem Felder an den Prozessen in der Zelle maßgeblich beteiligt sind. Unter diesem Aspekt könnte die Lösung darin liegen, dass (quantisierte) elektromagnetische Felder die Bewegungen der Moleküle präzise lenken, wodurch die willkürlichen thermischen Bewegungen und Wechselwirkungen der Moleküle herabgesetzt und quantenphysikalische Effekte ermöglicht werden.

2. Kapitel

Elektromagnetismus: Alles ist in Bewegung, schwingt und strahlt

2.1 Definition wichtiger Begriffe

2.2 Die Felder der Erde

2.3 Longitudinalwellen und Skalarwellen

2.4 Alles schwingt und strahlt

2.5 Was ist Substanzabstrahlung?

2.6 Elektromagnetische Informationsübertragung

2.7 Zusammenfassung

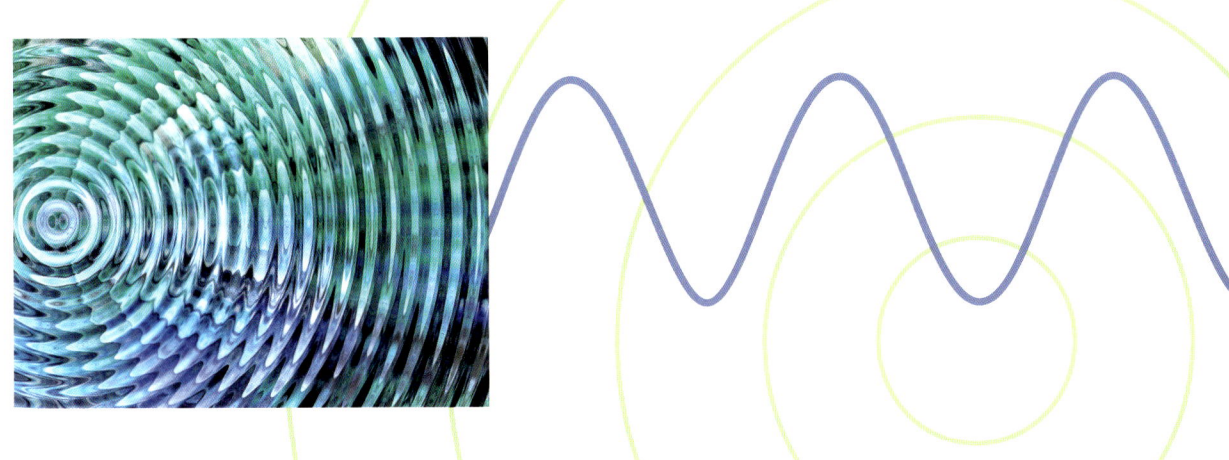

Elektromagnetismus: Alles ist in Bewegung, schwingt und strahlt

In einem Organismus ist immer alles in Bewegung: Das trifft insbesondere auch auf die Proteine zu. Nach Lipton (Lip 2005) nutzen die Zellen die Protein-Bewegungen, um bestimmte Stoffwechsel- und Verhaltensfunktionen auszuführen. Die Proteine, die im Körper in vielfältigen Funktionen zusammenarbeiten, werden dabei häufig in sogenannten Ketten oder Zyklen, wie beispielsweise der Atmungs- oder Stoffwechselkette, zusammengefasst.

Proteinbewegungen treiben das Leben an

Diese ständigen Bewegungen, die in jeder Sekunde tausendfach ablaufen und die Form der Proteine verändern, sind die Bewegungen, die das Leben antreiben. Die DNA ist dabei nur für die Produktion der Proteine wichtig!

Doch wie können die Bewegungen der Proteinmoleküle erklärt werden? *„Welche Kräfte steuern die Drehung und Faltung der Moleküle zu ihren komplexen Formen?"* Frank Weinhold (Wei 2001) rät: *„Suchen Sie die Antwort nicht in Ihren Lehrbüchern über organische Chemie."* Doch wo ist sie dann zu finden?

Die konventionelle medizinische Forschung ist zur Beantwortung der Frage ebenfalls nicht hilfreich. Ihre Versuche, diese Vorgänge durch die sogenannte Newtonsche Physik (klassische Mechanik) zu erklären, sind bislang unzureichend bis erfolglos geblieben.

Molekülsteuerung durch elektromagnetische Felder

Die genaue Konformation eines Proteinmoleküls (= räumliche Anordnung der Atome) ist eine Folge der räumlichen Verteilung seiner elektromagnetischen Ladungen. Ändern sich diese Ladungen, dreht sich das Proteinrückgrat automatisch in eine neue Form, um der neuen Ladungsverteilung gerecht zu werden.

Die Verteilung der elektromagnetischen Ladung innerhalb eines Proteins kann durch eine Reihe von Prozessen verändert werden: durch Verbinden mit anderen Molekülen oder chemischen Gruppen wie beispielsweise Hormonen, durch enzymatisches Hinzufügen oder Entfernen von geladenen Ionen sowie durch Einwirkung von elektromagnetischen Feldern (Tso 1989).

In Hunderten von wissenschaftlichen Studien wurde in den vergangenen 60 Jahren festgestellt, dass elektromagnetische Felder und Strahlung eine wesentliche Wirkung auf biologische Regelsysteme ausüben können. Mit spezifischen elektromagnetischen Frequenzen oder Frequenz-Kombinationen (Strahlungsmuster) können die DNA, RNA und Proteinsynthese beeinflusst und die Form sowie Funktion der Proteine verändert werden.

Ebenso sind Auswirkungen auf die Genregulation, Zellteilung, Zelldifferenzierung, Morphogenese (der Prozess, in dem sich die Organe zu ihrer endgültigen Form entwickeln), Hormonausschüttung sowie das Nervenwachstum und die Nervenfunktion möglich.

Jede dieser Zellaktivitäten ist für die Entfaltung des Lebens unerlässlich. Was allerdings erstaunt: Obwohl diese Forschungsarbeiten in den angesehensten biomedizinischen Magazinen veröffentlicht wurden, sind ihre Ergebnisse nicht bis in die Lehrpläne der Universitäten vorgedrungen.

2.1 Definition wichtiger Begriffe

Was sind Felder?

Mit „Felder" werden in der Physik Wirkungen, die sich über eine Entfernung erstrecken, oder Merkmale, die sich nicht nur an einem Punkt befinden, sondern über gewisse Distanzen festzustellen sind, beschrieben. Eine gut verständliche Definition eines Feldes lautet:

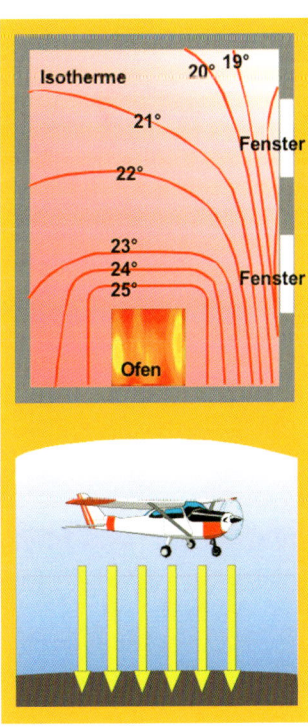

> **Definition Feld (Physik)**
>
> Ein Feld besteht aus einem Raum, der leer oder stofferfüllt sein kann. Darin gibt es messbare physikalische Eigenschaften, die jedem Raumpunkt zugeordnet werden können.
>
> Oder anders ausgedrückt: Ein Feld ist ein Gebiet, innerhalb dessen jedem Punkt ein bestimmter, im Allgemeinen in stetiger Weise veränderlicher Wert einer (physikalischen) Größe zugeordnet werden kann.

Abbildung 2.1 zeigt zwei Beispiele von Feldern:
Ein Ofen im Zimmer erzeugt Wärme, die sich überall ausbreitet. Jeder Punkt des Raumes wird somit eine eigene Temperatur aufweisen – es liegt also ein Feld vor: das Temperaturfeld des Zimmers. Ein weiteres Feld, dem wir täglich ausgesetzt sind, ist das Gravitationsfeld der Erde.

Abb. 2.1:
Oben das Wärmefeld eines Ofens, unten das Gravitationsfeld der Erde

Die gedankliche Verbindung von Punkten mit gleichen Eigenschaften (hier die gleiche Temperatur beziehungsweise gleiche Stärke der Erdanziehungskraft) führt zu sogenannten Feldlinien, die ebenfalls in den Bildern mit eingezeichnet sind.

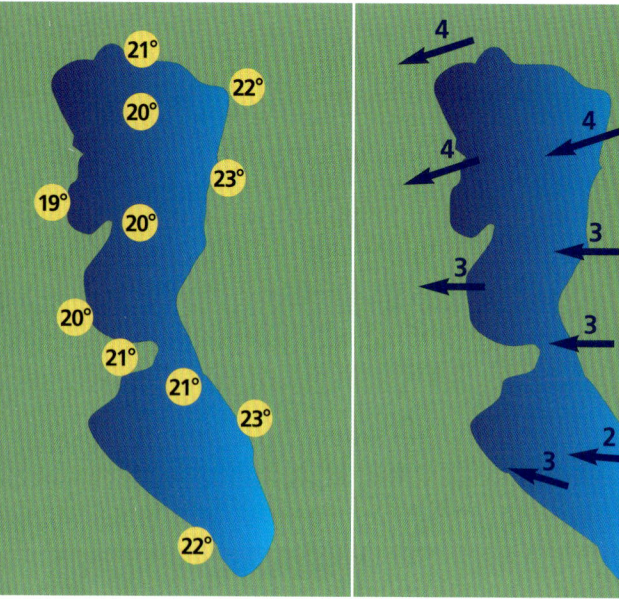

Manche dieser physikalischen Größen haben eine Richtung (sie werden als „vektorielle Größen" bezeichnet), manche haben keine Richtung (diese werden „skalare Größen" genannt). Temperatur und Luftdruck sind skalare Größen; ihre Felder werden entsprechend „skalare Felder" genannt. Gravitation, elektromagnetische Felder und Windstärke wiederum sind vektorielle Größen; ihre Felder werden als „vektorielle Felder" bezeichnet, siehe Abbildung 2.2.

Nur mit vektoriellen Feldern kann eine Kraft übertragen werden: zum Beispiel die Schwerkraft, die elektrische Kraft, die magnetische Kraft und die Windkraft. Das ist leicht nachzuvollziehen, da Kräfte selbst vektorielle Größen sind.

Die Stärke eines Feldes (Feldstärke) ist eine Maßzahl, die die Größe zum Beispiel eines elektrischen, magnetischen oder sonstigen räumlich verteilten Feldes an einem bestimmten Punkt im Raum beschreibt. Die Feldstärke ist häufig ein Vektor, das heißt: Sie wird in diesem Fall durch Richtung und Betrag beschrieben. Es gibt jedoch auch skalare Felder, zu deren Beschreibung an einem Raumpunkt nur eine Zahl notwendig ist, zum Beispiel bei der Temperatur und dem Luftdruck.

Abb. 2.2:
Temperatur (links) und Windstärke (rechts, angegeben in der Einheit Beaufort) an einem Sommertag am Zugersee, Schweiz. Die Temperatur ist eine skalare Größe, die Windstärke eine vektorielle Größe.

Die elektrische Feldstärke hat das Formelzeichen E und die Einheit Volt pro Meter (V/m), die magnetische Feldstärke das Formelzeichen H und die Einheit Ampère pro Meter (A/m).

Was sind Frequenzen?

Das elektromagnetische Feld ist für das Leben auf der Erde sehr wichtig. In den meisten Fällen ist es nicht konstant, es variiert. Wenn diese Variation sich regelmäßig wiederholt, spricht man auch von einer Schwingung.

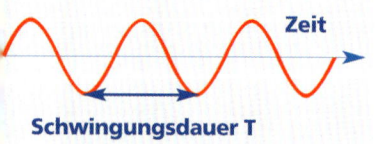

Eine Schwingung wird oft als Welle dargestellt (siehe Abbildung 2.3).
In diesem Fall wird auf der horizontalen Achse die Zeit aufgetragen.

Abb. 2.3:
Sinusförmige Schwingung mit Schwingungsdauer T

> **Definition Schwingung**
>
> Eine Schwingung ist eine Bewegung, die sich in einem bestimmten, regelmäßig wiederkehrenden zeitlichen Abstand wiederholt.

Die Dauer einer einzigen vollständigen Bewegung wird „Schwingungsdauer T" genannt.

Definition Schwingungsdauer und Frequenz

Der Abstand zweier aufeinanderfolgender Wellengipfel oder Wellenberge ist die **Schwingungsdauer T**. Die **Frequenz f** ist die Anzahl der vollständigen Schwingungen pro Sekunde (Abkürzung s). Es gilt f = 1/T, wobei f in der Einheit Hz (nach dem Physiker Heinrich Hertz) ausgedrückt wird. Die Einheit Hz steht dabei für die Zahl der vollständigen Schwingungen pro Sekunde.

Beträgt die Schwingungsdauer also zum Beispiel 0,2 Sekunden, dauern fünf Schwingungen genau eine Sekunde; somit ist die Frequenz 5 Hz.

Was sind Wellen?

Sobald sich Schwingungen räumlich ausbreiten, ist von „Wellen" die Rede. Das Ausbreiten kann in einer Dimension (beispielsweise entlang einer Violinsaite), in zwei Dimensionen (zum Beispiel auf der Wasseroberfläche) oder in drei Dimensionen (bei Schallwellen und elektromagnetische Wellen) erfolgen.

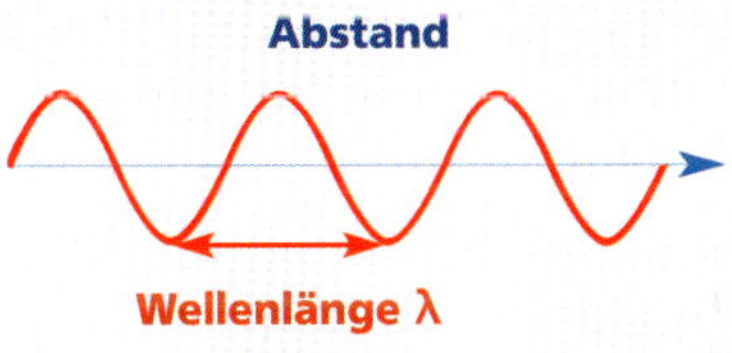

Die Wellenlänge lässt sich bestimmen, indem bei der Darstellung einer Welle auf der horizontalen Achse der Abstand der Wellengipfel angegeben wird (siehe Abb. 2.4). Der räumliche Abstand zweier aufeinanderfolgender Wellengipfel ist die Wellenlänge. Die Wellenlänge wird oft mit dem griechischen Buchstaben λ (Lambda) angegeben.

Die Begriffe „elektromagnetische Welle" und „elektromagnetische Strahlung" werden vielfach synonym verwendet. Bei hohen Frequenzen (etwa ab einigen GHz) wird häufig auch von elektromagnetischer Strahlung gesprochen.

Abb. 2.4: Bestimmung der Wellenlänge

Was sind Phasen?

Werden mehrere Wellen gleicher Wellenlänge betrachtet, ist der Begriff „Phase" von Interesse. Die Phase drückt aus, inwieweit die Wellen im Gleichtakt laufen beziehungsweise zueinander verschoben sind.

Definition Phase

Die Phase ist die raumzeitliche Relativposition mehrerer Wellen zueinander – oder sie gibt den Startpunkt einer Welle an. Ihre Einheit ist wie bei einem Kreis ° (Grad).

In Abbildung 2.5 sind drei Wellen gleicher Wellenlänge dargestellt, die zeitlich zueinander verschoben sind. Die mittlere blaue Welle hat zur oberen roten Welle eine Phasenverschiebung von 60°, die zweite blaue Welle von 180°. Diese Werte lassen sich anhand der eingefärbten Kästchen leicht ablesen.

Ähnlich wie bei einem Kreis, der in 360° unterteilt ist, wird die vollständige Wellenlänge einer Schwingung auch in 360° unterteilt, das heißt, im dargestellten Fall bedeutet ein Kästchen eine Phasenverschiebung von 60° (siehe dazu auch Abbildung 2.6).

Wellen, die genau im Gleichtakt laufen, haben eine Phasenverschiebung von 0°, sie sind „in Phase". Wellen, die genau im Gegentakt laufen, haben eine Phasenverschiebung von 180°.

Der Laser ist ein gutes Beispiel für elektromagnetische Wellen, die alle in Phase sind.

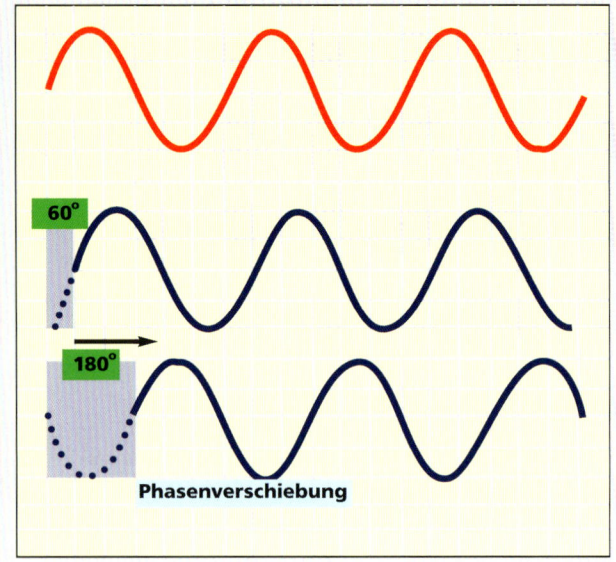

Abb. 2.5:
Drei Wellen mit gleicher Frequenz und unterschiedlicher Phase. Jedes Kästchen bedeutet in horizontaler Richtung eine Phasenverschiebung von 60 Grad.

Was bedeutet Interferenz?

Treffen mehrere Wellen gleicher Wellenlänge aufeinander, tritt „Interferenz" auf. Damit wird die Überlagerung beim Zusammentreffen zweier oder mehrerer Wellenzüge der gleichen Wellenlänge bezeichnet.

Bei der Interferenz spielt die Phase eine wichtige Rolle. Haben zwei oder mehr Wellen die gleiche Phase und Wellenlänge, verstärken sie sich, und es tritt insgesamt eine Verstärkung der Welle auf („konstruktive Interferenz"). Laufen zwei Wellen gleicher Wellenlänge und gleicher Stärke (Amplitude) zueinander genau im Gegentakt, löschen sie sich gegenseitig aus („destruktive Interferenz").

Abb. 2.6:
Die Phasen einer Welle im Vergleich zu einer Kreisbewegung

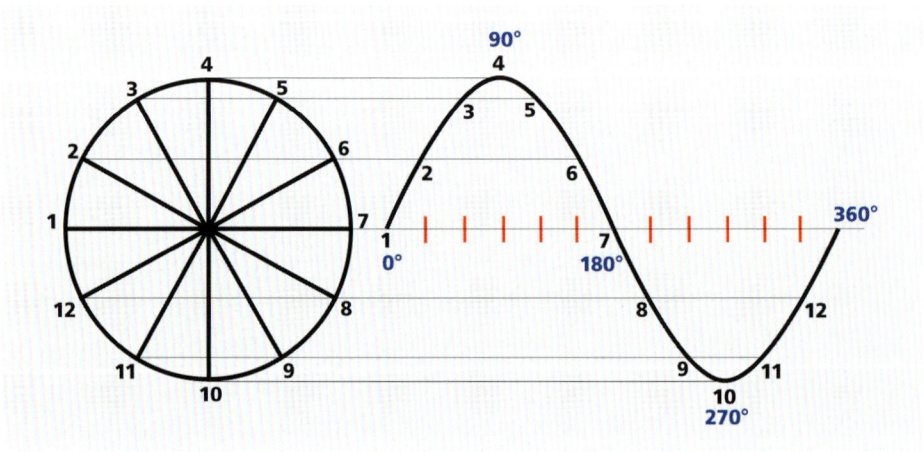

2.2 Die Felder der Erde

Das Gravitationsfeld

Das Gravitationsfeld an der Erdoberfläche ist ein statisches Feld, es ist zeitlich konstant. Die Kraft ist zum Mittelpunkt der Erde gerichtet und hält uns somit an der Erdoberfläche fest. Die Feldstärke (= Schwerkraft) variiert ein wenig. Sie ist an den Polen um etwa 0,5 Prozent höher als am Äquator.

Alle lebenden Organismen und insbesondere unser Körper haben sich seit Millionen von Jahren im Schwerkraftfeld entwickelt und sich daran anpassen müssen. Als sich die im Wasser lebenden Tiere zu Landtieren entwickelten, mussten sie ein stabiles Skelett und eine entsprechende Muskulatur ausprägen, um sich überhaupt bewegen zu können.

Auch die groben Merkmale unseres Körpers werden von der Gravitation bestimmt: nicht nur das Skelett und die Muskulatur, sondern zum Beispiel auch das Blutgefäßsystem mit dem Herzen. Die Gravitation hat einen Einfluss darauf, wie stark das Herz sein muss, um das Blut zu pumpen, und wie die Gefäße ausgelegt sein müssen, damit sowohl die Teile oberhalb des Herzen als auch die unterhalb optimal versorgt werden. Außerdem muss in unserem Körper ein empfindliches Gleichgewichtssystem vorhanden sein, damit wir unsere Haltung rechtzeitig korrigieren können, bevor wir zum Beispiel umfallen.

Die elektromagnetischen Felder

Das elektromagnetische Feld der Erde besteht aus mehreren Teilen:

- dem statischen Magnetfeld der Erde;
- den statischen elektrischen Feldern, wie sie zum Beispiel zwischen Wolken und der Erde auftreten;
- der elektromagnetischen Strahlung; hierzu gehören alle elektromagnetischen Wechselfelder und bekannten elektromagnetischen Strahlungsarten, wie Radiostrahlung, Infrarotstrahlung und das sichtbare Licht.

Theoretisch können diese unterschiedlichen Felder alle aus einer einzigen grundlegenden Feldtheorie – dem Elektromagnetismus – hergeleitet werden. Diese Theorie besagt auch, dass ein sich zeitlich veränderndes elektrisches Feld immer auch ein sich zeitlich veränderndes Magnetfeld erzeugt und umgekehrt.

Für das bessere Verständnis werden die drei genannten Teilaspekte getrennt behandelt.

Das Magnetfeld der Erde
Die Erde ist von einem Magnetfeld umgeben, das grob wie ein „Dipolfeld" mit einem magnetischen Nord- und Südpol aussieht. Woher das Erdmagnetfeld kommt, ist nach wie vor ein Problem, an dem die Geophysik zu knabbern hat. Fest steht, dass elektrische Ströme im Erdinneren das Erdmagnetfeld erzeugen. Wodurch diese Ströme in ihrer Existenz erhalten bleiben, ist jedoch noch weitgehend ungeklärt. Vermutet wird ein Zusammenhang mit der Erdrotation.

Das magnetische Feld an einem Ort ist durch seine Richtung und Größe (Vektor) gekennzeichnet. Das Magnetfeld variiert an der Erdoberfläche etwa zwischen 0,2 und 0,7 Gauß und ist somit sehr schwach, siehe auch Abbildung 2.7.

In der Magnetresonanztomografie werden heute in Krankenhäusern Magnetfelder eingesetzt, die eine Magnetfeldstärke von 1 bis 10 Tesla besitzen (1 Tesla = 10.000 Gauß). In den großen Teilchenbeschleunigern der Atomphysik kommen Magnetfeldstärken von 20 Tesla (200.000 Gauß) und größer zum Einsatz. Im Vergleich hierzu ist die Stärke des Erdmagnetfelds also äußerst schwach.

Das Erdmagnetfeld ist sowohl kurz- als auch langzeitigen Veränderungen unterworfen. Die kurzzeitigen Feldänderungen haben ihre Herkunft in magnetischen Störungen der Sonne, während die Schwankungen im Sekunden- bis Stundenbereich in der normalen Sonneneinstrahlung und dem Einfluss des Mondes ihre Erklärung finden. Hinzu kommen magnetische Störungen und Stürme auf der Sonnenoberfläche, die von der Sonnenaktivität abhängen.

Das Magnetfeld der Erde unterliegt zusätzlich einer zeitlich sehr langsamen Umbildung, die auf Veränderungen der Stromsysteme im Erdinneren zurückgeführt wird. Diese führen auf Dauer zum sogenannten „Polsprung", das heißt zur kompletten Umpolung des Erdmagnetfelds. Der magnetische Nordpol wird zum Südpol und umgekehrt.

Da die Polsprünge durchschnittlich alle 500.000 Jahre stattfinden und der letzte 780.000 Jahre zurückliegt, ist der kommende somit schon längst überfällig.

Tatsächlich ist die Stärke des Erdmagnetfelds in den vergangenen 4.000 Jahren bereits um etwa 50 Prozent zurückgegangen, davon 10 Prozent in den letzten 175 Jahren.

Abb. 2.7:
Darstellung der Feldstärke des Erdmagnetfeldes. Im westlichen Südatlantik und in Südamerika ist ein auffallendes Minimum vorhanden.

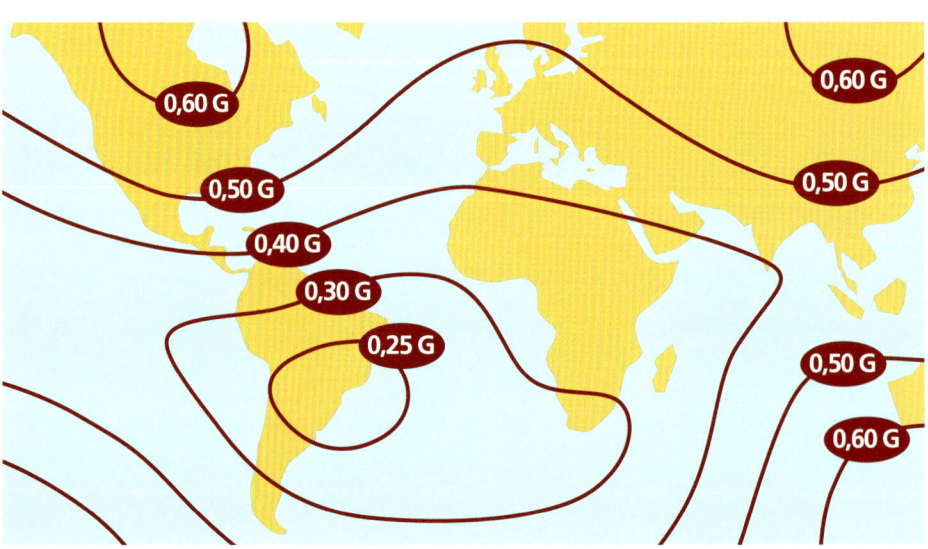

In jüngster Zeit ist vor allem eine deutliche Abschwächung im Bereich des südlichen Atlantiks festzustellen, siehe Abb. 2.7. Dazu kommt eine beschleunigte Verschiebung der Positionen der magnetischen Pole. Der magnetische Nordpol wandert immer schneller von Nordkanada in Richtung Sibirien. Waren es Anfang des 20. Jahrhunderts noch rund 16 Kilometer pro Jahr, so bewegt sich der Pol heute mit 55 Kilometern pro Jahr weiter. Es sieht also wirklich so aus, als ob der nächste Polsprung bereits „auf dem Weg" sei. Doch was geschieht bei einem Polsprung?

Während eines magnetischen Polsprungs ist das Erdmagnetfeld sehr schwach und hat mehrere Nord- und Südpole, die über die Erde verteilt sind. Dadurch kann eine größere Menge an elektrisch geladenen Teilchen des Sonnenwinds auf die Erdoberfläche gelangen und zu Störungen beziehungsweise Schädigungen biologischer Systeme führen. Die Perspektiven sind also nicht gerade positiv.

Das elektrische Feld der Erdatmosphäre
Sowohl die Strahlung der Sonne als auch die kosmische Strahlung haben sehr energiereiche Anteile, die geeignet sind, Elektronen von den Luftmolekülen zu trennen. Dadurch entstehen freie Elektronen und positive Ionen.

Dieser Effekt ist in Höhen zwischen etwa 80 und 400 Kilometern über dem Erdboden am stärksten. Dieser Bereich wird deshalb „Ionosphäre" genannt. Hier ist die Luftdichte einerseits noch hoch genug, um eine merkliche Anzahl von Ionen pro Kubikzentimeter entstehen zu lassen, doch andererseits auch wieder so gering, dass die freien Elektronen und Ionen nicht schnell einen neuen Partner finden, mit dem sie wieder neutrale Luftmoleküle bilden (= „rekombinieren") können.

Verschiedenste Mechanismen bewirken, dass diese negativen und positiven Ladungen unterschiedliche Wege gehen und so zu Raumladungen und elektrischen Feldern führen. Ein solcher Mechanismus ist zum Beispiel die Erdrotation. Die freien Elektronen sind so leicht, dass sie nicht von der dünnen Luftschicht mitgeschleppt werden, die schwereren Luftionen dagegen schon. Auch können die leichten Elektronen leichter ins Weltall entkommen als die schweren Luftionen. Dadurch entsteht im Freien ein elektrisches Feld über dem Erdboden, das zeitlich wie örtlich starken Schwankungen unterliegt. Meist ist es abwärts, also zum Erdboden hin, ausgerichtet. Somit scheint die Erde negativ geladen, während sich in der Höhe eine positive Ladung feststellen lässt.

Am größten ist die Stärke des luftelektrischen Feldes, das in der Einheit Volt pro Meter (V/m) angegeben wird, über dem Erdboden. Dort beträgt sie durchschnittlich 100 (V/m), in einer Höhe von einem Kilometer etwa 30 V/m, in zehn Kilometern Höhe etwa 10 V/m. So findet man zwischen dem Erdboden und der Ionosphäre eine Spannung von etwa 200 Kilovolt (200.000 Volt).

Schwankungen innerhalb des atmosphärischen elektrischen Feldes können zum Beispiel durch Niederschläge verursacht werden. Auch die Gewitterelektrizität führt zu charakteristischen, starken Änderungen der Feldstärke. Weiterhin wird durch Ladungskonzentrationen in Bodennähe ein zusätzliches elektrisches Feld erzeugt. Darüber hinaus wird die Leitfähigkeit der Luft durch unterschiedliche Ionen sowie durch geladene größere Partikel (wie Aerosole in Form von Staub, Rauch, Nebeltropfen) stark beeinflusst. Doch trotz all dieser Schwankungen wird in der Regel von einem „elektrostatischen Feld" der Erde gesprochen.

Sowohl das Magnetfeld als auch das elektrische Feld der Erde sind mit kurzzeitigen Schwankungen behaftet. Diese Schwankungen bewirken, dass das Magnetfeld eine geringe elektrische Komponente erhält und das elektrische Feld eine magnetische Komponente (siehe Abschnitt oben).

Dadurch kommt es zu einer Überlappung dieser sogenannten statischen Felder mit dem Bereich der elektromagnetischen Strahlung. Scharfe Grenzen gibt es nicht, da alle Felder und Strahlungen dem Elektromagnetismus zuzuordnen sind. So wird im Frequenzbereich von 1 Hz bis 1 kHz manchmal von Wechselfeldern gesprochen, aber auch von elektromagnetischer Strahlung.

Die natürliche Umgebungsstrahlung

Die Hauptquelle der natürlichen Umgebungsstrahlung ist die Sonne. Ein geringerer, aber ebenfalls wichtiger Anteil der natürlichen Umgebungsstrahlung wird innerhalb der Atmosphäre selbst erzeugt. Nur ein Teil des Gesamtspektrums der Sonne erreicht die Erdoberfläche. In der Hauptsache handelt es sich hierbei um den Teil, der durch die sogenannten Atmosphärischen Fenster 1 und 2 frequenzmäßig festgelegt wird (Abb. 2.9). Natürlich gibt es in der Atmosphäre kein „Fenster". Es ist damit die Durchlässigkeit der Erdatmosphäre für bestimmte Frequenzen gemeint.

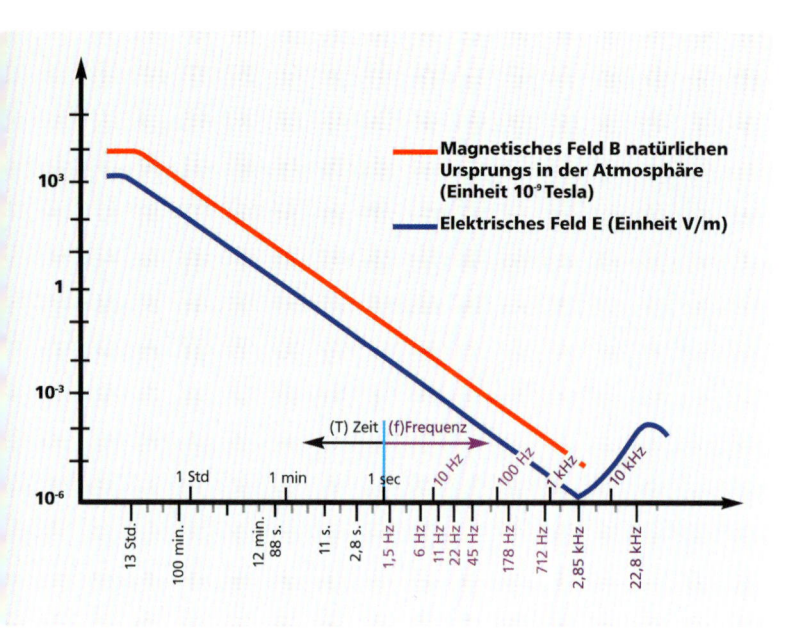

Abb. 2.8:
Magnetische und elektrische Feldstärken an der Erdoberfläche bei tiefen Frequenzen

Der größte Teil der Energie des Gesamtspektrums der Sonne ist im Frequenzbereich des Ersten Atmosphärischen Fensters angesiedelt. Es enthält auch den Bereich des sichtbaren Lichts.

Das Intensitätsmaximum der von der Sonne ausgestrahlten elektromagnetischen Strahlung liegt genau im Bereich dieses sichtbaren Lichts. Daher scheint es kein Zufall zu sein, dass während der Evolution lebende Systeme Strukturen entwickelt haben, die gerade diesen Teil der Sonnenstrahlung optimal nutzen.

Pflanzen zum Beispiel verwenden Teile des sichtbaren Lichts, um Photosynthese zu betreiben und dadurch zu wachsen. Tiere nutzen das Licht, indem sie „bildgebende Organe", die Augen, entwickelt haben, womit sie sich in ihrer Umgebung orientieren können.

Die von der Sonne ausgesandte Strahlung wird durch die Erdatmosphäre gefiltert, bevor sie auf der Erdoberfläche ankommt. Dieser Effekt ist stark von der Wellenlänge der Strahlung abhängig, wie in den beiden Abbildungen 2.9 und 2.10 zu sehen ist. Die sichtbare Strahlung und bestimmte Teile der Infrarotstrahlung gelangen leicht abgeschwächt durch die Atmosphäre, wogegen Teile der UV-Strahlung und Teile der Infrarotstrahlung fast vollständig absorbiert werden.

Darüber hinaus zeigt Abbildung 2.9 noch einen dritten Bereich der elektromagnetischen Strahlung: die sogenannten „Atmospherics". Darunter werden alle elektromagnetischen Phänomene, die mit Blitzentladungen und ähnlichen Entladungen in Verbindung stehen, verstanden. Die Frequenzen reichen von unterhalb 1 Hz bis über 100 MHz.

Der tieffrequente Teil der Atmospherics beinhaltet die bekannten „Schumanwellen". Darunter verstehen wir das Phänomen, dass elektromagnetische Wellen bestimmter Frequenzen entlang des Umfangs der Erde stehende Wellen bilden.

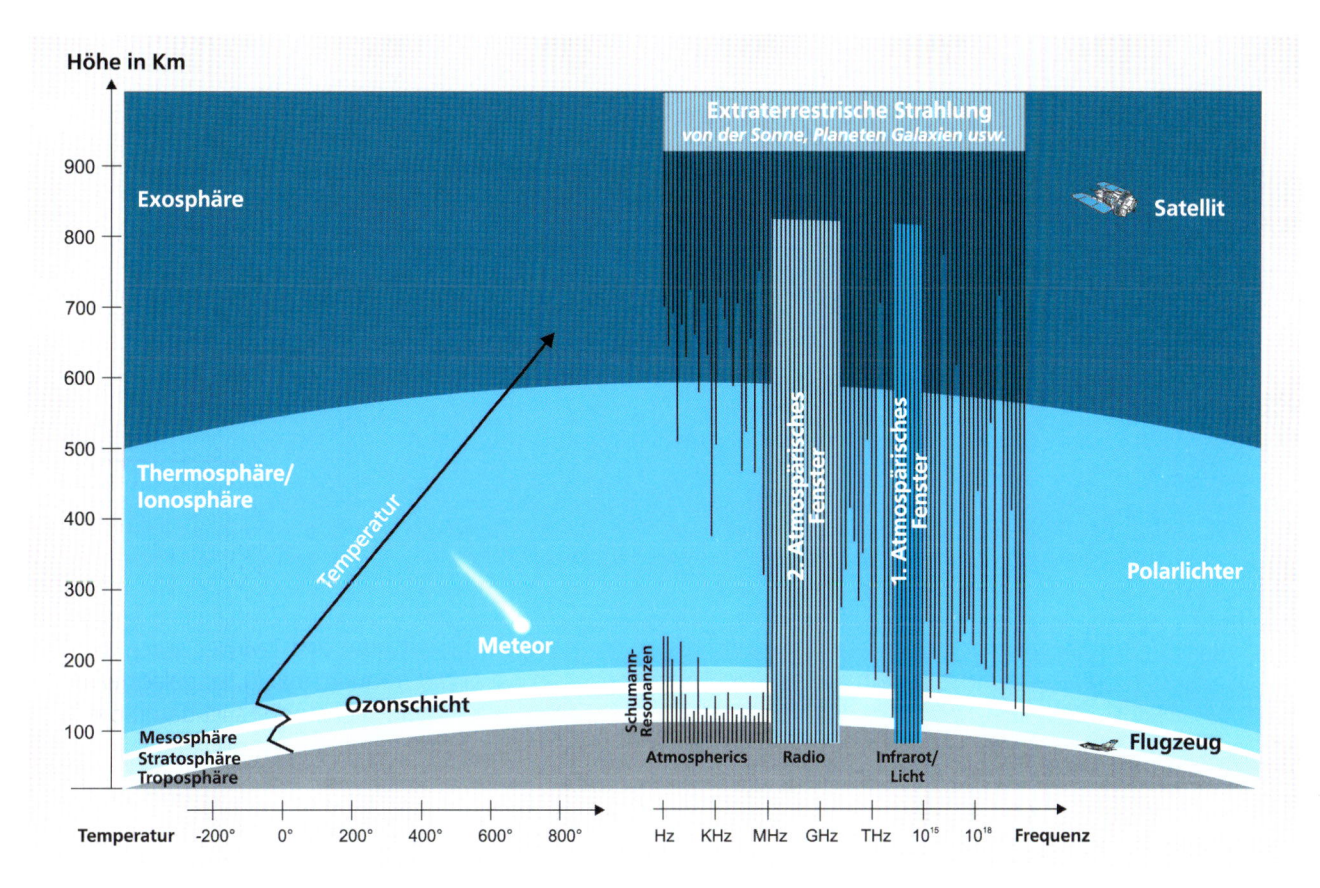

Sie haben Frequenzen von etwa 7 bis 100 Hz. Ein weiterer wichtiger Frequenzanteil liegt zwischen 5 und 10 kHz.

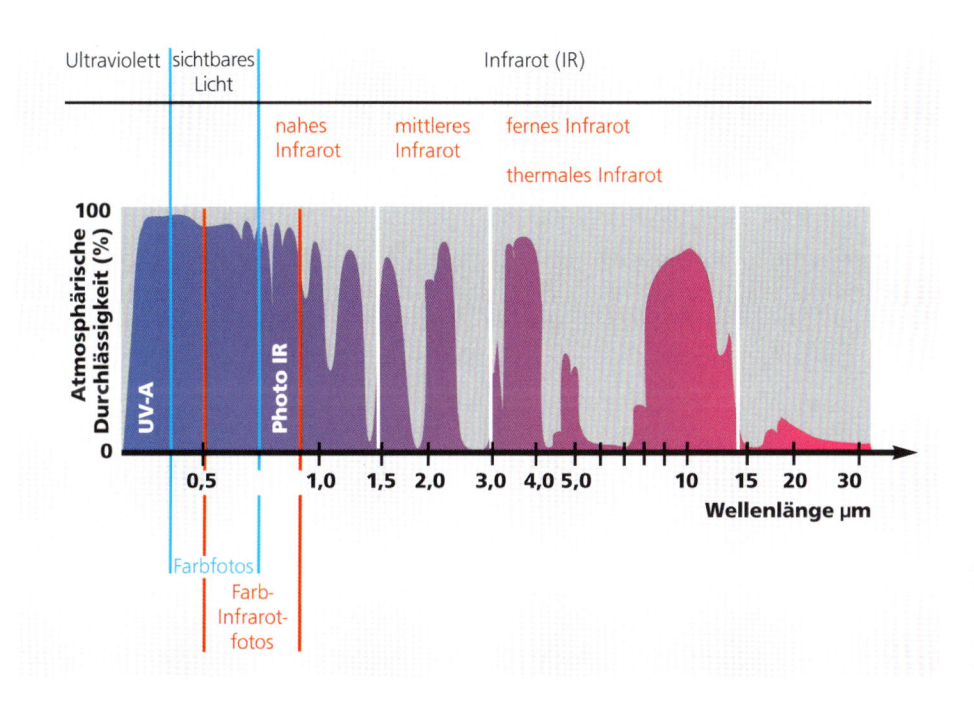

Abb. 2.9:
Die natürliche Umgebungsstrahlung auf der Erdoberfläche besteht aus der extraterrestrischen Strahlung, die von der Atmosphäre gefiltert wird, und den Atmospherics, die in der Atmosphäre selbst entstehen.

Abb. 2.10:
Erstes Atmosphärisches Fenster und Infrarotbereich. Dieser Bereich ist die Hauptenergiequelle für die Erde.

Die drei Hauptbereiche der natürlichen Umgebungsstrahlung sind somit:

1. Erstes atmosphärische Fenster: sichtbares Licht und nahes Infrarot;

2. Zweites atmosphärische Fenster: etwa 1 MHz bis 100 GHz
   (entspricht 300 m bis 3 mm);

3. Atmospherics: etwa 1 Hz bis zu 100 MHz.

Seit Millionen von Jahren hat sich unser Körper in dieser Strahlungsumgebung entwickelt, sich daran angepasst und sich diese auch zunutze gemacht. Das Auge kann gerade die Frequenzen wahrnehmen, die von der Sonne mit der höchsten Intensität ausgestrahlt werden. Die Hirnwellen des Menschen zeigen eine auffällige Übereinstimmung mit den Schumanwellen in der Atmosphäre.

2.3 Longitudinalwellen und Skalarwellen

Longitudinale Wellen

Schwingungen, die in der Ausbreitungsrichtung der Welle auftreten, werden als „longitudinale Wellen" bezeichnet. Sie sind durch Verdichtungen und Verdünnungen gekennzeichnet. Die Voraussetzung ist ein Medium, in dem die Verdichtungen und Verdünnungen stattfinden können. Ein gutes Beispiel für Longitudinalwellen sind Schallwellen: Das Medium für die Verdichtungen und Verdünnungen ist hier die Luft.

Zwar ist bekannt, dass die Maxwell'schen Gleichungen (sie beschreiben die Phänomene des Elektromagnetismus) auch longitudinale Anteile im Nahbereich (kleiner einer Wellenlänge) der Sende- und der Empfangsantenne zulassen. Eindeutig nachweisbare longitudinale elektromagnetische Schwingungen im Fernbereich (größer als eine Wellenlänge) und im Vakuum konnten trotz vieler Behauptungen bis heute jedoch nicht durch Versuche nachgewiesen werden.

> **Maxwell-Gleichungen**
>
> Die vier Maxwellschen-Gleichungen beschreiben die Erzeugung von elektrischen und magnetischen Feldern durch Ladungen und Ströme sowie die Wechselwirkung zwischen diesen beiden Feldern, die bei zeitabhängigen Feldern in Erscheinung tritt. Sie sind die Grundlage der Elektrodynamik und der theoretischen Elektrotechnik und wurden in den Jahren 1861 bis 1864 von James Clerk Maxwell entwickelt. Die Maxwellschen Gleichungen gelten auch für Licht, da dieses ebenfalls zu den elektromagnetischen Feldern gehört.

Den longitudinalen elektromagnetischen Schwingungen werden häufig besondere Eigenschaften zugeschrieben, etwa die Möglichkeit einer mehr als 100-prozentigen Energieübertragung.

Longitudinale Wellen des elektromagnetischen Feldes werden in der Literatur manchmal auch als Skalarwellen, Teslastrahlung oder Neutrinostrahlung bezeichnet. Laut Definition dürfen diese aber nicht Skalarwellen heißen, da sie – sofern sie existieren – nach wie vor Wellen einer vektoriellen Größe wären.

Besonderheiten der Skalarwellen

Skalarwellen sind im Prinzip Wellen einer skalaren physikalischen Größe. Skalare Größen wie Temperatur und Luftdruck haben – wie beschrieben – keinen Richtungssinn (Vektor), sondern sie werden in der jeweils passenden Einheit nur durch eine Zahl gekennzeichnet. Vektorielle Größen wie Geschwindigkeit und elektrische Feldstärke dagegen haben zusätzlich einen Richtungssinn.

Der in Deutschland tätige Professor Konstantin Meyl vertritt eine Hypothese der Skalarwellen, die auf einer in der etablierten Wissenschaft nicht anerkannten Lösung der Maxwellschen Gleichungen beruht. In einem Analogieschluss zu mechanischen Wellen in einem elastischen Körper wird dabei angenommen, dass die Skalarwellen sich schneller als die bekannten Transversalwellen ausbreiten. Eine andere unkonventionelle Eigenschaft der Meylschen Skalarwellen ist die Annahme, sie würden, im Gegensatz zu den normalen transversalen elektromagnetischen Wellen, ihre Intensität unabhängig vom Abstand zu ihrer Quelle weitgehend beibehalten.

Der amerikanische Physiker Tom E. Bearden hat Skalarwellen als Wellen des elektromagnetischen Potenzials definiert. Das elektromagnetische Potenzial ist tatsächlich eine skalare Größe (eine Zahl mit einer Einheit), von der das elektromagnetische Feld (als vektorielle Größe) durch Differenzierung abgeleitet wird. Elektromagnetische Potenziale sind deshalb im Prinzip fundamentaler als elektromagnetische Felder. Dennoch wurden sie im Normalfall nur als rechnerische Größen ohne jegliche physikalische Bedeutung und Wirkung betrachtet. Erst durch das elektrische Feld wird eine Wirkung vermittelt.

Mit dem sogenannten „Aharonov-Bohm-Effekt" wurde im Jahr 1959 jedoch zum ersten Mal gezeigt, dass der absolute Wert des elektromagnetischen Potenzials auch eine physikalische Wirkung zeigt.

In diesem Experiment laufen Elektronen oberhalb und unterhalb an einem Zylinder vorbei, in dem ein Magnetfeld ein- und ausgeschaltet werden kann, siehe Abbildung 2.11.

Außerhalb des Zylinders ist das Magnetfeld in beiden Fällen Null. Trotzdem hängt der Ausgang des Experiments davon ab, ob das Magnetfeld ein- oder ausgeschaltet ist. Das kann nur am elektromagnetischen Potenzial liegen, das im Fall des eingeschalteten Magneten auch außerhalb des Zylinders vorhanden ist.

Die Möglichkeit, dass in elektromagnetischen Potenzialfeldern skalare Wellen existieren, muss seither offengelassen werden.

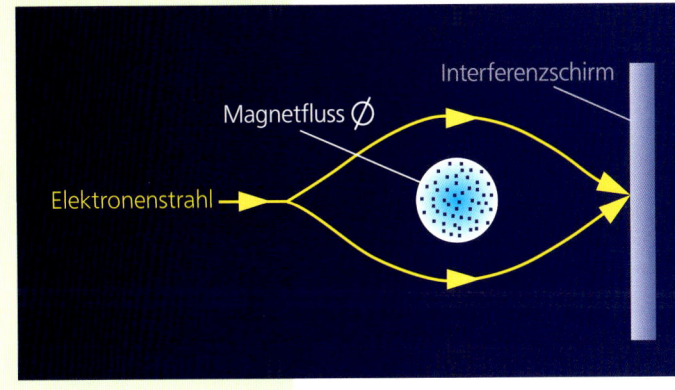

Abb. 2.11:
Aufbau des Aharonov-Bohm-Experiments

2.4 Alles schwingt und strahlt

Temperatur und Bewegung sind fest miteinander verknüpft. Steigt die Temperatur, bewegen sich die Atome und Moleküle eines Gegenstandes immer intensiver. Das gilt sowohl für Gase und Flüssigkeiten als auch für Festkörper.

Bei Festkörpern sitzen die Atome an festen Plätzen und können den Ort nicht wechseln, sie können nur hin- und herschwingen. Je tiefer die Temperatur absinkt, desto schwächer werden diese Schwingungen, sie hören allerdings nie auf.

In der Quantenmechanik wurde entdeckt, dass Atome sogar beim absoluten Nullpunkt nicht ganz stillstehen, sondern noch eine sehr schwache Schwingung, die sogenannte „Nullpunktschwingung", ausführen. Bei den Temperaturen, bei denen sich unser Leben an der Erdoberfläche abspielt, lässt sich also mit Sicherheit sagen: Alles schwingt!

Das hat aber sofort eine interessante Konsequenz, da dann auch jede Substanz elektromagnetische Strahlung aussendet.

Fast alle Atome in Organismen sind elektrisch nicht neutral, sondern ihre Elektronenwolken sind durch die unterschiedlichen Bindungsarten entweder etwas weiter vom Atomkern weggedrückt oder etwas dichter an ihn herangezogen als im Falle eines komplett isolierten Atoms. Wenn so ein nicht ganz neutrales Atom schwingt, gehorcht es dem physikalischen Gesetz, dass sich beschleunigt bewegende (schwingende) elektrische Ladungen bei Zimmertemperatur elektromagnetische Strahlung von sehr tiefen Frequenzen bis in den Infrarotbereich aussenden.

Dieses Phänomen wird auch als die „Wärmeabstrahlung" eines Gegenstandes bezeichnet. Jeder Gegenstand sendet diese Wärmeabstrahlung aus, da seine Moleküle und Atome schwingen. Dabei ist die Abstrahlung stark von der Temperatur abhängig: Je höher die Temperatur, desto stärker sind die Schwingungen und desto intensiver ist die Abstrahlung, das heißt: Es werden elektromagnetische Quanten mit höherer Energie abgestrahlt; in der Folge steigt die Frequenz, und die Wellenlänge wird kürzer.

Dieses Verhalten der abgegebenen Wärmestrahlung als Funktion der Frequenz kann näherungsweise durch eine idealisierte Kurve, nämlich die Kurve der sogenannten „Schwarzkörperstrahlung", wiedergegeben werden. Spezifische Eigenschaften des Gegenstands oder des Organismus werden dabei nicht berücksichtigt. Jeder Gegenstand hat seine eigene Version dieser Kurve, die in Details abweicht, aber im Großen und Ganzen genau dem Verhalten der Schwarzkörperstrahlung folgt.

Der idealisierte Verlauf der Schwarzkörperstrahlung kann mit der sogenannten „Planckschen Formel" berechnet werden. Die Abbildung zeigt berechnete Abstrahlungskurven von 100 K (–173 ° Celsius) bis 5.800 K (Temperaturskala Kelvin = ° Celsius + 273).

Die logarithmische Unterteilung beider Achsen ist notwendig, um die Kurven in einem so kleinen Bild darstellen zu können. Dabei ist in diesem Fall zu beachten, dass die vertikale Achse **elf Zehnerpotenzen** umfasst! Der Bereich des sichtbaren Lichts ist mit Strichlinien angegeben.

Die Kurven zeigen:

- Die Intensität der Abstrahlung steigt stark an, wenn die Temperatur steigt.
- Mit steigender Temperatur verschiebt sich das Maximum der Abstrahlung zu höheren Frequenzen (= kürzeren Wellenlängen).

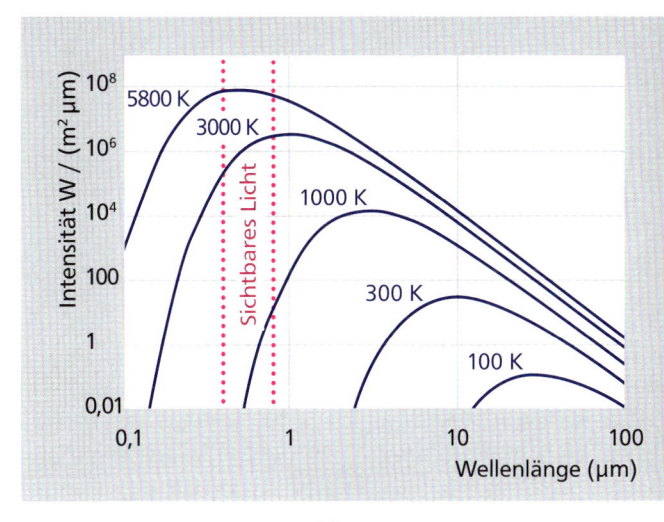

Abb. 2.12: Schwarzkörperstrahlung, berechnet mit der Planckschen Formel für unterschiedliche Temperaturen

2.5 Was ist Substanzabstrahlung?

Bei einer Temperatur von 300 K (= 27 °C) findet die maximale Abstrahlung im infraroten Bereich bei einer Wellenlänge von etwa 10 µm statt (10 °C mehr oder weniger spielen hierbei keine Rolle). Das gilt gleichermaßen für alle Gegenstände mit dieser Temperatur und bedeutet: Alle Gegenstände auf der Erde strahlen sich gegenseitig mit ihren spezifischen Spektren an.

Diese Abstrahlung findet sowohl bei Licht als auch bei Dunkelheit statt, denn es geht hier nicht um sichtbares Licht, das aus anderen Quellen stammt und an der Außenseite des Gegenstandes reflektiert wird. Vielmehr geht es hier um die Infrarotstrahlung und die Strahlung größerer Wellenlängen, die im Innern des gesamten Gegenstandes entsteht und von ihm ausgesendet – und nicht nur von seiner Oberfläche reflektiert wird, wie es beim sichtbaren Licht der Fall ist.

Diese Strahlung trägt die Eigenschaften des gesamten Gegenstandes (= der Substanz) in sich und kann daher zu Recht mit dem Begriff „Substanzabstrahlung" benannt werden.

Die Substanzabstrahlung ähnelt in groben Zügen der Schwarzkörperstrahlung, ist jedoch bei jedem Gegenstand etwas unterschiedlich. Es sind diese kleinen Unterschiede, aufgrund derer Substanzen mittels ihrer Abstrahlung gekennzeichnet werden können.

Folglich muss zur natürlichen Umgebungsstrahlung auch noch diese Strahlung hinzugerechnet werden: die Substanzabstrahlung aller Gegenstände an der Oberfläche der Erde inklusive der Oberfläche selbst.

Substanzabstrahlung von lebenden Organismen

Die Substanzabstrahlung von toten Gegenständen wird auf die Schwingungen und sonstigen Bewegungen der unterschiedlichen Moleküle in diesen Gegenständen zurückgeführt. Wenn wir lebende Organismen betrachten, kommen die Abstrahlungen, die aufgrund der Lebensprozesse im Organismus stattfinden, hinzu. Das können sehr verschiedene Prozesse sein. Zwei Beispiele:

Die Gehirnwellen

Größere Bereiche des menschlichen Gehirns führen gemeinsame Schwingungen aus. Hierdurch kommt es zu den elektromagnetischen Abstrahlungen, die als Gehirnwellen bekannt sind. Sie liegen im Bereich vom 1 bis 10 Hz. Sie werden üblicherweise mittels Elektroden am Kopf gemessen, sind aber auch in einer gewissen Entfernung vom Körper detektierbar; daraus lässt sich schließen: Sie werden wirklich abgestrahlt.

Ein toter Körper sendet keine Gehirnwellen aus. Die Gehirnwellen haben nichts mit den Wärmebewegungen der Moleküle im Körper zu tun und passen daher auch überhaupt nicht zu den Kurven in Abbildung 2.12. Die Wellenlänge der Gehirnwellen beträgt um die 100.000 km. Abbildung 2.12 müsste um mehr als 25 cm auf dieser logarithmischen Skala nach rechts ausgedehnt werden, um dort die Gehirnwellen darzustellen.

Die Biophotonen

Abb. 2.13:
Schematische Darstellung der Wärmeabstrahlung bei 300 K. Der kleine Buckel links sind die Biophotonen.

Lebende Organismen senden – auch in vollkommener Dunkelheit – sichtbares Licht aus. Hierbei handelt es sich um Licht, das die Organismen in ihren Zellen selbst produzieren. Darum werden die Photonen dieses Lichts auch mit dem Begriff „Biophotonen" benannt, da sie der lebende Organismus selbst erzeugt.

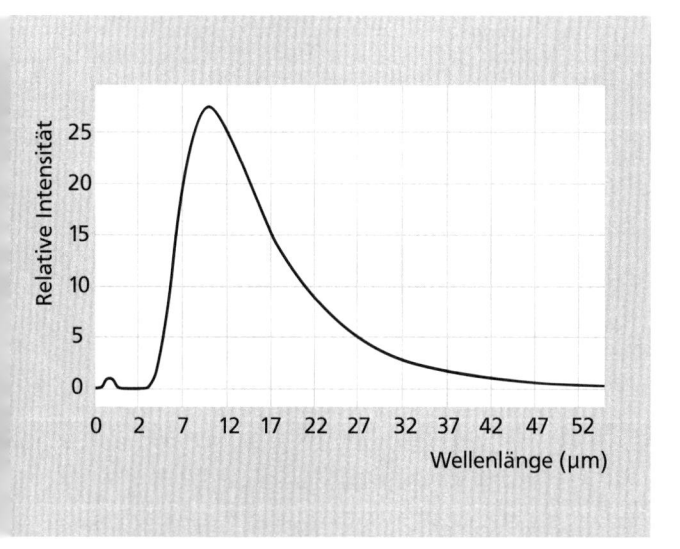

In Abbildung 2.13 sind die Biophotonen – neben der normalen Abstrahlung der Schwarzkörperstrahlung – mit dem kleinen Hügel links schematisch angedeutet. Diese Kurve sieht anders aus als die in der Abbildung 2.12, da die Achsen jetzt linear und nicht logarithmisch eingeteilt sind. Um die Größenverhältnisse korrekt darzustellen, müsste der Biophotonen-Hügel eigentlich noch viel kleiner sein. Nichtsdestotrotz ist die Biophotonenabstrahlung immer noch um viele Zehnerpotenzen größer, als die Berechnung der Schwarzkörperstrahlung angibt.

Wie die Gehirnwellen fallen auch die Biophotonen völlig aus dem Rahmen der Kurve der Schwarzkörperstrahlung. Beide sind Zeichen dafür, dass der Organismus lebt. Beide fallen weg, wenn der Körper stirbt. Beide sind somit ein wesentlicher Teil der „Substanzabstrahlung" eines lebenden Menschen.

2.6 Elektromagnetische Informationsübertragung

Elektromagnetische Strahlung ist ein ungeheuer effektives Kommunikationsmittel, wie die folgenden Beispiele zeigen:

- Mit Raumsonden können wir bis hinter den Planeten Saturn kommunizieren. Die dazu verwendeten elektromagnetischen Signale sind unglaublich schwach und sogar mit Lichtgeschwindigkeit über eine Stunde unterwegs. Trotzdem können diese Signale auf der Erdoberfläche empfangen, entschlüsselt und zum Beispiel in ein Foto umgewandelt werden, das die Saturnringe aus größter Nähe und ungeheuer detailreich zeigt. Doch wie ist das möglich?

- In einer Großstadt werden Hunderttausende von Mobilfunkgesprächen gleichzeitig geführt. Wie kann es sein, dass diese schwachen Signale nicht untergehen und im Rauschen verschwinden? Wie kann es sein, dass sie trotzdem aufgefangen, korrekt zugeordnet und verarbeitet werden können?

- Und wie kann es sein, dass Sie mit Ihrer Fernbedienung in einer Großgarage trotzdem nur Ihre Autotür und keine anderen Türen öffnen können?

Das ist alles nur möglich, weil elektromagnetische Signale äußerst präzise voneinander unterschieden und getrennt ausgewertet werden können. Mit den heutigen Techniken können schon Übertragungsraten von weit über 1 GBit/s erreicht werden.

Bereits in den 1970er-Jahren berechnete und verglich eine Studie der Universität Oxford unter der Leitung des Biophysikers Colin W. F. McClare die Effizienz von energetischen Signalen mit der von chemischen für den Informationstransfer in biologischen Systemen. Die Studie zeigt, dass energetische Mechanismen, wie beispielsweise elektromagnetische Signale, interne und externe Informationen hundertfach effizienter weiterleiten, als dies von biochemischen Signalen, wie Hormonen oder Neurotransmittern, geleistet werden kann (McC 1974).

Zur besseren Effizienz kommt die millionenfach höhere Geschwindigkeit hinzu. Elektromagnetische Signale legen 300.000 Kilometer pro Sekunde zurück, die Diffusionsgeschwindigkeit von Molekülen beträgt dagegen höchstens einen Zentimeter pro Sekunde.

2.7 Zusammenfassung

Warum sind alle diese dargestellten Felder mit ihren Frequenzen wichtig? Die Antwort führt uns auch ein Stück näher zur Antwort auf die Frage „Was macht Leben aus?":

Alle Organismen der Erde haben sich über viele Millionen Jahre hinweg im Umfeld dieser Felder mit ihren Variationen und Frequenzmustern entwickelt. Die Felder haben das Leben auf der Erde erst ermöglicht.

Eine weitere wichtige Erkenntnis, die in diesem Kapitel dargestellt wurde:

Organismen empfangen nicht nur Strahlung, sie senden auch Strahlung aus. Diese Substanzabstrahlung hat charakteristische Merkmale, sodass sie dazu dienen kann, unterschiedliche Organismen zu kennzeichnen. Das hiermit verbundene Thema der „Mustererkennung" wird später in Kapitel 7.5 noch behandelt.

Eine nicht minder bedeutende Erkenntnis im Zusammenhang mit diesem Kapitel: Elektromagnetische Strahlung ist ein ungeheuer effektives Kommunikationsmittel.

Hält man sich nun vor Augen, dass in den theoretischen Grundlagen der Biologie ein Kommunikationsmechanismus fehlt, mit dem erklärt werden kann, wie die Zelle es schafft, alle ihre Prozesse aufeinander abzustimmen, braucht man nur eins und eins zusammenzuzählen:

Die Schlussfolgerung, dass die Zelle ebenfalls elektromagnetische Signale als Kommunikationsmittel einsetzt, liegt dann auf der Hand – und damit ebenso die Antwort auf die eingangs gestellte Frage: *„Welche Kräfte steuern die Drehung und Faltung der Moleküle zu ihren komplexen Formen?"*

Denn es kristallisiert sich immer mehr heraus, dass elektromagnetische Signale für die Koordination der Abläufe in der Zelle von großer Wichtigkeit sind.

Wie wir später sehen werden, spielen auch die quantenphysikalischen Felder in diesem Zusammenhang eine wichtige Rolle.

3. Kapitel

Fraktale Muster und Vorschriften

3.1 Dreidimensionale Fraktale in Organismen

3.2 Fraktale und Gesundheit

3.3 Fraktale und Musik

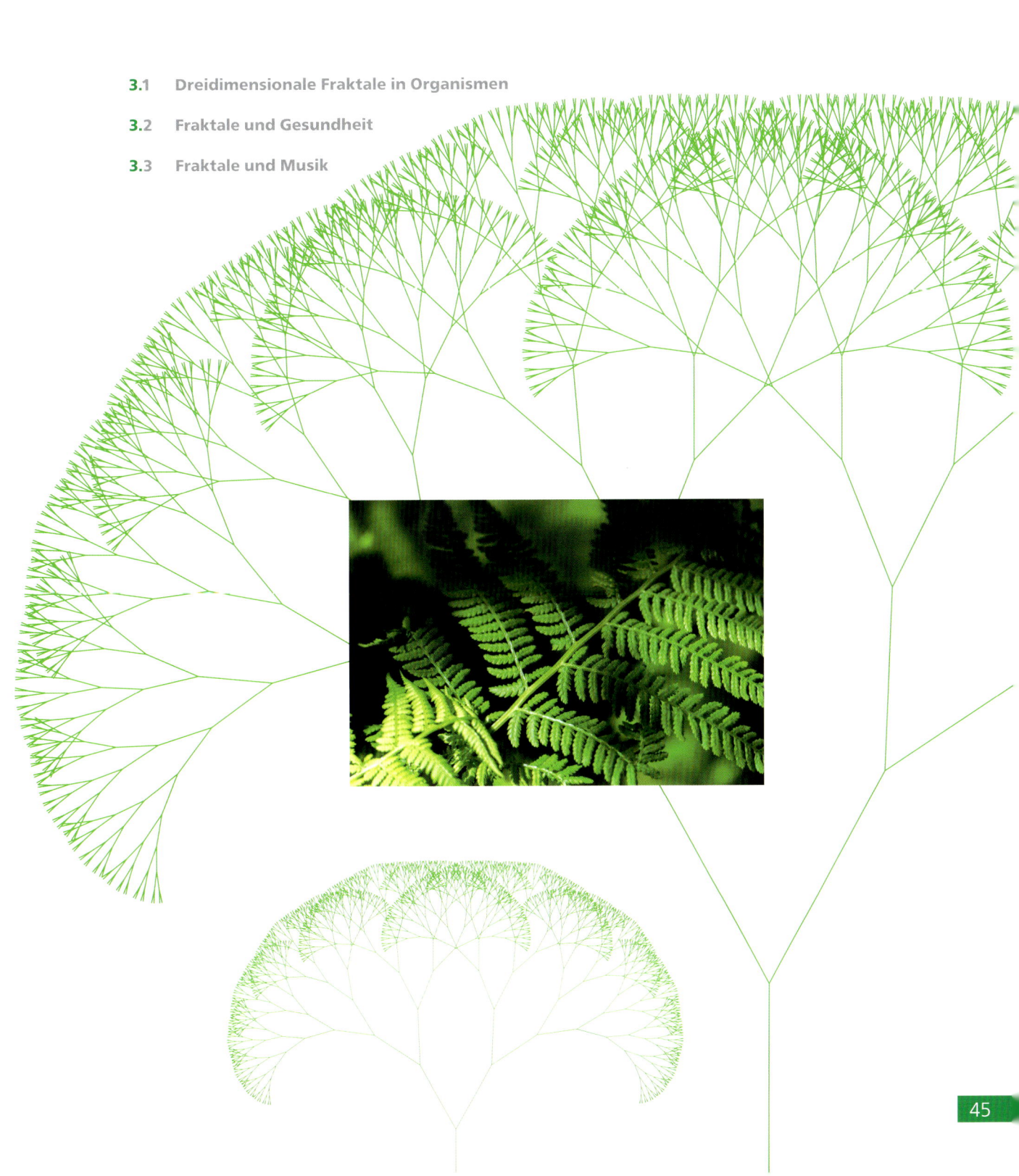

Fraktale Muster und Vorschriften

Den Begriff „Fraktal" hat der französisch-US-amerikanische Mathematiker Benoît Mandelbrot im Jahr 1975 geprägt. Er leitet sich vom lateinischen „fractus" für „gebrochen" beziehungsweise von „frangere" für „unregelmäßige Fragmente erzeugen" ab.

Als „Fraktale" werden natürliche und künstliche Gebilde sowie geometrische Muster bezeichnet, die einen hohen Grad an Selbstähnlichkeit aufweisen. Das ist beispielsweise der Fall, wenn ein Objekt aus mehreren verkleinerten Kopien seiner selbst besteht. Statt Selbstähnlichkeit wird oft auch der Begriff der „Skaleninvarianz" verwendet.

Abb. 3.1:
Mathematisch-fraktal erzeugte Form, die einem Farnblatt ähnlich ist

Das gleiche Muster auf einer anderen Größenskala

Vereinfacht ausgedrückt bezeichnet ein Fraktal etwas, das unverändert oder ähnlich aussieht, wenn die Größenordnung (Skala) verändert wird. Fraktale haben also die Eigenschaft, durch Zusammenlegen oder Aufteilen wieder im Wesentlichen das gleiche Muster auf einer anderen Größenskala zu erhalten.

Beispiele für Fraktale finden sich überall in der Natur. Dazu gehören natürliche Gebilde wie Pflanzen, Bäume, Wolken oder Küstenlinien. Diese Objekte sind in mehr oder weniger starkem Maße selbstähnlich strukturiert. So sieht ein Baumzweig ähnlich aus wie ein verkleinerter Baum.

Viele Strukturen in der Natur sind mathematisch auf Fraktale zurückzuführen. Abbildung 3.1 zum Beispiel ist rein mathematisch durch die Wiederholung einer fraktalen Konstruktionsvorschrift entstanden und erweckt beim Betrachter den Eindruck eines Farnblatts.

Das Prinzip ist am Beispiel der sogenannten „Koch-Kurve" (Abb. 3.2) leicht nachzuvollziehen.

Die Koch-Kurve fängt mit einer Geraden endlicher Länge an und wird immer weiter verfeinert. Die fraktale Vorschrift bei jedem Schritt lautet:

- Teile jedes gerade Segment in drei gleiche Längen.
- Bilde aus dem mittleren Teil eine Spitze aus zwei Teilen, die jeweils die gleiche Länge haben wie die beiden äußeren Teile. Es entstehen dadurch gleichseitige Dreiecke.

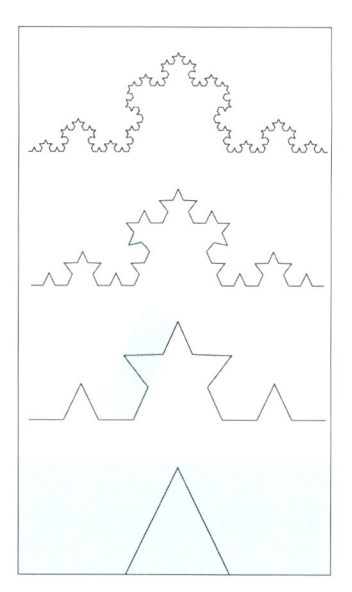

Abb. 3.2:
Konstruktion eines Fraktals: die Koch-Kurve

Auf diese Weise wird die Linienlänge entlang der Kurve immer größer und strebt gegen unendlich. Mittels eines Fraktals ist es also möglich, eine immer größere Linienlänge auf einer beschränkten Fläche zu erhalten.

3.1 Dreidimensionale Fraktale in Organismen

Das gleiche Prinzip kann auch in drei Dimensionen angewandt werden, sodass es mittels eines Fraktals möglich ist, eine immer größere Fläche in einem beschränkten Volumen zu erhalten.

Im menschlichen Körper wird das fraktale Prinzip vielfach angewandt. Eindrucksvolle Beispiele dafür sind das Blutgefäßsystem (siehe Abbildung 3.3) und die Lungenbläschen. Unser Blutgefäßsystem ist zum Beispiel so fein verästelt, dass es möglich ist, jede Zelle mit Nährstoffen zu versorgen. Der Durchmesser der feinsten Kapillaren ist gerade so groß, dass sich rote Blutkörperchen nur noch nacheinander hindurchquetschen können.

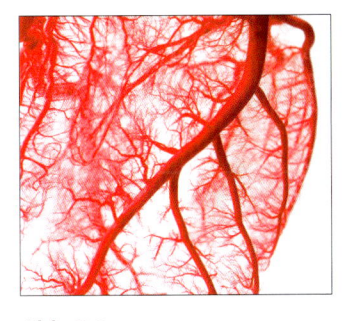

Abb. 3.3:
Blutgefäße

Nur eine Konstruktionsvorschrift für das gesamte Muster

Fraktale Strukturen bieten Organismen wichtige Vorteile. Ein Vorteil, den der fraktale Aufbau für den Organismus hat, ist, dass nur eine Konstruktionsvorschrift gespeichert werden muss und nicht das vollständige Muster (zum Beispiel in den Genen).

Fraktale können gleichzeitig mehrere Konvergenzpunkte besitzen, wie das Beispiel in Abbildung 3.4 zeigt. Konvergenzpunkte sind feste Punkte, die immer feinere Strukturen um sich herum haben, je mehr man sich dem Punkt nähert.

Im dreidimensionalen Raum entstehen durch das fraktale Prinzip einerseits zum Beispiel Eckpunkte in bestimmten Abständen, die auf diese Weise einen Raumbereich definieren, andererseits feinere Strukturen, die sich um diese Eckpunkte herum entwickeln können.

Auf Körperorgane übertragen bedeutet es, dass sie sowohl einen Raum zugewiesen bekommen als auch eine Vorschrift haben, wie sie sich im Innenbereich entwickeln sollen. Und das alles gelingt mit nur einer einzigen Vorschrift. Das heißt: Die Vorschrift ist das fortwährende strukturbildende Prinzip (oder das grundlegende Muster) des Organismus oder/und seiner Teile.

Abb. 3.4:
Fraktal mit mehreren Konvergenzpunkten

3.2 Fraktale und Gesundheit

Fraktale sind für die Natur ein Werkzeug, mit dem sie größtmögliche Effizienz erreichen kann. Das ist auch der Grund, warum wir in lebenden Systemen fraktale Strukturen finden. Wird die fraktale Vorschrift jedoch gestört – ähnlich wie bei einer Mutation der DNA –, kommt es zu Problemen und schließlich zu Krankheiten und Tod.

Therapeutische Maßnahmen können deshalb daraus bestehen, dem Organismus fraktale „Vorschriften" (Muster) zum Beispiel in Form elektromagnetischer Signale anzubieten, um ihn dabei zu unterstützen, die eigenen fraktalen Vorschriften wieder anzuwenden.

Schauen wir uns dazu das Beispiel der Koch-Kurve (Abb. 3.5) noch einmal genauer an. Die Striche sind bei jedem folgenden Schritt um einen Faktor drei kürzer. Auf Frequenzspektren übertragen würde dieses Prinzip bedeuten, dass man ein bestimmtes Frequenzmuster sich bei 3-mal höheren Frequenzen wiederholen lässt – dann wieder bei 9-mal höheren Frequenzen, bei 27-mal usw.

Generell lässt sich sagen, dass wirksame Behandlungsmuster auch fraktale Frequenzspektren sein können, die sich in verschiedenen Frequenzbereichen wiederholen. Diese Frequenzsprünge werden mit einem Faktor gekennzeichnet, der bei der Koch-Kurve dem Faktor drei entspricht.

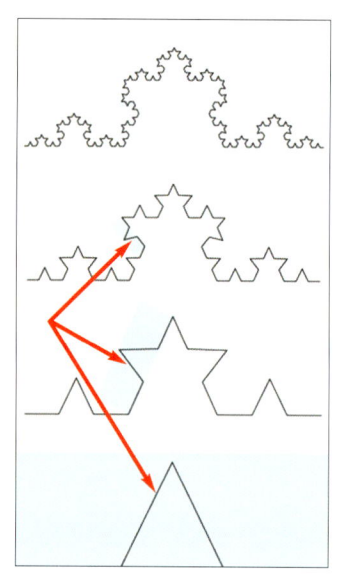

Abb. 3.5:
Die Koch-Kurve. Bei jedem Schritt entsteht eine dreimal kleinere Struktur.

3.3 Fraktale und Musik

Fraktale sind schon lange bekannt und wurden bereits von Pythagoras (etwa 570 bis 500 v. Chr.) beschrieben – und zwar in Bezug auf die Musik. Auch wenn Pythagoras die Fraktale nicht explizit als solche benannt hat und er auch keine Frequenzen messen konnte – vielleicht hat er nicht einmal geahnt, was Fraktale sind –, ist ihm doch bereits etwas Wichtiges aufgefallen:

Wenn eine eingespannte Saite gezupft wird, erzeugt sie einen bestimmten Ton. Wird die Länge der Saite um die Hälfte verkürzt, erzeugt sie einen höheren Ton, der sehr harmonisch zum vorherigen klingt. Zusammen ergeben die Töne einen harmonisch klingenden Zweiklang. Werden Saiten um andere Längen gekürzt, kommen ebenfalls harmonische Zweiklänge zustande – und zwar immer dann, wenn die Längenverhältnisse der Saiten aus einfachen Zahlen bestehen, wie zum Beispiel 4/3 oder 5/4. Auf diese Weise konnte Pythagoras harmonische Gehörempfindungen auf einfache Zahlenverhältnisse zurückführen.

Heute wissen wir, dass die Saitenlänge unmittelbar mit der Frequenz des Tons verbunden ist – und zwar umgekehrt proportional. Wird die Saite um die Hälfte gekürzt, wird die Frequenz des Tons zwei Mal so hoch. In der Musik sagt man, dass der Ton um eine Oktave höher liegt. Ein Oktave ist also nichts anderes als ein Faktor zwei in Frequenz. Oktaven klingen harmonisch, man spricht deshalb auch von den „höheren Harmonischen" eines Tons.

Andere Längenverhältnisse der Saiten führen genauso zu einfachen Verhältnissen in den Frequenzen. So entstehen Zweiklänge, die für das menschliche Gehör angenehm sind, wie zum Beispiel die große Terz (5/4), die Quarte (4/3) und die Quinte (3/2).

Jeder Zweiklang mit dem Verhältnis 5/4 ist eine große Terz und kann vom (geschulten) menschlichen Gehör als solche erkannt werden.

In Abbildung 3.6 sind einige große Terze im hörbaren Frequenzbereich, die stets um eine Oktave auseinanderliegen, dargestellt. Die horizontale Skala in der Abbildung ist logarithmisch eingeteilt. Die Strichlänge ist ein Maß für die Intensität des Tons, das Intensitätsverhältnis beträgt etwa 1/2.

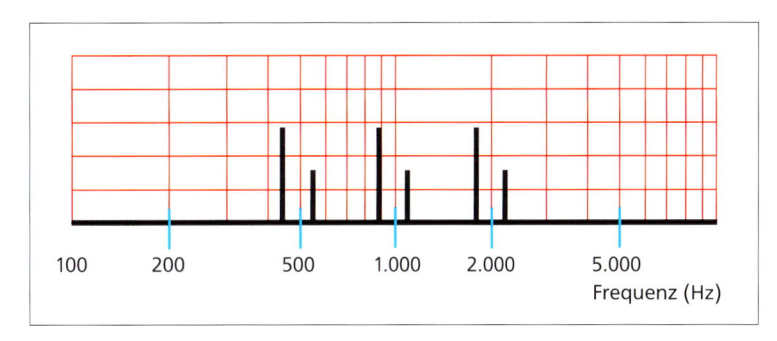

Abb. 3.6:
Einige große Terze, im hörbaren Bereich dargestellt (550 Hz/440 Hz, 1.100 Hz/880 Hz, 2.200 Hz/1.760 Hz)

Auffällig ist, dass die Struktur der großen Terz in der logarithmischen Darstellung sofort ersichtlich ist. Man könnte diese Struktur aufnehmen und willkürlich über die horizontale Achse hin- und herschieben und wurde überall eine große Terz, mit den gleichen Intensitätsverhältnissen, erhalten.

Die Struktur dieser großen Terz ist ein sehr einfaches Beispiel eines Frequenzmusters mit dem Frequenzverhältnis 5/4 und dem entsprechenden Intensitätsverhältnis 1/2.

Solche einfachen Muster könnten zum Beispiel die Vorschrift für den fraktalen Aufbau eines Organs bilden. Die weiteren Eigenschaften des Organs, wie zum Beispiel die Zusammensetzung der Wände der Blutgefäße, wären dann in komplexeren Merkmalen des Spektrums verschlüsselt. Komplexe Spektren würden eher wie in Abbildung 3.7 angedeutet aussehen.

Abb. 3.7:
Beispiel eines komplexen Spektrums

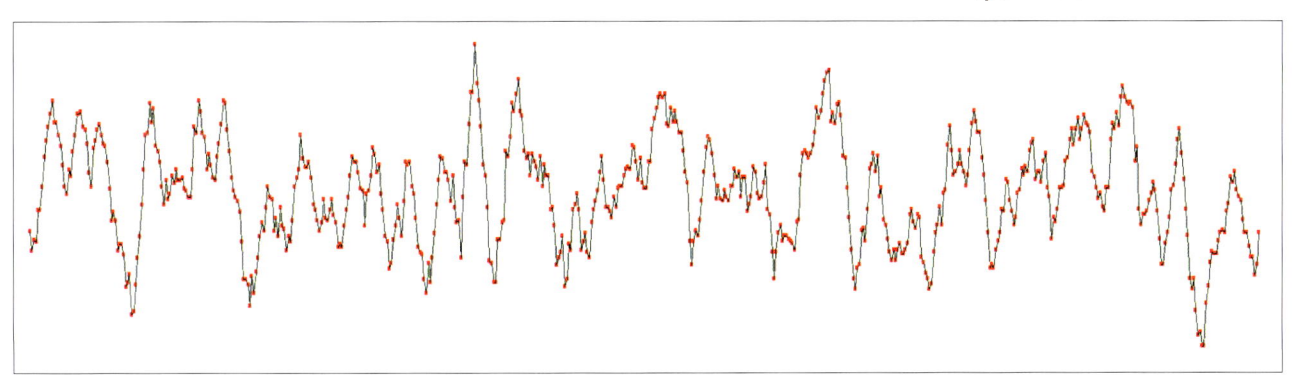

Das 12-Ton-System

In der Musik ist es üblich, eine Oktave in zwölf Schritte zu unterteilen. Aus diesem Grund gibt es zum Beispiel auf dem Klavier pro Oktave sieben weiße und fünf schwarze Tasten, siehe Abbildung 3.8. Diese Einteilung wird bei jeder Oktave wiederholt und ist somit ebenfalls ein Fraktal.

Bei diesen zwölf Schritten innerhalb einer Oktave geht es – wie bei den vorne beschriebenen Zweiklängen – ebenfalls um Frequenzverhältnisse. Mathematisch betrachtet wäre es die sauberste Methode, genau gleiche Schrittgrößen für die zwölf Schritte zu nehmen. Dazu müsste man den Faktor $2^{1/12}$ verwenden. Zwölf Mal hintereinander angewandt, ergibt sich der Faktor zwei, und man ist eine Oktave höher gekommen. In der Musiktheorie heißt diese Art der Stimmung die „gleichtemperierte" oder „gleichstufige" Stimmung; die „Festlegung der Tonhöhe" wird auch „Temperatur" genannt.

Nachteil dieser Art von Stimmung ist, dass die oben genannten Zweiklänge wie Terz, Quarte und Quinte nicht mehr sauber klingen und ein geübtes Ohr das hören kann. So wird zum Beispiel das Frequenzverhältnis der großen Terz in der gleichstufigen Stimmung $(2^{1/12})^4 = 1{,}2599$, während es für den perfekten Zweiklang $5/4 = 1{,}2500$ sein sollte.

Die Diskussion um die optimalen Stimmungen wird seit Pythagoras geführt. In der Praxis werden Musikinstrumente meist so gestimmt, dass ein Kompromiss zwischen der gleichstufigen Stimmung und dem Wunsch nach möglichst sauberen Zweiklängen geschlossen wird.

Generell kann die 12-Ton-Einteilung der Oktaven als ein fraktales System betrachtet werden, das dazu passt, welche Tonhöhen und Tonkombinationen Menschen als angenehm empfinden.

Musik ist fraktal aufgebaut. Von allen Frequenzen zwischen 440 Hz (der internationale Stimmton a') und 880 Hz (a") werden nur zwölf Frequenzen verwendet, um Musikstücke zu komponieren. Beim Klavier kann man – anders als beispielsweise bei einem Saiteninstrument – in diesem Frequenzbereich ohnehin nur die genannten zwölf Töne erzeugen (siehe Abbildung 3.8).

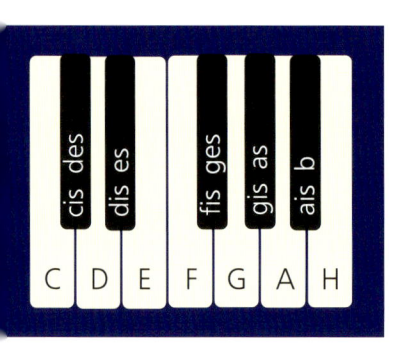

Abb. 3.8:
Einteilung einer Oktave auf dem Klavier mit sieben weißen und fünf schwarzen Tasten

4. Kapitel

Ordnung und Organisation in der Zelle

4.1 Die scheinbare Ordnung

4.2 Die Details und das Ganze

4.3 Das Rätsel der komplexen Strukturen

4.4 Energetische Hinweise auf die Kohärenz in der Zelle

4.5 Kohärenz ist kein selbstverständliches Phänomen

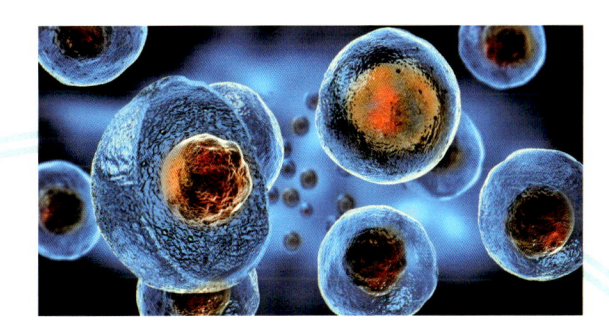

Ordnung und Organisation in der Zelle

4.1 Die scheinbare Ordnung

In der grafischen Darstellung sieht der Inhalt einer Zelle in der Regel halbwegs übersichtlich aus (Abbildung 4.1). Man erkennt die wichtigsten Bestandteile, die innerhalb der Zelle einigermaßen gleichmäßig verteilt sind. Die Realität gestaltet sich jedoch anders.

Abb. 4.1:
Die Zelle mit ihren wesentlichen Bestandteilen

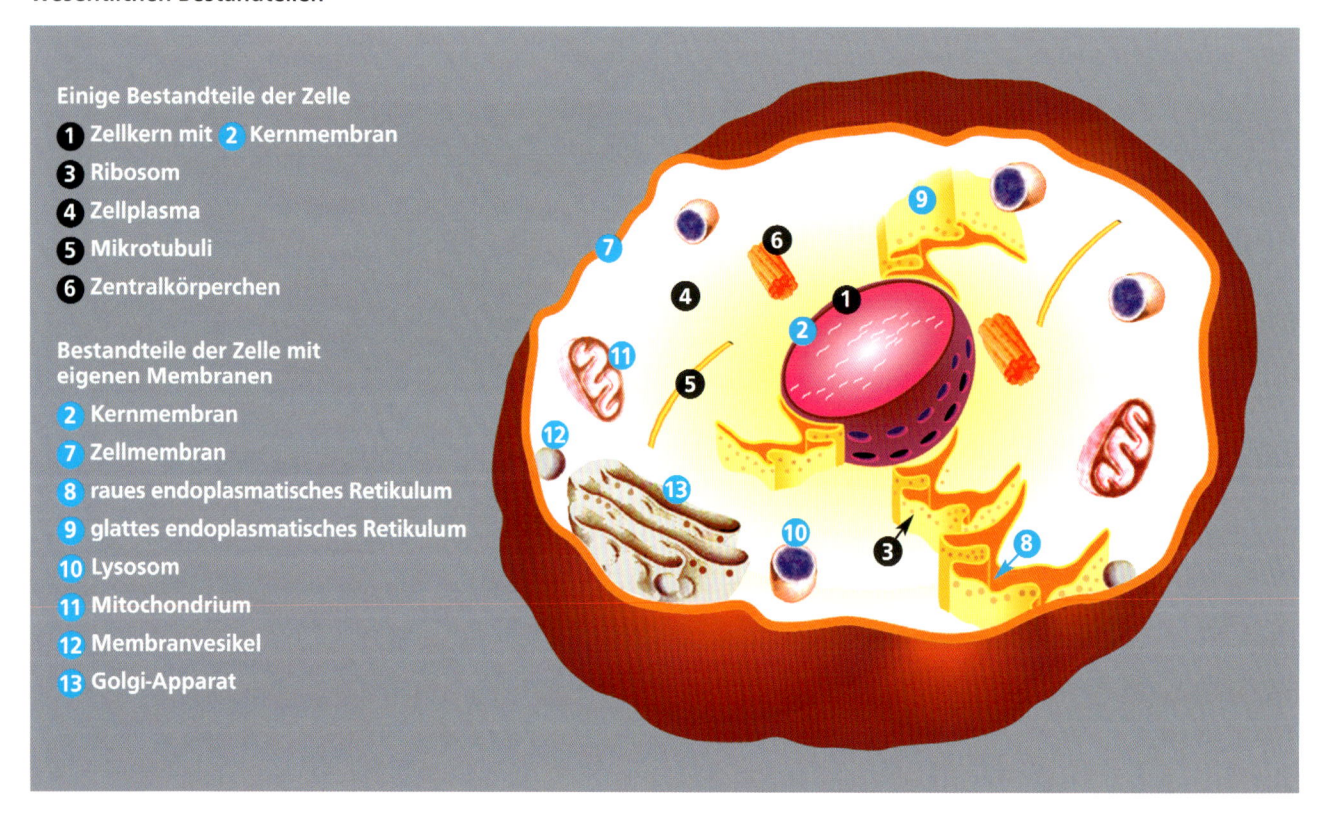

Einige Bestandteile der Zelle
1. Zellkern mit 2. Kernmembran
3. Ribosom
4. Zellplasma
5. Mikrotubuli
6. Zentralkörperchen

Bestandteile der Zelle mit eigenen Membranen
2. Kernmembran
7. Zellmembran
8. raues endoplasmatisches Retikulum
9. glattes endoplasmatisches Retikulum
10. Lysosom
11. Mitochondrium
12. Membranvesikel
13. Golgi-Apparat

In Wirklichkeit ist die Zelle unter anderem mit Proteinen, Ribosomen, RNA, Filamenten, Nukleinsäuren und Lipiden prall gefüllt. Einen realistischeren Eindruck des Zellinhaltes gibt die Abbildung 4.2.

Betrachtet man die Abbildung 4.2, so ist es kaum vorstellbar, dass in jeder Zelle Zehntausende chemische Reaktionen pro Sekunde gleichzeitig ablaufen, ohne dass sie sich gegenseitig stören. Das ist äußerst bemerkenswert, denn außerhalb der Zelle, im Reagenzglas oder in einer chemischen Produktionsanlage, gelingt es meist nur, ein einziges einfaches organisches Molekül, wie etwa eine Aminsäure, in einem Durchgang zu produzieren. Zahlreiche Einstellungen – wie Temperatur, Druck oder Mengenverhältnisse – müssen zeitlich und örtlich genau stimmen, damit das gewünschte Endprodukt überhaupt entstehen kann. Für die Zelle ist das jedoch Routine, wie Abbildung 4.3 eindrucksvoll veranschaulicht.

Die Knoten in der Abbildung 4.3 sind Reaktionsschritte, die Linien sind die Wege, die von den Reaktionsprodukten zurückgelegt werden müssen, um zur nächsten Reaktion (dem nächsten Knotenpunkt) zu gelangen.

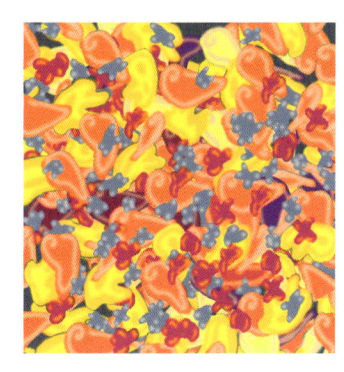

Abb. 4.2:
Moleküldichte im Zellplasma

Die Linien sind aber keine gebahnten Wege wie zum Beispiel die Schienen in einem U-Bahn-Netz. Vielmehr müssen sich die Moleküle, abhängig vom jeweiligen Schritt, durch das dichte Gedränge aller anderen Moleküle, die sich in den jeweiligen Räumen der Zelle befinden, hindurchkämpfen, bis sie dort ankommen, wo sie ihre jeweiligen chemischen Reaktionen durchführen können.

Das ist eine erstaunliche Orientierungsleistung. Trotzdem wird in der regulären Biologie davon ausgegangen, dass dabei keine besonderen Steuerungsmechanismen aktiv sind. Die statistische Diffusion der Moleküle aufgrund von willkürlichen Wärmebewegungen reicht der regulären Biologie als Erklärung aus.

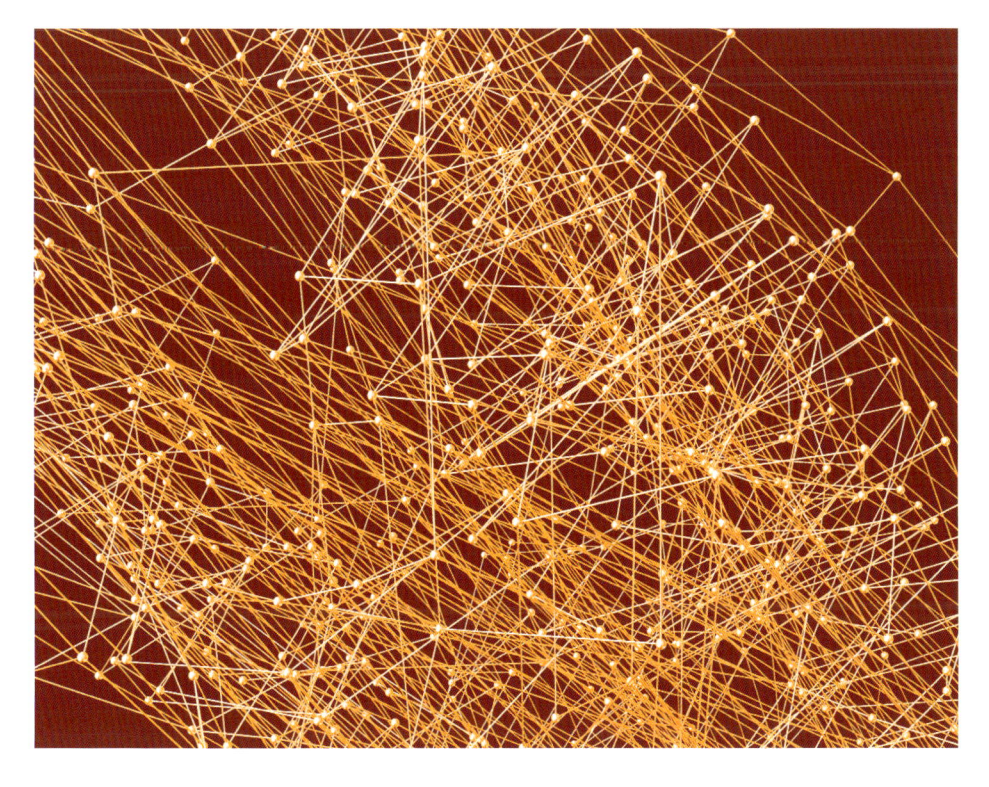

Abb. 4.3:
Metabolische Reaktionsvorgänge in der Zelle im Überblick. Jeder Punkt stellt einen Reaktionsschritt dar.

4.2 Die Details und das Ganze

Das Wissen um die genauen Abläufe in der Zelle wächst jedoch unaufhörlich. Auf allen Gebieten der molekularen Zellbiologie, Chemie und Physiologie werden immer mehr Einzelheiten erkannt. Die räumliche Struktur komplexer Moleküle, die Tausende Atome enthalten können, wird immer genauer entschlüsselt. Das ist beispielsweise wichtig, um die Wirkung von Enzymen zu verstehen. Um seine enzymatische Wirkung entfalten zu können, muss ein Enzym sehr präzise an ein anderes Molekül andocken. Dabei ist zum einen ausschlaggebend, wie und wo angedockt wird, und zum anderen, welche Atome sich in der Nähe befinden.

Die molekulare Zellbiologie ist ohne Zweifel ein sehr erfolgreiches und ergiebiges Forschungsgebiet. Eines ihrer Teildisziplinen ist die sogenannte „Proteomforschung". Unter dem „Proteom" einer Zelle wird die Gesamtheit aller Proteine der Zelle zu einer gegebenen Zeit verstanden. Die Enzyme gehören ebenfalls zum Zellproteom. Die Proteomforschung hat es sich zur Aufgabe gemacht, die Wechselwirkungen aller Proteine in der Zelle zu beschreiben. Bei mindestens einer Million Proteinen in einer Zelle ist das ein sehr ehrgeiziges Projekt, da es statistisch gesehen Trillionen möglicher Wechselwirkungen gibt.

Bis jetzt liefert die Proteomforschung zwar viele Daten, doch diese lassen leider noch nicht viele Zusammenhänge erkennen. Jede neu gefundene Wechselwirkung zwischen zwei Proteinen stellt ein neues Detail dar, das zu der bestehenden Datenmenge hinzukommt. Die Folge ist, dass Teile der Molekularbiologie zurzeit in der eigenen Datenflut zu ertrinken scheinen. Diese Meinung wird schon seit Längerem auch von Insidern geteilt. Die Zeitschrift „Spektrum der Wissenschaft" schreibt in ihrer Juni-Ausgabe 2011 dazu:

„Ohne eine bestimmte Modellvorstellung sammeln Forscher also riesige Mengen von Einzelfällen und durchforsten sie nach allgemein gültigen Eigenschaften oder statistischen Gesetzmäßigkeiten. Die Datenanalysen sollen einen erst zu den Fragen führen, die man dann beantworten möchte. Zweifellos hat die Datenexplosion in der Wissenschaft unser Wissen in Genetik und Neurowissenschaften erheblich erweitert. Aber im Hinblick auf die erwarteten grundsätzlichen Erkenntnisse brachte sie eher eine gewisse Ernüchterung."

Dieses Zitat bringt die derzeitige Situation auf den Punkt: Es gibt zwar eine ungeheure Menge an Daten, aber kein zusammenhängendes Modell. Um eine solche Modellvorstellung entwickeln zu können, sollte die Aufmerksamkeit nicht nur auf Einzelprozesse, sondern verstärkt auf Gesamtvorgänge gerichtet werden, wie im folgenden Beispiel.

Gleichzeitige Vorgänge in der Zelle

Bei genauer Betrachtung findet man in der Zelle Vorgänge, bei denen eine bestimmte Bewegung an mehreren Stellen gleichzeitig auszuführen ist. Ein Beispiel dafür ist die DNA-Verdoppelung.

Vor der Verdoppelung muss die DNA-Kette erst abgewickelt werden, bevor zwei unterschiedliche DNA-Polymerasen jeweils einen Strang verdoppeln können. Diese beiden DNA-Polymerasen müssen bereits im Gleichschritt arbeiten.

Viel beeindruckender ist aber noch, dass aus Gründen der Geschwindigkeit die DNA-Kette eines jeden einzelnen Chromosoms zuvor in etwa 40 Stücke geschnitten wird, sodass insgesamt 2 × 40 DNA-Polymerasen genau gleichzeitig an der Arbeit sind. Auch die Enzyme, die die DNA-Kette zerschneiden, müssen gleichzeitig arbeiten, ebenso wie die Enzyme, die die fertigen Stücke am Schluss wieder zusammenheften.

Die Standard-Lehrbücher erklären mit vielen eindrucksvollen Details, was eine einzelne DNA-Polymerase macht, doch darüber, wie es organisiert wird, dass 2 × 40 DNA-Polymerasen gleichzeitig an den 40 unterschiedlichen Positionen der DNA-Kette eines einzigen Chromosoms mit ihrer Arbeit starten, fällt kein Wort.

Die Forschung in der Biologie und somit auch in der Medizin zielt immer noch darauf ab, die Systeme bis zu den kleinsten Untereinheiten auseinanderzunehmen und zu versuchen, sie auf diese Weise zu verstehen. Dieses Vorgehen wird mit dem Begriff des „Reduktionismus" gekennzeichnet. Dass Organismen, um sie verstehen zu können, auch ganzheitlich betrachtet werden müssen, wird nur bruchstückweise akzeptiert – und das auch nur dort, wo es gar nicht anders geht. Doch generell gelten ganzheitliche Betrachtungen nach wie vor als unwissenschaftlich und die ganzheitliche Medizin als alternative Medizin.

4.3 Das Rätsel der komplexen Strukturen

Die Atmungskette

Viele Reaktionen innerhalb der Zelle spielen sich nur in bestimmten Bereichen der Zelle ab. Das ist zum Beispiel auch bei allen Reaktionen, die zur sogenannten „oxidativen Phosphorylierung" gehören, der Fall. „Oxidative Phosphorylierung" ist der umfassende Begriff für die Gesamtheit aller Prozesse, die in der Atmungskette stattfinden. Der Name bezieht sich auf die Tatsache, dass Sauerstoff verbraucht (oxidativ) und ADP durch Anhängen einer Phosphatgruppe zu ATP umgewandelt wird.

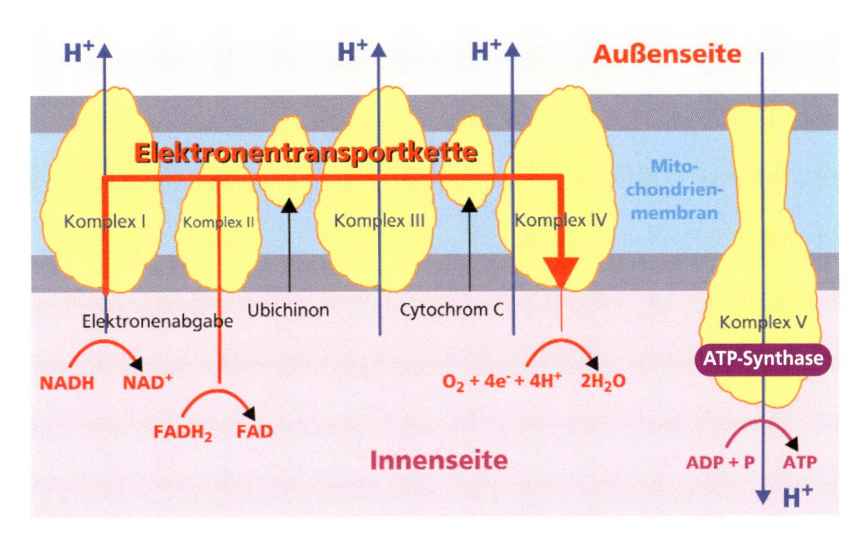

Abb. 4.4:
Schematische, lineare Darstellung der Atmungskette mit Elektronentransportkette

Die Enzyme der Atmungskette befinden sich in und an der inneren Membran der Mitochondrien, siehe Abb. 4.4. Die Abbildung ist eine schematische, lineare Darstellung der beteiligten Moleküle. In Wirklichkeit haben die Moleküle eine andere Form und sind nicht in einer Reihe angeordnet.

Im Rahmen dieses Kapitels geht es aber weder um die genaue Funktion noch um die exakte Anordnung der Moleküle. Beides wird an anderer Stelle besprochen (Kapitel 6.4). Hier soll vielmehr die Frage im Mittelpunkt stehen, wie solche komplexen Moleküle überhaupt entstehen und anschließend in der Membran platziert werden.

Nehmen wir als Beispiel Komplex V, das letzte Glied in der Atmungskette: die ATP-Synthase. Die menschliche ATP-Synthase besteht aus mindestens 16 Untereinheiten (einzelnen Proteinen), von denen zwei durch Gene der Mitochondrien kodiert sind und die anderen durch Gene im Zellkern. Alle diese Proteine werden getrennt hergestellt, zwei innerhalb der Mitochondrien, die 14 anderen außerhalb.

Für die Herstellung der einzelnen Proteine gibt es eine Vorschrift, die in beiden DNAs kodiert ist. Wie aus den einzelnen Proteinen jedoch eine funktionierende ATP-Synthase gebaut wird, weiß niemand. Wir wissen nicht, wie und wo die Proteine zusammenkommen – und vor allem wissen wir nicht, wie sie ihren genauen Platz im Gesamtmolekül (Komplex V) einnehmen. Auch wie der Komplex V in die innere Mitochondrienmembran eingebaut wird, ist noch nicht geklärt.

Molekulare Motoren

Die ATP-Synthase gehört hinsichtlich ihrer Wirkung zur Gruppe der sogenannten „molekularen Motoren". Das sind Strukturen auf der Ebene von Molekülen, die sich oft nur an einem Platz aufhalten und dort sich wiederholende mechanische Bewegungen ausführen. Die ATP-Synthase besteht aus einem sich drehenden und einem festen Teil. Der drehende Teil rotiert etwa 100-mal pro Sekunde um die eigene Achse, angetrieben durch einen Fluss von Protonen. Bei jeder vollständigen Umdrehung werden drei Moleküle ATP erzeugt.

Die natürlichen molekularen Motoren, wie die ATP-Synthase, sind meist sehr komplexe Strukturen, die in ihrer Konstruktion und Wirkung noch nicht vollständig verstanden sind. Es ist erstaunlich,

a) wie sie aus mehreren Proteinen so zusammengestellt werden, dass sie wirklich funktionieren, und

b) wie sie ihre Arbeit zuverlässig Millionen Male hintereinander fehlerfrei durchführen können.

In der Forschung ist man bis heute so weit gekommen, dass ganz einfache künstliche molekulare Motoren konstruiert und gebaut werden können. Man erhofft sich dadurch Anwendungen vor allem in den Bereichen Computertechnik und Medizin. Je kleiner die Motoren als „Träger" sind, desto gezielter können Substanzen, wie zum Beispiel Medikamente, an einen Zielort gebracht werden.

Die Herausforderung, diese molekularen Motoren zu bauen, ist groß. Ein praktisches Problem ist: Sie sind so klein, dass man sie mit einem normalen Lichtmikroskop nicht sehen kann. Sie sind nur unter einem Elektronenmikroskop sichtbar. Daneben gibt es prinzipielle Probleme wie zum Beispiel, aus chemischen Stoffen eine Drehachse herzustellen, die folgende Bedingungen erfüllt: Zum einen muss sie fest verankert sein, zum anderen muss sie sich trotzdem drehen können.

Mehrere Forschungsgruppen haben sich diesen Aufgaben gestellt und auch erste Erfolge erzielt. So wurde der Nobelpreis für Chemie im Jahr 2016 drei Forschern verliehen, die auf diesem Gebiet tätig sind: Jean-Pierre Sauvage von der Universität Strasbourg, James Fraser Stoddart von der Northwestern University und Bernard Feringa von der Universität Groningen.

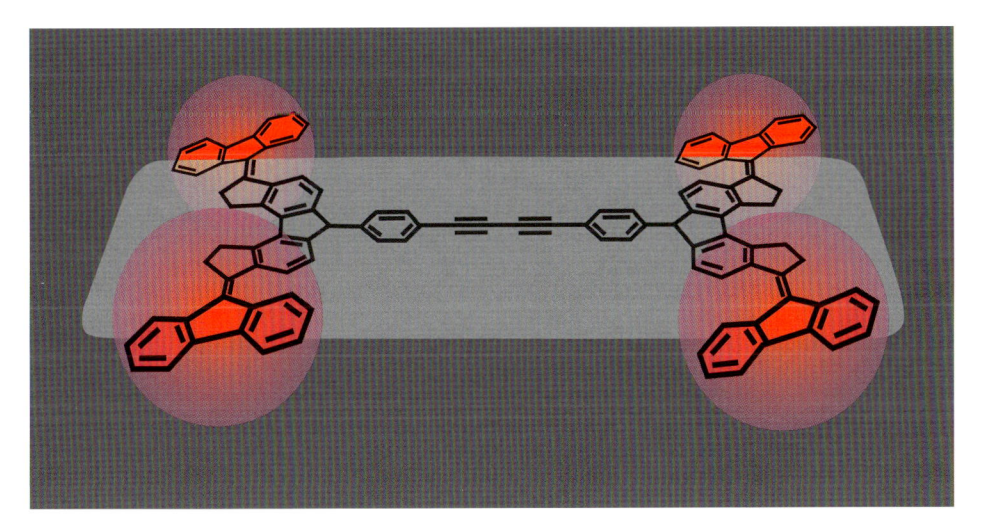

Abb. 4.5:
Darstellung eines fahrenden „Nanoautos" der Gruppe Feringa. Die rot markierten Molekülgruppen können sich um die Verbindungsachse des restlichen Molekülgerüstes drehen. Die Drehung wird mit Lichtimpulsen in Gang gesetzt.

Im Bereich der molekularen Motoren ist die Natur der menschlichen Technik meilenweit voraus. Im Gegensatz zu den künstlichen sind die natürlichen molekularen Motoren um ein Vielfaches komplexer und effektiver.

Ein weiteres eindrucksvolles Beispiel ist der „Flagellenmotor". Bakterielle Flagellen sind extrazelluläre, wendelförmige Fäden („Filamente"), die der Fortbewegung dienen, siehe Abbildung. 4.6. Sie sind mit einem Motorkomplex verbunden, der sich in der Bakterienmembran befindet, wodurch sie in eine Drehbewegung versetzt werden. Die Konstruktion aus Motorkomplex und Flagellum kann aus bis zu 60 unterschiedlichen Proteinen bestehen.

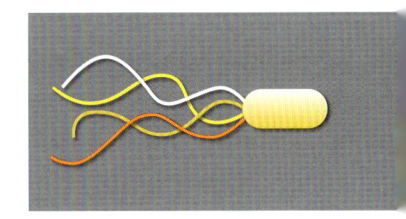

Abb. 4.6:
Bakterie mit Flagellen

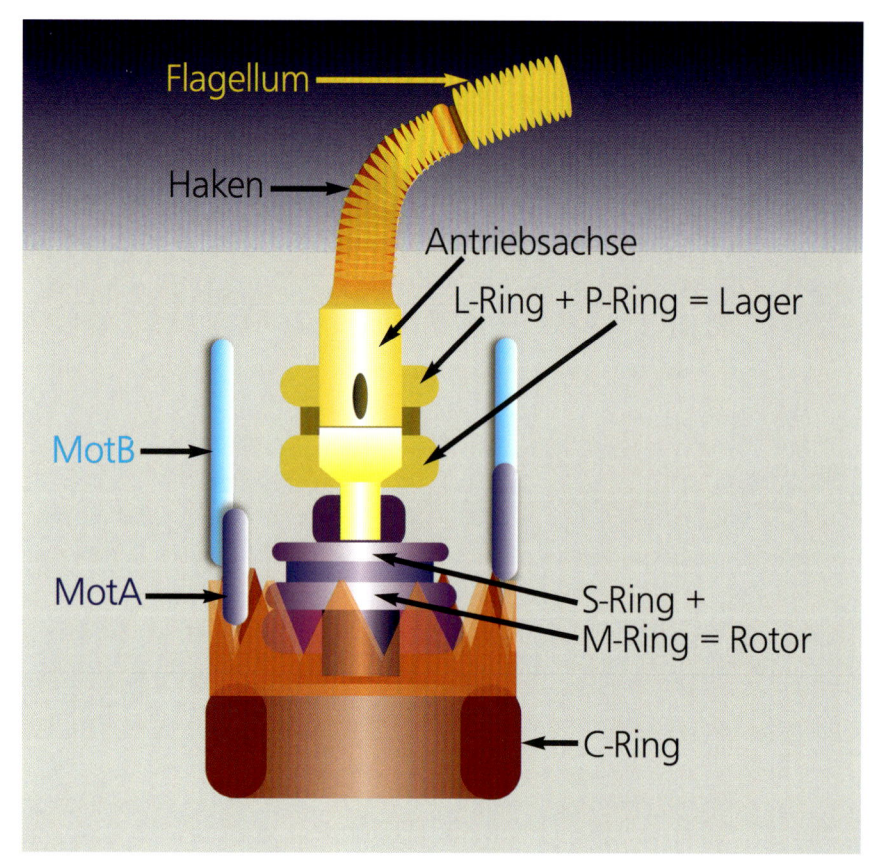

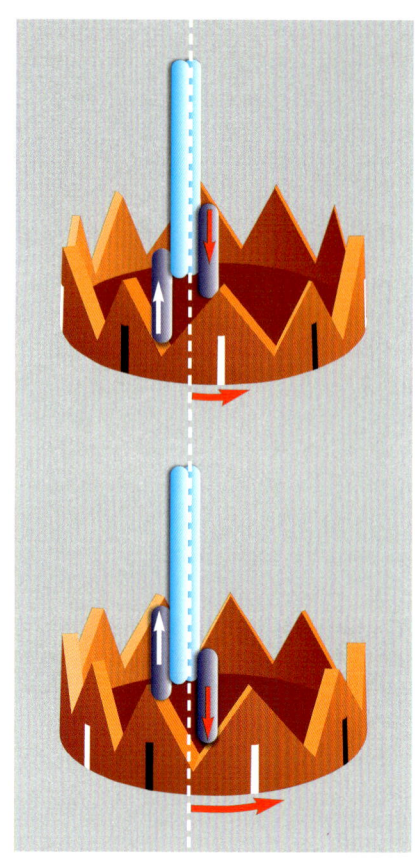

Abb. 4.7:
Der Flagellenmotor, links Übersicht, rechts Antrieb.
Der Stator besteht aus den MotA- und MotB-Molekülen. Die vertikale Bewegung der MotA-Moleküle versetzt den Rotor (die „Krone") in eine Drehbewegung.

Der Flagellenmotor hat viel von einem Elektromotor: Er besitzt einen beweglichen Teil (= Rotor), einen festen Teil (= Stator) und eine Führung der Drehachse (= Lager). Er wird von einem Strom elektrisch geladener Teilchen (Protonen oder Ionen) angetrieben. Noch mehr als die ATP-Synthase beeindruckt der Flagellenmotor durch seine Organisation und seinen räumlichen Aufbau. Der Aufbau des Motors wird in Abbildung 4.7 schematisch dargestellt.

Die Abbildung vermittelt einen Eindruck, wie genau die unterschiedlichen Bausteine (Proteine) platziert und zusammengesetzt sind. Die fünf Ringe (L-, P-, S-, M- und C-Ring) bestehen jeweils aus 10 bis 40 einzelnen Proteinen, die exakt in einer Kreisform angeordnet werden müssen, damit die Ringform entsteht und entsprechend funktionieren kann. Alle Positionen sind genau definiert und präzise einzunehmen. Es liegt auf der Hand, dass eine solche Struktur niemals nach dem Zufallsprinzip aufgebaut werden kann. Diese Struktur ist vielmehr ein weiteres sichtbares Beispiel für die unglaubliche Abstimmung und Zusammenarbeit, die in der Zelle stattfinden.

Auch der Antrieb des Motors ist interessant. Der bisher bekannte Antriebsmechanismus ist in Abbildung 4.7 rechts zu sehen. Protonen binden sich an bestimmte Moleküle und lösen sich danach wieder von ihnen. Dadurch entstehen Formänderungen, aufgrund derer sich die stabförmigen MotA-Proteine gegenüber den MotB-Proteinen verschieben. Die MotA-Proteine rutschen an den Zacken des Rotors herunter, wodurch dieser in Drehung versetzt wird.

Ein Flagellenmotor kann bis zu elf solcher Statoren (= Kombinationen von MotA und MotB) enthalten. Es können Geschwindigkeiten von über 1.000 Umdrehungen pro Sekunde (!) erreicht werden. Manche Motoren können ihre Drehrichtung innerhalb einer Millisekunde ändern. Ein großes Kunststück ist dabei die Koordination der mechanischen Bewegungen der bis zu 11 x 2 MotA-Moleküle. Diese müssen sich genau im Takt auf- und abbewegen, damit eine Drehung zustande kommen kann – was wiederum ein Beispiel für das große Maß an Abstimmung innerhalb der Zelle ist.

Mechanische Schwingungen

Mit sehr präzisen mikroskopischen Methoden sind heute mechanische Schwingungen der Zellwand nachweisbar. In einer Arbeit von Pelling et al. (Pel 2005) werden Messungen an normal funktionierenden Hefezellen dargestellt. Die Forscher konnten eine ausgeprägte Schwingung der Zellwand mit einer temperaturabhängigen Frequenz von 0,873 kHz bei 22 °C bis 1,634 kHz bei 30 °C feststellen. Die Amplitude der Schwingung betrug etwa 3 nm, also etwas weniger als die Dicke der Zellwand.

Abbildung 4.8 demonstriert, wie genau derartige Schwingungen heute messbar sind. Laut den Autoren sind große Kräfte erforderlich, um diese Schwingung zu erzeugen. Sie schreiben, dass die benötigte Kraft nicht von einem einzigen Motorprotein aufgebracht werden kann, sondern die koordinierte Zusammenarbeit von vielen Motorproteinen gleichzeitig erforderlich ist. Der genaue zugrunde liegende molekulare Vorgang ist noch nicht bekannt.

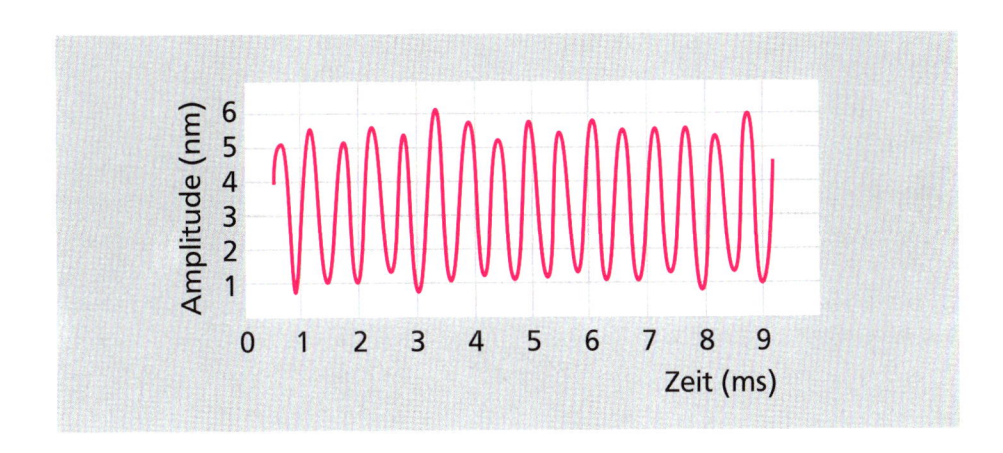

Abb. 4.8:
Mechanische Schwingungen der Zellwand einer Hefezelle, gemessen durch Pelling et al.

4.4 Energetische Hinweise auf die Kohärenz in der Zelle

Für das hohe Ausmaß an Ordnung, das offensichtlich in der Zelle vorhanden ist, wird manchmal auch das Wort „Kohärenz" verwendet. Der Begriff Kohärenz kommt aus dem lateinischen „cohaerere", was „zusammenhängen" bedeutet. Kohärenz bedeutet im Allgemeinen also „Zusammenhang". Teile der Zelle hängen derart stark zusammen, dass sie quasi als eine Einheit funktionieren.

In der Physik wird der Begriff insbesondere verwendet, um anzugeben, dass zwei oder mehr unterschiedliche Schwingungen eine feste Phasenbeziehung zueinander haben. Sie schwingen im gleichen Takt, was sehr oft darauf zurückgeführt werden kann, dass sie von einer Quelle heraus angesteuert werden, das heißt zusammenhängen. Professor Fritz-Albert Popp führte das Phänomen der Biophotonen konsequent auf das Vorhandensein von kohärenten Prozessen in der Zelle zurück.

Die „unmögliche" Existenz der Biophotonen

Wären in den Zellen nur statistische Bewegungen vorhanden und würden die Moleküle nur durch Wärmebewegungen angetrieben, hätte die Wärmeabstrahlung nur dem allgemeinen Verlauf der Schwarzkörperstrahlung in den Abbildungen 2.12 und 2.13 zu folgen. Das heißt: Es gäbe keine zusätzlichen Abstrahlungen in den Frequenzbereichen der Gehirnwellen und Biophotonen – die aber sehr wohl gemessen werden können.

Wenn wir nach den energetischen Aspekten schauen, passen vor allem die Biophotonen nicht zu der Berechnung durch die Plancksche Strahlungsformel. Sie haben eine viel zu hohe Energie. Die Energie eines einzelnen Photons ist direkt proportional zur Frequenz und somit umgekehrt proportional zur Wellenlänge. Die Kurven bei 300 K in den Abbildungen 2.12 und 2.13 haben ein Maximum bei einer Wellenlänge von etwa 10 µm. Das bedeutet: Bei den willkürlichen Wärmebewegungen der Moleküle kann im Schnitt etwa die entsprechende Energiemenge eines Infrarotphotons von 10 µm frei werden. Das gilt bei Raumtemperatur und verändert sich auch nicht sehr, wenn die Temperatur um 10 °C abweicht, das heißt: Bei warm- und kaltblütigen Tieren gibt es in dieser Hinsicht keine großen Unterschiede.

Abbildung 4.9 zeigt die Abstrahlkurve für einen noch viel größeren Bereich als in Abbildung 2.12, um auch den Bereich des sichtbaren Lichts mit einzuschließen. Die Berechnung

Abb. 4.9:
Schwarzkörperstrahlung berechnet mit der Planckschen Formel bei 310 K (37 °C).
Die rote Kurve zeigt die abgestrahlte Intensität in W/m²·m, die blaue die Zahl der abgestrahlten Photonen pro cm² und Sekunde in 10% Bandbreite.

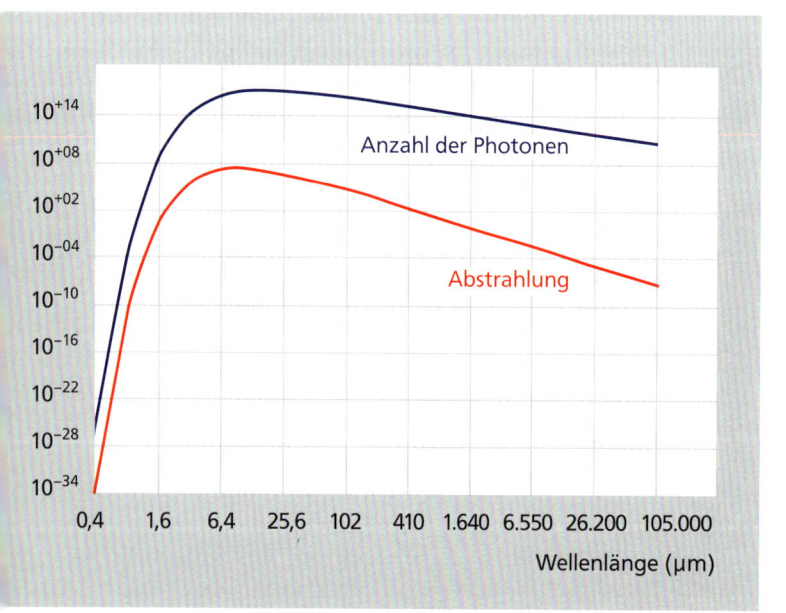

wurde für eine Temperatur von 37 °C durchgeführt (die Differenzen zu 27 °C oder 20 °C sind bei dieser Darstellung vernachlässigbar). Die vertikale Achse umfasst etwa 50 Zehnerpotenzen, also eine schier unvorstellbare Spanne. Das liegt vor allem daran, dass die berechnete Abstrahlung unterhalb von 800 nm – also dort, wo der sichtbare Bereich anfängt – extrem stark abfällt.

Dieser untere Bereich ist in Abbildung 4.10 nochmals vergrößert dargestellt. Hier sieht man nun, dass die Zahl der abgestrahlten Photonen bei 800 nm etwa 10^{-2} Photonen pro cm^2 und Sekunde und bei 400 nm etwa 10^{-26} beträgt; das ist ein Abfall von 24 Zehnerpotenzen! Die Berechnung bei 600 nm ergibt etwa $2 \cdot 10^{-11}$.

In Wirklichkeit strahlt ein menschlicher Organismus, abhängig vom Körperbereich, bis zu 10^{-1} Photonen pro cm^2 aus – und zwar relativ konstant über den ganzen Bereich des sichtbaren Lichts. Das ist mit dem grünen Balken in der Abbildung angegeben. Die Biophotenabstrahlung des Menschen (und von anderen Organismen) liegt also sehr viele Größenordnungen über dem, was die Plancksche Theorie aussagt. Faktisch dürften Menschen überhaupt keine Biophotonen ausstrahlen.

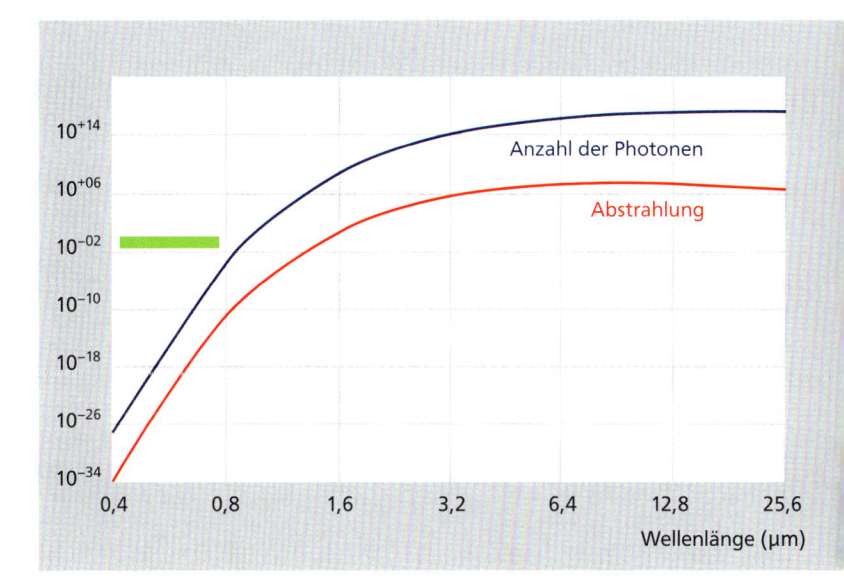

Biophotonen haben allerdings eine mittlere Wellenlänge von etwa 0,56 µm, das ist 18-mal kleiner als 10 µm. Somit haben sie einen Energieinhalt, der 18-mal höher ist als die der mittleren Photonen von 10 µm. Hier hat also eine große Konzentration von Energie stattgefunden.

Die Frage ist nun: Durch welche Prozesse schafft es die Zelle, so viel mehr Energie, als nach der Planckschen Formel zu erwarten ist, in einem einzigen Photon zu konzentrieren? Wie die Antwort letztendlich auch lauten mag: Um das zu schaffen, ist ein hohes Maß an Zusammenarbeit, beziehungsweise Kohärenz, zwischen mehreren Zellkomponenten erforderlich.

Abb. 4.10: Vergrößerte Darstellung der Kurven aus Abb. 4.9 im Bereich der kleinen Wellenlängen. Die rote Kurve ist die abgestrahlte Intensität in W/m$^2 \cdot$m, die blaue die Zahl der abgestrahlten Photonen pro cm^2 und Sekunde in 10% Bandbreite. Der grüne Balken zeigt die Anzahl der Biophotonen.

Auch die Nahrungsverwertung erfordert Kohärenz

Neben den Forschungsbefunden, die darauf hinweisen, dass die Zelle ein organisiertes zusammenhängendes, kohärentes Gebilde ist, gibt es weitere theoretische Überlegungen, die diese Sichtweise unterstützen. Dazu ein Beispiel:

Die „Grundidee" der Nahrungsverwertung ist, dass wir chemische Energie in Form von Kohlenhydraten, Fetten und Proteinen aufnehmen und diese im Körper langsam verbrennen. Dabei wird Wärme frei, die wir für die unterschiedlichen Vorgänge im Körper nutzen.

So einfach, wie es diese Grundidee nahelegt, ist es in Wirklichkeit aber nicht. Schließlich sind wir imstande, sehr große Mengen an Bewegungsenergie zu produzieren (beispielsweise als Marathonläufer), die auf die beschriebene Weise niemals erzeugt werden könnten. Der Weg

$$\text{chemische Energie} \longrightarrow \text{Wärme} \longrightarrow \text{Bewegungsenergie}$$

ist dazu viel zu ineffizient und erfolgt erst als zweiter Schritt.

Wenn Wärme in Bewegungsenergie umgesetzt werden soll, muss es einen wärmeren und einen kälteren Bereich geben, zu dem die Wärme hinfließen kann. Ein Gesetz aus der Thermodynamik besagt, dass die Effizienz dieser Umsetzung maximal $\Delta T/T$ betragen kann (hier ist ΔT die Temperaturdifferenz zwischen den beiden Bereichen und T die absolute Temperatur).

Wir wissen, dass die Temperaturdifferenzen im Körper höchstens einige Grad betragen. Die absolute Temperatur im Körper liegt dagegen bei etwa 310 K (37 °C), somit ist die Effizienz (maximal $\Delta T/T$, z.B. 3/310) dieses Prozesses in der Regel weniger als 1 Prozent. Auf diese Weise kann die Energiegewinnung unseres Organismus also nicht funktionieren. Es muss einen anderen Weg geben – und zwar einen, der nicht über die Wärme läuft.

Heute wissen wir, dass das wirklich der Fall ist und dass für diesen Weg die Zusammenarbeit vieler Moleküle erforderlich ist. Die Energie aus der Nahrung wird tatsächlich nicht direkt als Wärme, sondern auf ausgeklügelte Weise nach einem mehrstufigen Prozess schließlich als chemische Energie in ATP gespeichert. Dieses Ergebnis kann erst durch die feinabgestimmte Zusammenarbeit sehr vieler unterschiedlicher Enzyme erreicht werden, die zum Beispiel im Zitronensäurezyklus und in der Atmungskette eine wichtige Rolle spielen (siehe Abb. 6.7).

4.5 Kohärenz ist kein selbstverständliches Phänomen

Eine der grundlegenden Fragen bei der Betrachtung der Kohärenzphänomene ist natürlich: Wie kommt Kohärenz zustande, wie entsteht sie?

Kohärenz erfordert besondere Umstände

In vielen Fällen muss sich eine mögliche Kohärenz gegen die störenden willkürlichen Wärmebewegungen durchsetzen, die bei unseren Umgebungstemperaturen vorherrschen. Darum ist Kohärenz kein selbstverständliches Phänomen – Kohärenz muss vielmehr erzeugt oder zumindest ermöglicht werden.

Kohärenz bei Wellen, beispielsweise bei Wasserwellen oder Lichtwellen, ist bekannt. Schwingungsquellen und die von ihnen ausgehenden Wellen sind kohärent, wenn sie die gleiche Frequenz (= gleiche Wellenlänge) besitzen und über längere Zeit hinweg phasenstabil sind. Bei der Informationsübertragung können nur kohärente Wellen eingesetzt werden. Eine aufgeprägte Information (Modulation) wird nur erkannt, wenn die Phasenlagen der Wellen über längere Zeit hinweg stabil sind.

Abbildung 4.11 zeigt Wasserwellen, die von zwei in Phase schwingenden Quellen erzeugt werden. Weil die Quellen gleichzeitig schwingen, sind die Wasserwellen kohärent, was sich am regelmäßigen Interferenzmuster zeigt.

Laserstrahlung ist ebenfalls kohärent. Sie wird durch Atome oder Moleküle erzeugt, die in ein höheres, relativ stabiles Energieniveau versetzt wurden. Das heißt: Das Energieniveau fällt nicht sofort wieder auf das Grundniveau zurück. Der Trick besteht nun darin, alle angeregten Atome oder Moleküle durch eine gezielte Anregung auf einmal (gleichzeitig) zum Grundniveau zurückfallen zu lassen. Die dabei frei werdende Strahlung ist kohärent.

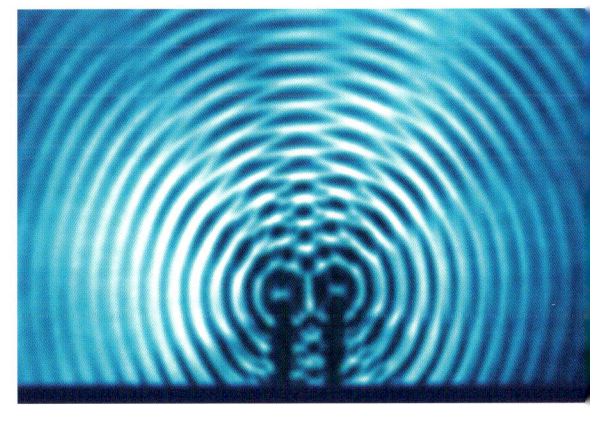

Abb. 4.11: Wasserwellen, die von zwei in Phase schwingenden Quellen erzeugt werden.

Im Vergleich zu Wellen ist kohärentes Verhalten von Teilchen schwieriger zu erzeugen, da sich Atome und Moleküle in der Regel unabhängig voneinander bewegen. Kohärenzphänomene treten hier meist erst bei tieferen Temperaturen deutlich zutage. Bei tiefen Temperaturen sind die störenden, willkürlichen Wärmebewegungen der Teilchen geringer, wodurch Ordnungsphänomene möglich werden. Die „Supraleitung" (verlustfreie Leitung des elektrischen Stroms) und die „Suprafluidität" (Superflüssigkeit, reibungsloses Fließen von Flüssigkeiten) sind Beispiele dafür. Bei diesen Phänomenen bewegen sich die Teilchen tatsächlich als eine Einheit.

Die großen Magnete, die beim MRI (Magnetic Resonance Imaging: bildgebendes Verfahren zur Darstellung der Gewebestrukturen im Körperinneren) eingesetzt werden, sind aus Supraleitern hergestellt. Sie müssen bis auf die Temperatur von flüssigem Helium (4,2 K) abgekühlt werden.

Heute wird vermehrt danach geforscht, kohärente Phänomene auch bei höheren Temperaturen zu finden. So wurde viel Zeit und Geld aufgewendet, um Materialien zu entwickeln, die bei höheren Temperaturen supraleitend werden. Man hat zwar einige entdeckt, für die Herstellung großer Magnete sind sie jedoch nicht brauchbar.

Kohärentes Verhalten von Teilchen wird weiterhin im Zusammenhang mit der Quantenverschränkung und den Quantencomputern erforscht. Im Kapitel 5 über die Quantenphysik wird darüber ausführlicher berichtet.

Die Sonne hilft mit

Wird eine Wand nur durch eine einzige Punktquelle beleuchtet, ist das auffallende Licht völlig kohärent. Eine ausgedehnte Lichtquelle besteht jedoch aus vielen elementaren Lichtpunkten, die im Allgemeinen unabhängig voneinander schwingen. Einerseits wird bei einer ausgedehnten Lichtquelle jeder Punkt auf der Wand von vielen elementaren Lichtpunkten angeleuchtet, die keine Phasenbeziehung zueinander haben. Andererseits ist das von jedem einzelnen Lichtpunkt ausgesandte Licht in sich kohärent. Dadurch gibt es um jeden Punkt auf der Wand einen Bereich, in dem die Kohärenz sich langsam vermindert.

Abb. 4.12:
Die Kohärenz der Prozesse in den Zellen wird durch das Sonnenlicht gefördert.

Die Sonne ist eine ausgedehnte Lichtquelle. Fällt ihr Licht auf die Erde, gibt es um jeden Lichtpunkt herum ebenfalls einen kleinen Bereich, in dem das Sonnenlicht kohärent ist. Berechnungen zeigen, dass dieser Bereich etwa 14 µm groß ist, also so groß wie eine mittelgroße Zelle. Das ist ein wichtiges Ergebnis, da sich daraus ergibt, dass die Kohärenz der Prozesse in der Zelle vom Sonnenlicht unterstützt wird.

Den Zusammenhang, dass die Sonne nicht nur Energie, sondern auch Ordnung spendet, erkennen einige Forscher auch ausdrücklich an. So schreibt zum Beispiel Dr. Johanna Budwig (Bud 1956):

„Das Sonnenlicht, integriert in die Lebensfunktion des Menschen über die essentiellen Fette, ... stellt eine derart elementare, fundamentale Lebensfunktion dar, dass Störungen an dieser Stelle das Menschsein schlechthin betreffen. Die Dynamik aller Membranfunktionen wird getragen von diesen Lipoiden (heute sagt man „Lipiden"). Das Licht der Sonne, unerlässlich für die Lebensfunktion des Menschen, wird durch die Kraft der sonnengemäßen Elektronen, ... aufgenommen, ... gespeichert und ... als Energie in den Lebensprozess eingeordnet, als Anti-Entropiefaktor" (= Ordnungsfaktor)

5. Kapitel

Erkenntnisse aus der Quantenphysik

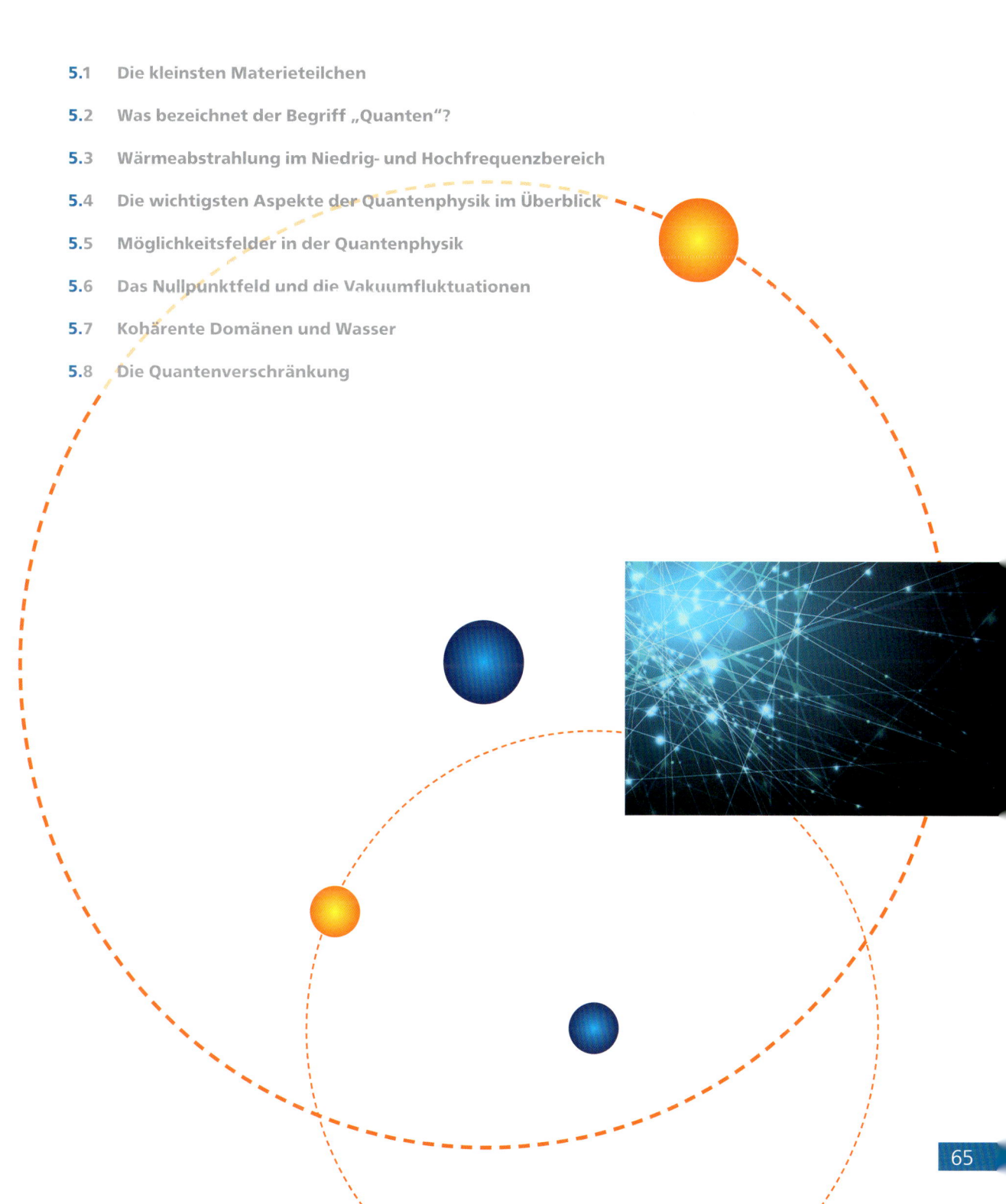

5.1 Die kleinsten Materieteilchen

5.2 Was bezeichnet der Begriff „Quanten"?

5.3 Wärmeabstrahlung im Niedrig- und Hochfrequenzbereich

5.4 Die wichtigsten Aspekte der Quantenphysik im Überblick

5.5 Möglichkeitsfelder in der Quantenphysik

5.6 Das Nullpunktfeld und die Vakuumfluktuationen

5.7 Kohärente Domänen und Wasser

5.8 Die Quantenverschränkung

Erkenntnisse aus der Quantenphysik

5.1 Die kleinsten Materieteilchen

Seit der Antike beschäftigen sich die Philosophen mit der Frage, ob Materie endlos teilbar ist oder ob es eine Grenze gibt, ab der eine weitere Teilung nicht mehr möglich ist. Bekannte Philosophen wie Plato befürworteten die endlose Teilbarkeit, andere verneinten sie. Demokrit war der Ansicht, dass man irgendwann auf unteilbare Einheiten stoßen müsse, die er „Atome" nannte (das Griechische *a-tomos* bedeutet *un-teilbar*).

Die Frage nach der Teilbarkeit war lange eine philosophische Frage, bis sich die Chemie, nach der Zeit der Aufklärung, langsam von den Vorstellungen der Alchemie lösen konnte. Bereits 1661 schrieb Robert Boyle in seinem Werk „The Sceptical Chymist", dass Materie aus verschiedenen Arten von Teilchen aufgebaut ist und sich nicht nur aus den vier Elementen der Alchemie – Wasser, Erde, Feuer und Luft – zusammensetzt.

Immer aufwendigere chemische Experimente zeigten schließlich, dass Stoffe aus kleinsten Einheiten bestehen, die als „Moleküle" bezeichnet werden, und dass sich die Moleküle wiederum aus einzelnen Bausteinen, den „Atomen", zusammensetzen. Moleküle sind die kleinsten Einheiten der Stoffe: Wenn Moleküle auseinandergenommen werden, gehen die Eigenschaften der Stoffe verloren. Atome sind die kleinsten Einheiten der Elemente: Wenn Atome auseinandergenommen werden, gehen die Eigenschaften der Elemente verloren.

Atome selbst wiederum bestehen aus Protonen, Neutronen und Elektronen. Atome sind somit nicht die kleinsten Einheiten der Materie. Nach diesen kleinsten Einheiten wird nach wie vor gesucht. Wir wissen zwar, dass Protonen und Neutronen aus sogenannten „Quarks" bestehen; doch woraus sich die Quarks wiederum zusammensetzen, wissen wir nicht. Somit sind die kleinsten Materieteilchen, soweit sie uns heute bekannt sind, die Quarks und die Elektronen. Diese kleinsten Materieteilchen werden auch „Elementarteilchen" genannt.

5.2 Was bezeichnet der Begriff „Quanten"?

Abgeleitet aus dem Wort „Quantum" (von lateinisch „quantus" für „wie groß" oder „wie viel"), bezeichnet das Wort „Quant" eine kleine Menge. In der Physik wird dieser Terminus verwendet, wenn eine kontinuierlich erscheinende physikalische Größe nur in bestimmten, nicht weiter unterteilbaren Mengen auftritt. Darunter existieren physikalische Größen, die nur in ganzzahligen Vielfachen einer bestimmten, kleinsten Menge auftreten.

Beispiele für Quanten sind:

- ein Euro-Cent als Geldquant der europäischen Währung;
- Moleküle als Stoffquanten in der Chemie;
- Elektronen und Quarks als Materiequanten in der Physik;
- die Elementarladung als Ladungsquant.

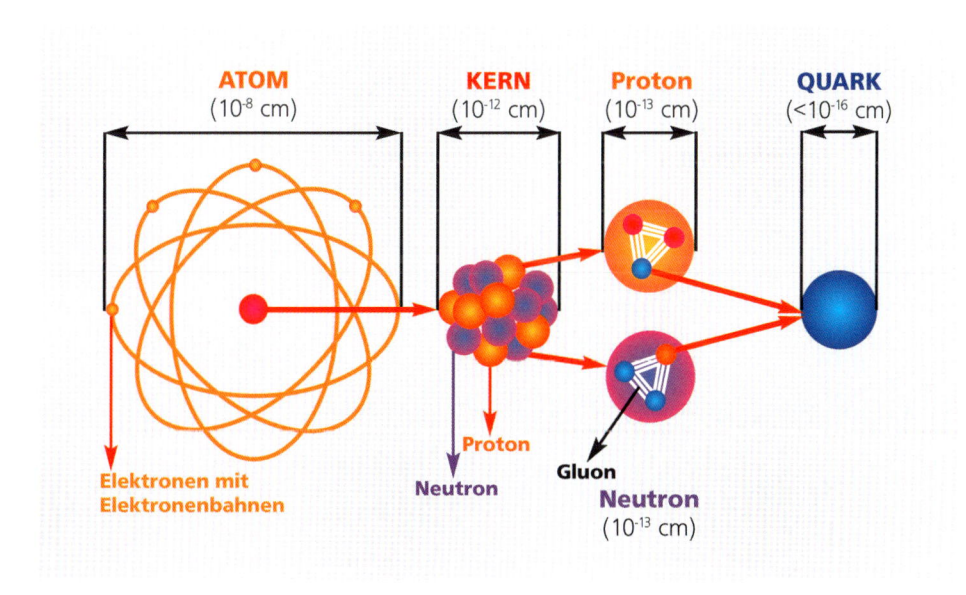

Abb. 5.1:
Die Elektronen und die Quarks sind die Quanten der Materie.

Viele physikalische Größen erweisen sich im atomaren Bereich als quantisiert, das heißt, sie nehmen stets nur bestimmte diskrete (vom lat. discernere = „unterscheiden") Werte an. Sie können sich also nicht kontinuierlich, sondern nur in Form von sogenannten Quantensprüngen ändern.

5.3 Wärmeabstrahlung im Niedrig- und Hochfrequenzbereich

Die mögliche Quantisierung der Materie war jahrtausendelang ein Diskussionsthema; über die mögliche Quantisierung von Feldern hat sich jedoch lange Zeit keiner Gedanken gemacht – bis diese Tatsache nicht mehr zu leugnen war. Das ist allerdings insoweit verständlich, als das „Feldkonzept" an sich erst seit den Arbeiten von James Clark Maxwell um das Jahr 1860 richtig etabliert ist.

Etwa zu der Zeit entwickelte Gustav Robert Kirchhoff eine Theorie zur Erklärung der Wärmestrahlung (= Kirchhoffsches Strahlungsgesetz). Er benutzte dazu ein hypothetisches Objekt, das alle Wärme und alles Licht, dem es ausgesetzt ist, absorbieren kann. Dieses Objekt nannte er einen „Schwarzen Körper".

Die Wärmeabstrahlung umfasst einen großen Frequenzbereich. Die experimentell gefundene Abstrahlung im Niedrigfrequenzbereich konnte der britische Wissenschaftler Lord Rayleigh korrekt beschreiben. Sie ist im Rayleigh-Jeans-Gesetz festgeschrieben.

Die Abstrahlung im Hochfrequenzbereich zu beschreiben war dagegen problematisch. Im Oktober des Jahres 1900 gelang es schließlich dem deutschen Physiker Max Planck, ein einheitlich gültiges Gesetz zu finden, das die bis dahin bekannte „Newtonsche Physik" revolutionierte. Er musste zu diesem Zweck postulieren, dass die Wärmeabstrahlung und die Wärmeabsorption nicht gleichmäßig, sondern ausschließlich in kleinen separaten Einheiten stattfinden. Diese Einheiten nannte er „Quanten". Die Strahlungsenergie E dieser Quanten beträgt $E = h \cdot f$. Mit anderen Worten: Die Strahlungsenergie der Quanten ist proportional zur Frequenz f, wobei der Proportionalitätsfaktor h nach seinem Entdecker „Plancksche Konstante" genannt wird.

Die Planksche Formel als Anfang der Quantenphysik

Diese Entdeckung von Max Planck wird allgemein als der Anfang der Quantenphysik betrachtet. Die Quantenphysik beschreibt die Naturgesetze im atomaren und subatomaren Bereich. Zusammen mit der Relativitätstheorie von Albert Einstein bildet die Quantenphysik das Grundgerüst der heutigen Physik. Der Begriff „Quantenmechanik" wird häufig synonym verwendet.

Bald nach der Entdeckung von Max Planck kamen weitere neue Erkenntnisse hinzu, und der „Erfolgskurs" der Quantenphysik begann. Sie kann in einige Hauptgebiete unterteilt werden, die jeweils mehrere unterschiedliche Aspekte und Anwendungsbereiche umfassen.

5.4 Die wichtigsten Aspekte der Quantenphysik im Überblick

Energie ist quantisiert

Wie eben dargestellt liegt der Anfang der Quantenphysik in der Plankschen Entdeckung, dass Energie quantisiert ist. Die Wärmeabstrahlung von Gegenständen kann nur dann korrekt beschrieben werden, wenn angenommen wird, dass sie ihre Energie in Form von kleinsten Paketen, Quanten genannt, abstrahlt. Das gilt für das gesamte elektromagnetische Spektrum, also auch für sichtbares Licht.

Für diese Quanten gibt es einen anderen Begriff: Photon, der von Albert Einstein 1905 im Rahmen der Quantentheorie eingeführt wurde. Er bringt die teilchenhafte Struktur des Lichts zum Ausdruck. Sehr energiereiche Lichtquanten werden meist als Gammaquanten bezeichnet.

Biophotonen sind ebenfalls Lichtquanten, die aber von lebenden Organismen ausgesandt werden. Mithilfe von empfindlichen Detektoren ist es möglich, Photonen einzeln zu registrieren.

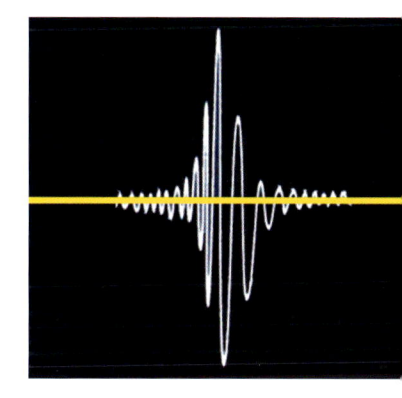

Abb. 5.2:
Bildliche Darstellung eines Photons als Wellenzug

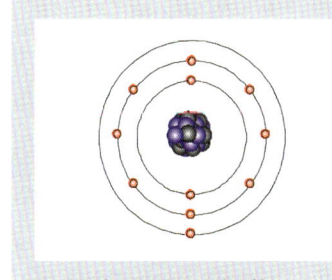

Auch die Energieniveaus von Atomen und Molekülen sind quantisiert. Ein Atom oder Molekül kann vom Grundzustand in einen angeregten Zustand übergehen, indem es eine bestimmte Energiemenge aufnimmt. Dabei wird ein Elektron in eine höhere Elektronenbahn versetzt. Bei diesem Vorgang sind nur bestimmte angeregte Zustände (Elektronenbahnen) mit definierten Energieinhalten möglich.

A: Natrium-Atom mit elf Elektronen verteilt auf drei Elektronenschalen

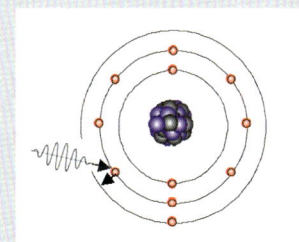

B: Anregung eines Elektrons auf der mittleren Schale

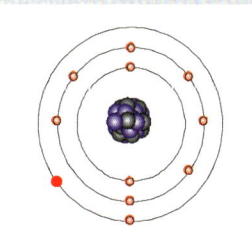

C: Elektron in angeregtem Zustand auf der höchsten Schale

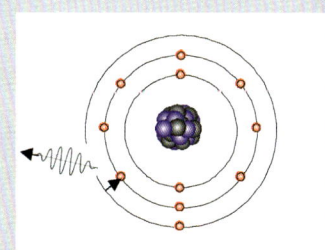

D: Rückfall des Elektrons auf die mittlere Schale unter Abgabe von Energie

Abb. 5.3:
Anregung und Abregung eines Natriumatoms

Die Darstellungen in Abbildung 5.3 zeigen ein Natrium-Atom, das ein Photon (= Energie) absorbiert, woraufhin ein Elektron des Natrium-Atoms in einen angeregten Zustand übergeht. Die Energie des Photons muss dabei zur Energiedifferenz der beiden Elektronenbahnen passen. Fällt das Elektron in den Grundzustand zurück, wird die dabei frei werdende Energie in Form eines Photons ausgesandt.

Ein Beispiel aus der Biologie ist die Photosynthese. Photonen aus dem Sonnenlicht werden von Chlorophyllmolekülen absorbiert. Die Energie des Photons wird dazu verwendet, ein Elektron in eine höhere Bahn zu versetzen. Dabei verschwindet das Photon. Die Energie des Elektrons wird von der Pflanze wiederum genutzt, um schrittweise Glucose herzustellen (siehe auch Kapitel 6.4).

Eine der Konsequenzen, die sich aus den Erkenntnissen der Quantenphysik ergibt, ist, dass gebundene Teilchen eine niedrigste Energie oberhalb von Null aufweisen müssen: ein Restquantum sozusagen. In Forschungen hat sich gezeigt, dass auch die Schwingungsmodi des elektromagnetischen Feldes eine Nullpunktenergie oberhalb von Null besitzen – und das auch im leeren Vakuum und bei Fehlen jeglicher Strahlungsquellen. Somit ist das Vakuum nicht wirklich leer und enthält sogar Energie (siehe auch Kapitel 5.6).

Teilchen werden durch Wellenfunktionen beschrieben

In atomaren Dimensionen können Teilchen nicht mehr als feste Kügelchen betrachtet werden. Die korrekte Beschreibung ist vielmehr die einer Wellenfunktion, wodurch Teilchen die Eigenschaften von Wellen bekommen. Die Wellenfunktion hat eine gewisse Ausbreitung über den Raum und gibt die Wahrscheinlichkeit an, das Teilchen irgendwo in diesem Raum anzutreffen.

Eine Anwendung, bei der die Welleneigenschaft von Elektronen genutzt wird, ist das Elektronenmikroskop. Die Wellenlänge der Elektronen ist von ihrer Energie abhängig (De-Broglie-Wellenlänge). Im Elektronenmikroskop werden die Elektronen mit einer sehr hohen Spannung beschleunigt, wodurch ihre Wellenlänge viel kleiner als die des sichtbaren Lichts wird. Dadurch kann man mit dem Elektronenmikroskop Einzelheiten, die sehr viel kleiner als die Wellenlänge des Lichts sind, sichtbar machen.

Um das Konzept der Wellenfunktion von Teilchen zu interpretieren, gibt es zwei unterschiedliche Möglichkeiten:

1. Zum einen könnte man meinen, dass das Teilchen sehr schnell hin- und herschwingt und überall dort kurzzeitig verbleibt, wo die Wellenfunktion definiert ist. Wird das Teilchen gemessen, trifft man es an der Stelle an, an der es sich in dem Augenblick gerade befindet.

2. Zum anderen könnte man annehmen, dass sich das Teilchen permanent über den gesamten Raum ausdehnt und somit überall gleichzeitig vorhanden ist. Wird das Teilchen gemessen, zeigt es sich nach dem Zufallsgesetz irgendwo in dem Gebiet, in dem die Wellenfunktion definiert ist.

Wie sich herausgestellt hat, ist die zweite Interpretation zutreffend. Der Beweis dafür wird durch das berühmte Doppelspalt-Experiment mit Elektronen geliefert, wie weiter unten in diesem Kapitel im Detail besprochen wird.

In der Physik verwendet man eine Ortsfunktion, um den genauen Ort eines Teilchens zu erfassen. In der nicht passenden Interpretation (Punkt 1.) würde diese Ortsfunktion sehr stark mit der Zeit variieren müssen, weil das Teilchen sich sehr schnell hin- und herbewegt. In der korrekten Interpretation (Punkt 2.) besteht sie aus einer Summe von vielen einzelnen Ortsfunktionen, jede mit ihrer eigenen

Wahrscheinlichkeit, weil das Teilchen sich an allen diesen Orten gleichzeitig befindet. Die Wellenfunktion des Teilchens ist somit eine Superposition (eine Mischung) von vielen Ortsfunktionen.

Superposition ist ein wichtiger Begriff in der Quantenphysik. Durch Superposition können Teilchen beliebig viele Dinge gleichzeitig tun. Superposition kann sich auch auf andere Größen als die der Ortsposition beziehen, zum Beispiel auf den Drehimpuls (siehe Kapitel 5.8). Der Drehimpuls eines Teilchens kann sich aus einer Mischung unterschiedlicher Drehimpulse zusammensetzen. Die Konsequenz ist, dass das Teilchen keinen festen Drehimpuls hat, wie es auch keinen festen Ort hat. Bei einer Messung kann das Ergebnis unterschiedlich ausfallen.

Quantenteilchen, wie Elektronen oder Protonen, können dort auftauchen, wo „normale" Teilchen nie hinkommen. Auch das liegt an ihrer Wellenfunktion. Die Wellenfunktion von Quantenteilchen dringt zu einem geringen Anteil in Barrieren ein, die üblicherweise elektrische Barrieren sind. Man kann sich das wie einen Topf (mit elektrischen Wänden) vorstellen, in dem das Quantenteilchen wie eine Kugel am Boden liegt. In der klassischen Physik kann die Kugel ohne Hilfe von außen nie aus dem Topf herauskommen. In der Quantenphysik hingegen ist das möglich, da es eine Wahrscheinlichkeit dafür gibt, dass es die Wand als Welle durchdringen kann. Dieser Effekt des Durchdringens heißt „Tunneleffekt". Wie wir im Weiteren sehen werden, hat sich der Tunneleffekt seine Anerkennung in der Biologie mittlerweile erobert.

Ordnungsphänomene

Eisen ist magnetisch. Das beruht auf der Tatsache, dass sich im inneren Bereich des Eisenatoms ein ungepaartes Elektron befindet, das an der Bindung zwischen den Eisenatomen nicht teilnimmt. Dieses ungepaarte Elektron ist ein Mini-Magnet. Es benimmt sich wie eine Kompassnadel und kann die Mini-Magnete der benachbarten Eisenatome spüren. Diese gegenseitige Wechselwirkung führt dazu, dass sich die Mini-Magnete in einem großen Bereich alle in die genau gleiche Richtung ausrichten. Diese Bereiche werden als „Weißbezirke" bezeichnet. Bezüglich der magnetischen Ausrichtung nehmen alle Eisenatome in einem Weißbezirk einen gemeinsamen Ordnungszustand ein.

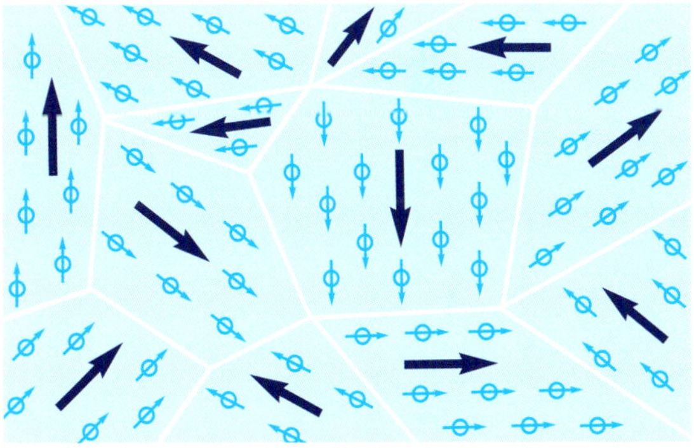

Der Magnetismus im Eisen ist ein quantenmechanisches Ordnungsphänomen, das bei Raumtemperatur auftritt. Die meisten Ordnungsphänomene dieser Art treten erst bei niedrigeren Temperaturen auf. Ein Beispiel dafür ist die Supraleitung. In normalen Stromleitern wird der elektrische Strom durch Elektronen bewirkt, die sich relativ frei von Atom zu Atom bewegen können; diese Elektronen werden Leitungselektronen genannt. Bei Temperaturen knapp oberhalb des absoluten Nullpunkts ordnen sich die Leitungselektronen paarweise an. Diese Paare wiederum fügen sich anschließend zu einem Gesamtsystem zusammen, das sich als Ganzes verlustfrei durch den Stromleiter bewegt. Die Supraleitung hat wichtige technische Anwendungen gefunden. So werden zum Beispiel die magnetischen Felder in MRI-Systemen (Magnetic Resonance Imaging) durch supraleitende Magnete erzeugt.

Abb. 5.4:
Ausrichtung der ungepaarten Elektronen in Eisen.
Die unterschiedlichen Bereiche werden Weißbezirke genannt.

Wie die Supraleitung treten auch andere Ordnungsphänomene nur bei niedrigen Temperaturen auf. Der Grund dafür ist: Je tiefer die Temperatur, desto geringer sind die Wärmebewegungen, die eine potenzielle Ordnung zerstören können. Ist die Energie der Wärmebewegungen geringer als die Energie der ordnenden Kräfte, kann es zu Ordnungsphänomenen kommen.

Da Ordnungsphänomene oft interessante Anwendungen finden, versucht man, passende Bedingungen zu schaffen, unter denen sie auch bei Raumtemperatur auftreten können. Der Laser ist ein Beispiel dafür: Durch ein spezielles Verfahren sendet er kohärentes Licht einer einzigen Wellenlänge aus.

Auch Quantencomputer können nur dann funktionieren, wenn sich ihre kleinsten Einheiten (bei Quantencomputern „Qubits" genannt) in einem gemeinsamen geordneten Zustand befinden. Bislang ließ sich das technisch nur für wenige Qubits bei sehr tiefen Temperaturen realisieren.

5.5 Möglichkeitsfelder in der Quantenphysik

Abb. 5.5:
Ein klassisches Teilchen bewegt sich von A nach B.

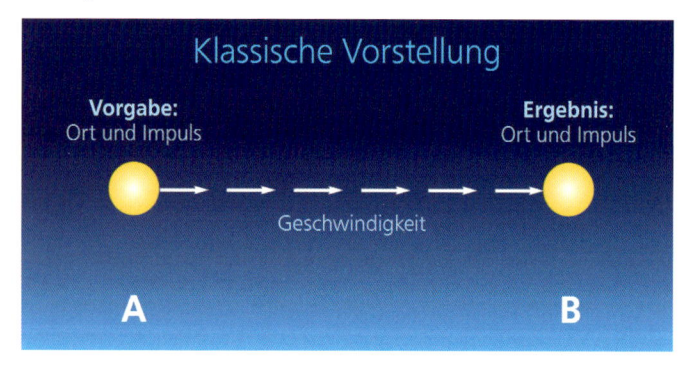

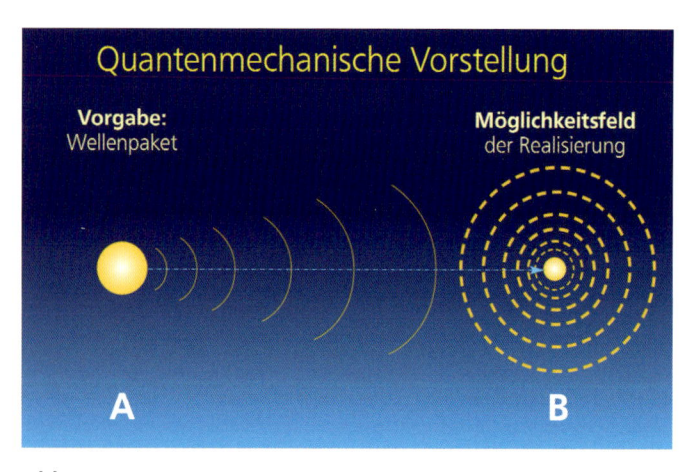

Abb. 5.6:
Ein quantenphysikalisches „Teilchen" bewegt sich von A nach B.

Eine der wichtigen Entdeckungen der Quantenphysik ist nicht nur, dass Materiequanten auch Welleneigenschaften besitzen (und ihre Ortsposition durch eine Wellenfunktion beschrieben wird), sondern dass Strahlungsquanten auch Materieeigenschaften aufweisen – und deshalb einen Bewegungsimpuls übertragen können. Verwunderlich ist das nicht, seitdem Einstein entdeckt hat, dass Materie und Energie über die bekannte Formel $E = mc^2$
(Energie = Masse • Lichtgeschwindigkeit^2) ineinander umgewandelt werden können.

Die klassische Physik beschreibt die Welt als die Summe einzelner Teilchen, die mittels der bekannten physikalischen Kräfte wechselwirken. Die Vorstellung in der klassischen Physik ist deterministisch: Ein Ereignis bei Punkt B ist durch ein Ereignis bei Punkt A vorbestimmt (siehe Abb. 5.5).

In der Quantenphysik wird das Konzept eines Teilchens durch die Beschreibung als Wellenfunktion aufgeweicht. Das Teilchen verschmiert zu einem Möglichkeitsfeld, das sich mit anderen Möglichkeitsfeldern zu größeren Strukturen vereinigen kann (Abb. 5.6).

Die Quantenphysik sagt nun Folgendes: Es gibt keine definierten Objekte, sondern es gibt nur so etwas wie zum Beispiel ein Elektron, das – wenn man grob hinschaut – so aussieht, als wäre es ein Objekt; aber es gibt kein Gesetz, das aussagt, wie es von einem Ort A zu einem Ort B kommt (neben der Tatsache, dass es ja nicht einmal ein Objekt ist).

In der Quantenmechanik stellt man fest, dass ein Teilchen bei Ort B irgendwo in einem Gebiet von Möglichkeiten erscheint. Bei jedem Experiment taucht das Teilchen an einer anderen Stelle auf. Die Gesetzmäßigkeiten sind nur noch Wahrscheinlichkeiten: Mit einer gewissen Wahrscheinlichkeit manifestiert sich das Teilchen an dieser oder jener Stelle. Laut der Quantenphysik besteht das Teilchen faktisch nur aus diesem Möglichkeitsfeld, und in diesem Möglichkeitsfeld realisiert sich der nächste Zustand. Abb. 5.7 zeigt solche Möglichkeitsfelder für die Elektronen des Wasserstoffatoms.

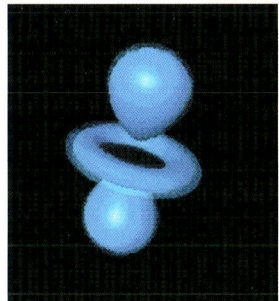

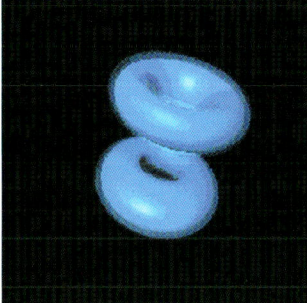

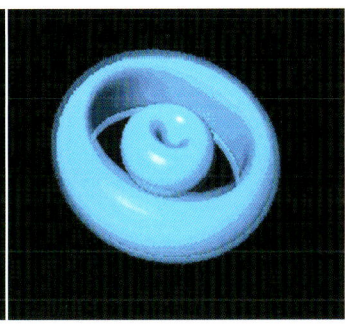

Abb. 5.7:
Unterschiedliche Möglichkeitsfelder für das Elektron des Wasserstoffatoms

Das bedeutet auch, dass der Ausgang eines Experiments oder eines natürlichen Prozesses nicht eindeutig durch die Anfangswerte festgelegt ist. Wenn zwei Teilchen zum Beispiel aufeinander zufliegen, ist nicht mit Sicherheit vorherzusagen, ob sie einander treffen oder aneinander vorbeifliegen. Es kann nur die Wahrscheinlichkeit der beiden Möglichkeiten berechnet werden.

Damit hat die deterministische Betrachtung der Abläufe in der Natur ihr Fundament verloren. Die Gesetze der Quantenphysik sind die neue Basis aller Naturwissenschaften. Somit ist es ausgeschlossen, dass sowohl in der lebenden als auch in der toten Natur der Ausgang von Prozessen auf atomarem Niveau exakt vorhergesagt werden kann. Es ist lediglich eine Aussage über statistische Mittelwerte möglich, die bei einer vielfachen Wiederholung des gleichen Prozesses zu erwarten sind.

Das Doppelspalt-Experiment

Eine besondere Konsequenz der örtlichen Unbestimmtheit zeigt sich im sogenannten Doppelspalt-Experiment. Bei diesem Versuch lässt man Wellen, zum Beispiel Lichtwellen oder auch Elektronen (die ja Welleneigenschaften besitzen), durch eine Blende mit zwei schmalen, parallelen Spalten treten. Die Wellen müssen dabei eine konstante feste Wellenlänge aufweisen: Das Licht muss also einfarbig sein, daher verwendet man üblicherweise einen Laser; im Fall von Elektronen müssen alle beteiligten Elektronen die gleiche Energie besitzen.

Wellen gleicher Wellenlänge können ein Interferenzmuster (Abb. 5.8) aufbauen. Im Fall des Experiments entsteht aufgrund der Interferenz der Wellen, die durch den einen Spalt gegangen sind, mit den Wellen, die durch den anderen Spalt gegangen sind, ein Muster auf einem Beobachtungsschirm hinter der Blende. Das Muster besteht aus hellen Streifen (Maxima) und dunklen Streifen (Minima).

Solche Interferenzmuster sind bei Licht nichts Besonderes und können mit einfachen Mitteln erzeugt werden. Bei Materieteilchen, wie Elektronen, sind sie jedoch durchaus eine Besonderheit, da durch sie unverkennbar wird, dass auch Materieteilchen Welleneigenschaften besitzen.

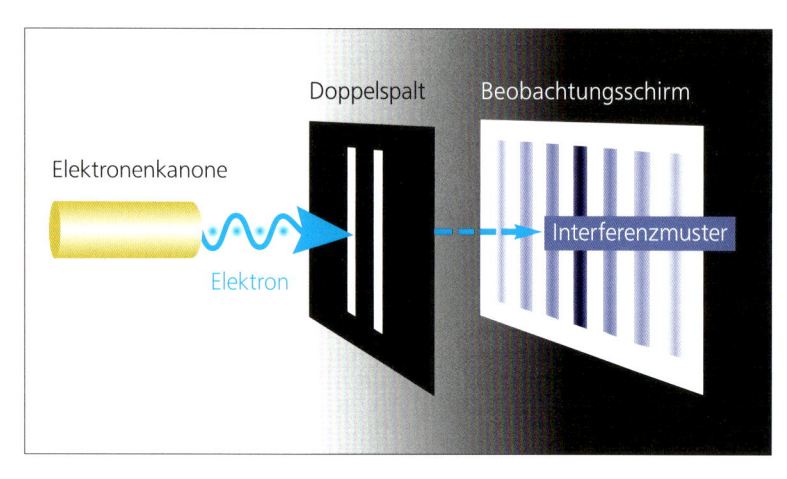

Abb. 5.8:
Aufbau Doppelspalt-Experiment mit Elektronen

Das wirklich Außergewöhnliche an diesem Experiment ist allerdings folgende Beobachtung: Die Interferenz findet auch dann noch statt, wenn jedes Elektron erst dann losgeschickt wird, nachdem das vorhergehende Elektron angekommen ist. Es ist also jeweils immer nur ein einziges Elektron unterwegs, was bedeutet, dass das Elektron nur mit sich selber interferieren kann. Ein Teil des Elektrons muss daher durch den einen Spalt, ein anderer Teil durch den anderen Spalt gegangen sein. Offensichtlich ist das Elektron nicht als Teilchen, sondern als Welle durch die Spalten gereist. Es manifestiert sich erst bei Ankunft auf dem Schirm wieder als Teilchen.

5.6 Das Nullpunktfeld und die Vakuumfluktuationen

Max Planck hat bereits um das Jahr 1900, bei der Aufstellung des „Gesetzes der Schwarzkörperstrahlung", berechnet, dass gebundene Teilchen im Zustand niedrigster Energie nicht eine Energie gleich Null aufweisen werden, sondern gleich ½ h • f, wobei h die Plancksche Konstante ist und f die Frequenz der Schwingung des Teilchens. 1912 schloss er dann auf die Existenz einer „Nullpunktenergie des Vakuums".

Diese Idee wurde 1916 von Walter Nernst weiter ausgearbeitet, indem er postulierte, dass alle möglichen Schwingungsmodi des elektromagnetischen Feldes eine Nullpunktenergie gleich E = ½ h • f besitzen müssten – auch im leeren Vakuum und bei Fehlen jeglicher Strahlungsquellen. Berechnungen ergeben für den gesamten Energieinhalt dieser Nullpunktschwingungen einen riesigen Wert. Ein Wasserglas leeren Raumes würde demnach genug Energie enthalten, um den gesamten Atlantischen Ozean zum Kochen zu bringen. Die Gesamtheit der Nullpunktschwingungen (auch „Vakuumfluktuationen" genannt) bildet das sogenannte Nullpunktfeld.

Die Nullpunktschwingungen führen zu Wechselwirkungen, die auf die reale Welt einen wahrnehmbaren Einfluss haben. Es ist, als ob diese elektromagnetischen Wellen kurzzeitig aus dem Nichts auftauchen, schnell etwas bewirken und dann wieder verschwinden. Das leere Vakuum ist also äußerst aktiv.

Das Nullpunktfeld verhält sich wie ein Medium, dessen Wechselwirkung mit der Materie deren Eigenschaften auf dem atomaren Niveau (wie Ladung oder magnetisches Moment) leicht verändert. Viele atomare Phänomene sind mittlerweile als Konsequenz der Vakuumfluktuationen theoretisch vorhergesagt und experimentell bestätigt worden.

Ein Beispiel dafür ist der Casimir-Effekt (Abb. 5.9), vorhergesagt durch den Physiker Hendrick B. G. Casimir: Zwei ungeladene metallische Platten werden auf ganz kurze Distanz zueinander gehalten. Dadurch wird ein Teil der Vakuumfluktuationen zwischen den Platten unterdrückt, was zu einer kleinen Kraft zwischen den Platten führt. Diese Kraft konnte in den 1950er-Jahren erstmals gemessen werden.

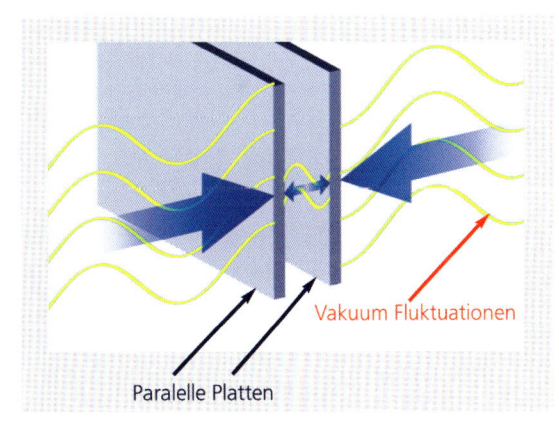

Abb. 5.9:
Der Casimir-Effekt

Außer virtuellen Photonen können auch virtuelle Teilchen aus dem Nichts entstehen und wieder vergehen. Während ihrer kurzzeitigen Existenz bewirken sie eine ganz geringe, aber experimentell nachweisbare Abschirmung von real existierenden Ladungen.

5.7 Kohärente Domänen und Wasser

Die Existenz von Vakuumfluktuationen wurde von den Physikern Giuliano Preparata und Emilio Del Giudice aufgegriffen, um ein Modell für das Auftreten von Kohärenz in Wasser zu entwickeln, die für lebende Organismen sehr wichtig ist.

Wassermoleküle haben ein erstes angeregtes Energieniveau, das sich bei 12 eV befindet (Abb. 5.10). Die Einheit eV (Elektronenvolt) ist eine geeignete Einheit, um die sehr kleine Energie von Elektronenzuständen in Atomen anzugeben, und bedeutet, dass das Elektron bei einer Beschleunigungsspannung von einem Volt einen Energiezuwachs von 1 eV erhält. Wassermoleküle können vom Grundzustand in den ersten angeregten Zustand übergehen, wenn sie eine Energiemenge in genau der Höhe von 12 eV, zum Beispiel in Form von elektromagnetischer Strahlung, aufnehmen. Bei diesem Vorgang springt ein Elektron in eine (energetisch) höher gelegene Bahn. Fällt das Elektron von diesem angeregten Zustand wieder auf den Grundzustand zurück, wird die zuvor aufgenommene Energie in Form eines Photons von 12 eV wieder abgegeben. Dieses Photon befindet sich im Bereich des ultravioletten Lichts bei einer Wellenlänge von etwa 100 Nanometern (nm).

Vakuumfluktuationen können bei jeder beliebigen Wellenlänge auftreten, also auch bei 100 nm. Bei dieser Wellenlänge haben die Vakuumfluktuationen einen Energieinhalt von 12 eV und können dadurch Wassermoleküle mit einer gewissen statistischen Wahrscheinlichkeit kurzzeitig in den angeregten Zustand versetzen. Bei einem einzelnen Molekül ist der Effekt sehr gering.

Giuliano Preparata und Emilio Del Giudice haben nun gezeigt, dass diese Anregung mit der Anzahl der vorhandenen Wassermoleküle zunimmt. Ab einer bestimmten Anzahl ist der Effekt so stark, dass die vorhandenen Wassermoleküle gemeinsam in einen neuen, energetisch stabileren Zustand übergehen. Die Wassermoleküle schwingen in diesem Zustand alle im Takt mit der elektromagnetischen Welle, die dadurch jetzt nicht mehr kurzlebig, sondern stabil mit den Wassermolekülen in diesem Bereich verbunden ist.

Ein solcher Bereich wird „kohärente Domäne" (engl. „Coherent Domain", CD) genannt. Die Größe der kohärenten Domäne stimmt mit der Wellenlänge der gespeicherten Welle überein. In diesem Fall sind das rund 100 nm.

Der Anteil der kohärenten Domänen in Wasser ist von der Temperatur abhängig. Bei 0 °C beträgt er um die 30 Prozent und bei 100 °C immerhin noch rund zehn Prozent.

Damit haben Preparata und Del Giudice gezeigt, dass eine – in erster Instanz kurzlebige – elektromagnetische Vakuumfluktuation von einer bestimmten Menge Materie (in diesem Fall Wasser) „eingefangen" werden kann. Dadurch wird die elektromagnetische Fluktuation zu einer stabilen Welle, die die beteiligten Wassermoleküle alle im Takt (also kohärent) schwingen lässt. Diese Erkenntnis kann für weitere kohärente Phänomene in biologischen Systemen die Basis bilden.

Die Theorie der kohärenten Domänen sagt voraus, dass auch die im Wasser gelösten Ionen unter sich kohärente Domänen bilden können. Das geschieht ebenso im Bereich niedriger Konzentrationen. Dadurch ergeben sich weitere Möglichkeiten für die stabile Speicherung elektromagnetischer Wellen in bestimmten Zellbereichen.

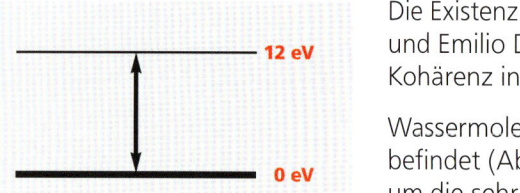

Abb. 5.10: Erstes angeregtes Energieniveau von Wassermolekülen

5.8 Die Quantenverschränkung

Die Quantenverschränkung ist ein weiteres bemerkenswertes Phänomen der Quantenphysik (Quantenmechanik). „Quantenverschränkung" besagt, dass zwei oder mehr Teilchen unter bestimmten Umständen nicht mehr als einzelne Teilchen mit ihren eigenen Zuständen beschrieben werden können, sondern nur noch das Gesamtsystem als solches. Mit anderen Worten: Das Gesamtsystem besitzt eine bestimmte beschreibbare physikalische Eigenschaft (wie zum Beispiel Energie oder Drehimpuls), die für das System als Ganzes gilt. Für die einzelnen Teilchen ist diese Eigenschaft unbestimmt, bis sie bei einem der Teilchen gemessen wird. Bei der Messung wird der Zustand des Gesamtsystems aufgebrochen und es existieren nur noch die einzelnen Teilchen jedes für sich.

Nehmen wir zum Beispiel zwei Teilchen, die sich in einem abgeschlossenen Raum befinden und zusammen eine Energie von 20 Joule haben sollen. Wenn die Energie des einen Teilchens gemessen wird und 7 Joule beträgt, muss die Energie des anderen Teilchens 13 Joule sein, und wenn die Energie des einen Teilchens 18 Joule ist, muss das andere Teilchen 2 Joule Energie aufweisen. Die Teilchen haben also nicht jedes für sich eine bestimmte Energie, sondern sie haben zusammen einen stets gleichbleibenden Energiewert. In einem solchen Fall wäre ihre Energie verschränkt. Die Messung ergibt den Energiewert, den das Teilchen im Moment der Messung zufällig hatte. Solange die Teilchen verschränkt waren, hatten sie keine eigene Energie; der Energiewert lag irgendwo zwischen 0 und 20 Joule und veränderte sich fortwährend. Die Messung ist eine Momentaufnahme und keine korrekte Wiedergabe der Wirklichkeit. Es ist in etwa so, als ob man von einem Büromitarbeiter während seines Arbeitstags nur ein einziges Foto machen kann: Durch dieses Bild wird man von seinem Arbeitsalltag keinen realistischen Eindruck bekommen.

Im Bereich der Quantenmechanik werden solche Experimente meist nicht mit der Energie, sondern mit dem Drehimpuls der Teilchen durchgeführt. Der Drehimpuls eines Gegenstands ist eine physikalische Größe, die als das Maß der Drehung des Gegenstandes um einen Punkt beschrieben werden kann. (Streng physikalisch definiert, ist er das Kreuzprodukt des Impulsvektors mit dem Ortsvektor des Gegenstands.)

Oft werden beim Drehimpuls zwei Komponenten unterschieden: zum einen der „Bahndrehimpuls" und zum anderen der „Eigendrehimpuls". Das ist ganz einfach am Beispiel der Erde zu erklären: Die Erde hat aufgrund ihrer Drehbewegung um die Sonne einen Bahndrehimpuls und aufgrund ihrer Bewegung um die eigene Achse einen Eigendrehimpuls. Das gilt auch für die Elektronen eines Atoms: Sie haben aufgrund ihrer Bewegung um den Atomkern einen Bahndrehimpuls und aufgrund ihrer Bewegung um die eigene Achse einen Eigendrehimpuls (siehe Abbildung. 5.11).

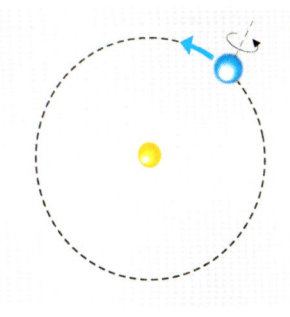

Abb. 5.11:
Bahn- und Eigendrehimpuls (Spin) eines Elektrons

In der Quantenmechanik wird der Eigendrehimpuls von Teilchen als „Spin" bezeichnet. Photonen haben auch einen Spin, der entweder in die Bewegungsrichtung der Photonen zeigt oder gerade in die entgegengesetzte Richtung. Experimente zur Quantenverschränkung werden heute mit unterschiedlichen Teilchen oder auch mit Photonen durchgeführt. Sie sind am leichtesten zu erklären anhand von Teilchen mit Spin gleich ½. Die abgekürzte Schreibweise Spin ½ bedeutet, dass der absolute Wert des Eigendrehimpulses ½ h beträgt (h ist die Plancksche Konstante). Protonen, Elektronen und bestimmte ganze Atome haben Spin ½. Die Besonderheit dieser Teilchen ist, dass ihr Spin bezüglich einer willkürlichen Richtung nur zwei Zustände einnehmen kann: „Spin nach oben" oder „Spin nach unten". Diese beiden Zustände sind mit der Drehrichtung des Teilchens, wie in Abb. 5.12 angegeben, verknüpft.

Abb. 5.12: Drehrichtung (Kreisbewegung) und Drehimpulsrichtung (Pfeil) bei zwei Teilchen laut Übereinkunft in der Physik. Merkhilfe oder „Eselsbrücke" dazu: Beim Eindrehen einer Schraube geht die Drehbewegung im Uhrzeigersinn nach rechts und die Richtung der Bewegung nach vorne, vom Betrachter weg – und umgekehrt.

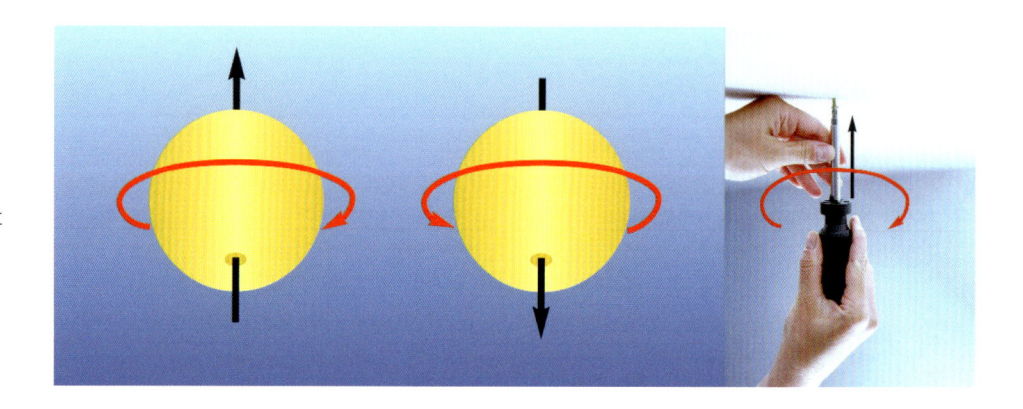

Blickt man von unten auf das in der Abbildung linke Teilchen, dreht es sich im Uhrzeigersinn um die eigene Achse. Laut Absprache in der Physik zeigt der Spin dann in die Blickrichtung.

Somit zeigt der Spin des linken Teilchens nach oben und der des rechten Teilchens nach unten.

Bei vielen Experimenten der Quantenverschränkung wird ein System mit zwei Teilchen erzeugt, die zusammen Spin 0 ergeben. In der klassischen Physik würde dies bedeuten, dass der Spin des einen Teilchens nach oben zeigt und der des anderen nach unten. In der Quantenphysik indes ist es etwas komplizierter, wie wir nachher sehen werden. Trotzdem ist es sinnvoll, erst eine klassische Variante eines solchen Experiments zu beschreiben.

Klassisches Beispiel

Die Grundlage für derartige Experimente lässt sich auf Makro-Ebene mit dem folgenden Versuchsaufbau erklären (Abb. 5.13):

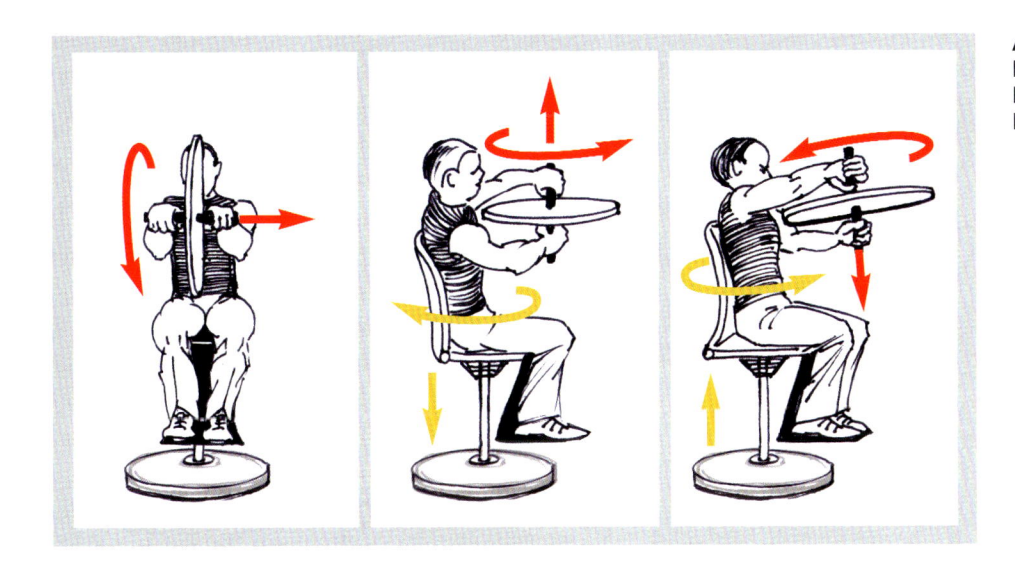

Abb. 5.13:
Experiment mit drehendem Rad und frei drehbarem Drehstuhl

Eine Person sitzt auf einem frei drehbaren Drehstuhl und hält mit beiden Händen eine Achse, auf die ein wiederum frei drehbares Rad eines Fahrrads montiert ist. Eine zweite Person setzt dieses Rad in Bewegung. Der rote Pfeil gibt die Drehimpulsrichtung des drehenden Rads an: Der Pfeil zeigt in die horizontale Richtung; es gibt keinen Drehimpuls in die vertikale Richtung, das heißt, der vertikale Drehimpuls ist gleich null (0). Anschließend dreht die Person auf dem Stuhl das Rad in der horizontalen Lage. Die Drehimpulsrichtung zeigt jetzt nach oben.

Daraufhin versucht das System, den vertikalen Gesamtdrehimpuls (= 0) zu erhalten, indem es einen zweiten Drehimpuls in entgegengesetzter Richtung kreiert, wodurch der Drehstuhl in die entgegengesetzte Richtung zu drehen beginnt. Das ergibt einen Drehimpuls mit Richtung nach unten; hierdurch bleibt der vertikale Gesamtdrehimpuls gleich null.

Wenn die Person auf dem Stuhl das Rad anschließend um 180 Grad dreht, zeigt der Drehimpuls des Rades nach unten. Zur Kompensation dreht der Drehstuhl seine Drehrichtung ebenfalls automatisch um. Das heißt: Das System „Fahrradrad und Drehstuhl" ist bezüglich des vertikalen Drehimpulses verschränkt.

Verschränkung und Superposition

Auf quantenmechanischer Ebene müssen die Experimente so konzipiert werden, dass am Anfang ein gut definiertes Gesamtsystem mit zwei Teilchen oder Photonen entsteht, die sich zusammen in einem bestimmten Zustand befinden. Beschränken wir uns wieder auf das vorher beschriebene Beispiel mit zwei Spin-½-Teilchen die verschränkt zusammen Spin 0 haben.

> **Beispiel für die Erzeugung von verschränkten Spin-½-Teilchen**
>
> Regt man ein zweiatomiges Molekül mit einem Spin von Null mit einem Laser derart hoch an, dass es zerfällt (dissoziiert), sind die beiden frei werdenden Atome, die jeweils Spin ½ haben, bezüglich ihrer Spins verschränkt. Bei einer entsprechenden Messung wird eines von ihnen den „Spin nach oben" zeigen, das andere den „Spin nach unten". Es ist aber nicht vorhersagbar, welches der beiden Atome den „Spin nach oben" und welches den „Spin nach unten" zeigen wird. Misst man jedoch den Spin eines der beiden Atome, wird dadurch der Spin des anderen festgelegt.

In der klassischen Physik bedeutet dies, dass der Spin des eines Teilchens nach oben zeigt, der des anderen nach unten. In der Quantenphysik ist es anders: Der Spin jedes der beiden Teilchen ist eine Superposition (eine Mischung) von beiden Möglichkeiten. Mit anderen Worten: Beide Teilchen können sich in beiden Spinzuständen gleichzeitig befinden. Bei beiden Teilchen ist also die Möglichkeit vorhanden, dass zum Beispiel „Spin nach oben" gemessen wird – **nur nicht an den beiden verschränkten Teilchen gleichzeitig!**

Wenn bei einem Teilchen „Spin nach oben" **gemessen** wird, muss beim anderen zwangsläufig „Spin nach unten" **gemessen** werden. Diese Bedingung bleibt auch dann bestehen, wenn sich die Teilchen voneinander fortbewegen. Sie bilden nach wie vor (was den Spin betrifft) ein einheitliches, verschränktes System. Die Zusammensetzung der Superposition selber kann nicht gemessen werden. Für jegliche **Messung der verschränkten Teilchen** gibt es nur die Möglichkeit, bei dem einen „Spin nach oben" und bei dem anderen „Spin nach unten" zu messen.

Experimente mit verschränkten Photonen sind vielleicht noch spektakulärer, weil beide Photonen mit Lichtgeschwindigkeit davonfliegen. Photonen können über ihre Polarisationsrichtungen verschränkt werden. Die Polarisationen können zum Beispiel in die gleiche Richtung zeigen oder auch senkrecht zueinander stehen. Mittels Spiegeln werden die verschränkten Photonen in entgegengesetzte Richtungen gelenkt. Die Kunst des Experiments besteht darin, sie möglichst weit voneinander wegfliegen zu lassen und dann erst ihren Polarisationszustand zu messen.

Polarisiertes Licht

Ein Photon als Welle ist eine elektromagnetische Welle. Bei den meisten Lichtquellen ist die Schwingungsrichtung der einzelnen Wellen (einfach ausgedrückt) unterschiedlich und räumlich zufällig verteilt. Lichtwellen bezeichnet man als polarisiert, wenn sie nur in einer Ebene schwingen. Es wird zwischen linear, zirkular und elliptisch polarisiertem Licht unterschieden. Im ersten Fall bleibt die Ebene konstant, in den beiden anderen Fällen dreht sich die Ebene.

Durch die Messung der Polarisation eines der Photonen weiß man sofort, was die Polarisation des anderen an der weit entfernten Stelle ist. Es ist dieses sofortige Wissen, das bei Physikern bis hin zu Albert Einstein zu Skepsis geführt hat. Denn man bekommt eine sofortige Information über ein Photon, das weit entfernt ist. Diese Information hätte dann schneller als mit Lichtgeschwindigkeit gereist sein müssen. Diesen Zusammenhang bezeichnete Einstein in einem berühmten Zitat als *„spukhafte Fernwirkung"*.

Albert Einstein, Boris Podolsky und Nathan Rosen formulierten im Jahr 1935 das nach ihnen benannte „EPR-Paradoxon", nach dem die Quantenverschränkung zur Verletzung der klassischen Physik führen würde, da Informationen nicht schneller als mit Lichtgeschwindigkeit ausgetauscht werden können.

Erzeugung verschränkter Photonen

Verschränkte Photonen können durch die Wechselwirkung in bestimmten Kristallen *(parametric down-conversion genannt)* erzeugt werden. Dabei wird aus einem Photon mit hoher Energie im Kristall ein verschränktes Paar von Photonen mit niedrigerer Energie erzeugt. Die Summe der Energien der zwei neuen Photonen ist gleich der Energie des ursprünglichen Photons. Die Richtungen, in die diese beiden Photonen abgestrahlt werden, sind miteinander und mit der Richtung des eingestrahlten Photons korreliert, sodass man derart erzeugte verschränkte Photonen gut für Experimente (und andere Anwendungen) nutzen kann.

Mittlerweile sind Experimente mit verschränkten Photonen von vielen Forschungsgruppen durchgeführt worden. Alle haben sie bestätigt, dass die beiden Photonen, trotz Distanzen von vielen Kilometern, immer noch ein verschränktes Gesamtsystem bilden. Das heißt: Als beim einen Photon seine Polarisation gemessen wurde, wurde ausnahmslos beim anderen Photon die erwartete Polarisation gemessen und umgekehrt. Das Experiment beweist auf diese Weise, das eine Verschränkung vorhanden ist.

In der klassischen Physik sind wir es gewöhnt, dass ein zusammengesetztes System durch die Eigenschaften seiner Einzelteile beschrieben werden kann. Das liegt auch daran, dass der klassischen Physik die Betrachtungsweise des sogenannten „Reduktionismus" zugrunde liegt. Systeme werden auseinandergenommen, um zu sehen, wie sie aufgebaut sind.

Im Falle der Quantenverschränkung funktioniert das nicht mehr. Ein verschränktes System ist ein ganzheitliches System. Es verliert seine wesentliche Eigenschaft, sobald es auseinandergenommen wird.

Spekulationen über angebliche Verschränkung

Verschränkung bedeutet, dass zwei oder mehr Teilchen Beziehungsweise zwei oder mehr Photonen zusammen als ein System beschrieben werden. Ein verschränktes System entsteht aber, wie wir gesehen haben, nicht von selbst.

Das Thema der Verschränkung ist ein dankbarer Nährboden für Spekulationen. Manche glauben bereits schlussfolgern zu können, dass im Universum aufgrund der Verschränkung alles mit allem kommuniziert. Andere führen ohne die dazu notwendigen Voraussetzungen einfache Experimente durch, die dann mittels angeblicher „Verschränkung" Informationen auf Flüssigkeiten oder auf das Gehirn übertragen sollen. Derartige Experimente als Verschränkung zu bezeichnen ist jedoch äußerst fragwürdig.

Informationsübertragung durch Laser

Bei einem dieser Experimente (Hu) wurde ein Laserstrahl zuerst durch ein Fläschchen mit Anästhetikum geschickt und dann durch eine Flasche mit Leitungswasser (Abb. 5.14). In einem Blind-Test tranken Probanden anschließend das Leitungswasser und mussten auf einer subjektiven Skala angeben, ob das Wasser Empfindungen bei ihnen auslöste und, wenn ja, welche.

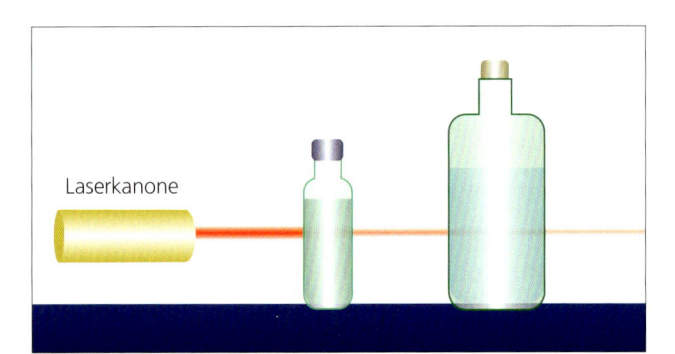

Abb. 5.14:
Experiment mit Laserstrahl durch zwei Flaschen

Im Vergleich zum Kontrollexperiment (kein Anästhetikum im ersten Fläschchen) konnten durchgehend deutliche Effekte festgestellt werden. Diese Effekte schrieben die Autoren der Studie der Quantenverschränkung zwischen den Spins der Moleküle in den beiden Flaschen zu. Das ist jedoch höchst unwahrscheinlich.

Bei diesem einfachen Experiment, bei dem ein Laserstrahl erst durch ein Fläschchen mit Anästhetikum und anschließend durch eine Flasche mit Leitungswasser geschickt wird, fehlt eine Methode der Verschränkung. Es ist nicht einzusehen, wie sich Photonen des Laserstrahls erst mit Spins im ersten Fläschchen und danach mit Spins in der zweiten Flasche verschränken könnten.

Es gibt neben der Quantenverschränkung noch eine andere Möglichkeit der Erklärung: Das Laserlicht wird beim Durchgang durch das Anästhetikum moduliert und die Modulation anschließend auf das Wasser übertragen.

Das PEAR-Projekt

Radionische Geräte verwenden als elektronisches Medium, mittels dem vom Patienten Informationen aufgenommen werden können, oft eine sogenannte „Rausch-Quelle". Eine Rausch-Quelle oder auch ein Rausch-Generator ist ein spezieller Signalgenerator, der zufällig verteilte Signalschwankungen in einem großen Frequenzbereich erzeugt. Die Argumentation: Das Aufnehmen von Daten mittels einer Rausch-Quelle sei eine physikalische Methode, und es sei nachgewiesen, dass eine Rausch-Quelle von Personen beeinflusst werden kann; eine solche Methode hätte somit eine solide physikalische Basis. Darüber hinaus wird argumentiert, dass zwischen Person und Rausch-Quelle eine quantenmechanische Verschränkung stattfinden würde.

Die Behauptung, dass Rausch-Quellen von Personen beeinflusst werden können, beruht auf den Daten, die mit dem PEAR-Projekt an der Princeton University über einen Zeitraum von zwölf Jahren gewonnen wurden. (Jah 1997)
Die Personen sollten in diesem Projekt eine Rausch-Quelle gedanklich bewusst derart beeinflussen, dass sie mehr positive als negative elektrische Pulse erzeugt (oder umgekehrt). Nach der Auswertung von Hunderten von Millionen Pulsen kam Folgendes heraus (jeweils zurückgerechnet auf eine Gesamtzahl von 200.000 Pulsen):

- Wenn mehr positive als negative Pulse erzeugt werden sollten, gab es durchschnittlich 100.026 positive und 99.974 negative Pulse.

- Wenn mehr negative als positive Pulse erzeugt werden sollten, gab es durchschnittlich 99.984 positive und 100.016 negative Pulse.

- Wenn die Rausch-Quelle nicht beeinflusst werden sollte (Nulleffekt), konnten durchschnittlich 100.013 positive und 99.987 negative Pulse festgestellt werden.

Diese Zahlen sind statistisch signifikant, da die Gesamtzahl der Messungen sehr groß war. Es gibt also sowohl für positive als auch für negative Pulse tatsächlich einen Effekt. Das beweist, dass unsere Gedanken einen Einfluss auf physikalische Vorgänge haben können. Diese Studie ist aber kein Beweis für das Auftreten von Verschränkung. Wie im vorhergehenden Beispiel der „Informationsübertragung durch Laser" findet zwischen der Versuchsperson und der Rausch-Quelle keine quantenmechanische Verschränkung statt.

Beispiel einer tatsächlichen Photonenverschränkung

Bei diesem Experiment hat die Arbeitsgruppe um Professor Anton Zeilinger in Wien eine Katzenfigur aus Pappe mit einer speziellen Methode fotografiert (Bar 2014).

Dazu wurden miteinander verschränkte Photonen verwendet, die die Forscher mittels eines Lasers erzeugten, der auf einen speziellen Kristall gerichtet war. Der Kristall ist notwendig, damit das einfallende Photon des Lasers sich aufspalten kann und dadurch zwei neue Photonen entstehen, die verschränkt sind (parametric down-conversion, siehe oben). Die beiden verschränkten Photonen brauchen nicht unbedingt die gleiche Wellenlänge zu besitzen. Das Experiment war so aufgebaut, dass ein Photon im Infrarotbereich sowie ein Photon im sichtbaren Lichtbereich entstanden. Das infrarote Photon wurde auf die Pappfigur der Katze gelenkt, das sichtbare Photon auf einen Lichtsensor.

Die unterschiedlichen Wellenlängen der verschränkten Photonen machen das Wiener Experiment besonders interessant: Denn die Pappfigur wurde mit dem Infrarotlicht abgetastet, und die Figur war aufgrund der Verschränkung mit den höherfrequenten Photonen (sichtbares Licht) für das Auge sichtbar. Das heißt: Was mit dem einen Photon geschieht, beeinflusst gleichzeitig das Schicksal des anderen Photons.

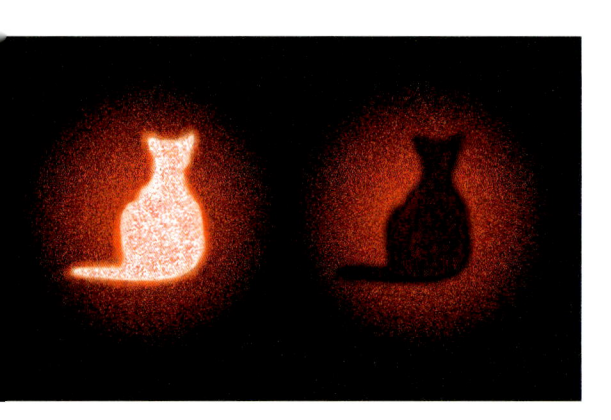

Abb. 5.15:
Verschränkung von Infrarot-Photonen mit Photonen im sichtbaren Lichtbereich

Auf diese Weise kann quasi eine indirekt im sichtbaren Bereich arbeitende Infrarotkamera gebaut werden. Das ist deswegen von Vorteil, weil Sensoren für schwaches Infrarotlicht schwierig herzustellen sind. Dank der Verschränkung lässt sich das geschickt umgehen, da nur die sichtbaren Photonen registriert werden. Dafür können gängige Lichtsensoren verwendet werden, wie sie zum Beispiel auch in Digitalkameras vorkommen.

6. Kapitel

Ungleichgewichte und der Energiekreislauf

6.1 Die Natur ist nicht im Gleichgewicht

6.2 Beispiele von Ungleichgewichten

6.3 Vorteile metastabiler Zustände

6.4 Die energetische Gratwanderung

6.5 Der Energiekreislauf im Überblick

Ungleichgewichte und der Energiekreislauf

6.1 Die Natur ist nicht im Gleichgewicht

Um auf die Frage, ob die Biochemie lediglich eine zufällig entstandene, extrem komplexe Form der normalen Chemie ist oder ob noch mehr dahintersteckt, eine Antwort finden zu können, wurden in vorhergehenden Kapiteln bereits einige wichtige Aspekte beleuchtet. Ein weiterer bedeutender Gesichtspunkt betrifft die Gleichgewichte und Ungleichgewichte, die bei lebender Materie auftreten.

Bei lebenden Organismen hat sich gezeigt, dass sich unterschiedlichste Parameter nicht im stabilen Gleichgewicht mit der Umgebung befinden. Das betrifft sowohl mechanische als auch biochemische Einflussgrößen. Während die lebende Natur ihre Systeme vielfach in einem Zustand des Ungleichgewichts handhabt, strebt die tote Natur generell nach einem Gleichgewichtszustand. Dazu einige Beispiele:

In der toten Natur sorgen die Naturkräfte dafür, dass alles, was sich in einem Zustand physikalischer Instabilität befindet, auf Dauer zu einem physikalisch stabilen Zustand geführt wird. So

- strömt Wasser zum tiefsten Punkt,
- werden Berge abgetragen,
- fallen abgestorbene Bäume um,
- verteilen sich Gase gleichmäßig,
- gleichen Temperaturunterschiede sich aus und
- schwimmen tote Gegenstände mit dem Strom.

Die Ordnung, die dagegen in der lebenden Natur vorhanden ist, erfordert es in vielen Fällen, dass ein metastabiler Zustand – außerhalb des physikalischen Gleichgewichts – eingenommen und beibehalten wird. Metastabile Zustände sind nicht im Gleichgewicht mit der Umgebung. Unter bestimmten Umständen und/oder durch bestimmte Regelmechanismen in Organismen können sie sich aber über längere Zeit halten und erscheinen dann als stabil.

Durch metastabile Zustände

- schwimmen Fische gegen den Strom,
- steht ein lebender Baum senkrecht,
- weisen warmblütige Tiere – im Ungleichgewicht mit der Umgebungstemperatur – eine konstante Körpertemperatur auf,
- sind Stoffkonzentrationen innerhalb und außerhalb von Zellen unterschiedlich und
- speichern Organismen energiereiche Moleküle auf längerer Zeit.

In diesem Kapitel werden wir uns mit dem Thema beschäftigen, wie Organismen es gestalten, Energie einzufangen, zu speichern, sie weiterzuleiten und letztendlich zu verwerten. Es geht also um den Werdegang der Energie durch pflanzliche und tierische Organismen. Die chemischen Details dieser Prozesse sind schon lange relativ gut bekannt. Sie werden, wo notwendig, kurz besprochen.

Was wir aber vorrangig betrachten wollen, ist die physikalische Seite des Einfangens von Energie und wie sie unterschiedliche metastabile Phasen durchlaufen muss, bis sie – wiederum in einem metastabilen Zustand – gespeichert werden kann. Zu einem unbestimmten späteren Zeitpunkt wird die gespeicherte Energie abgebaut, und sie durchläuft weitere metastabile Zustände, bis sie schlussendlich verwertet wird. Wirklich verschwinden wird Energie aber nie; sie wird dann als Wärme an die Umgebung abgegeben und vermischt sich mit der in der Umgebung vorhandenen Wärmeenergie (Temperatur). Erst dann ist diese Energie wieder im Zustand des stabilen Gleichgewichts angekommen.

6.2 Beispiele von Ungleichgewichten

Metastabile Zustände in der Mechanik

„Metastabilität" ist eine Form der Stabilität, die zwischen „stabil" und „instabil" einzuordnen ist. Die Vorsilbe „meta" stammt aus dem Griechischen und bedeutet so viel wie „nach" oder „über".

Ein metastabiler Zustand ist also nicht ganz stabil und auch nicht ganz instabil. Das Beispiel in Abbildung 6.1 veranschaulicht die Situation.

Eine Kugel liegt in einer kleinen Mulde (1), die höher ist als eine zweite Mulde (3), die sich anschließt. Wird die Kugel nur schwach angestoßen, wird sie zwar in der ersten Mulde hin- und herrollen, doch diese nicht verlassen. Wird sie jedoch stärker angestoßen, muss sie über die Kante (2) rollen und in der unteren Mulde (3) landen. Das bedeutet: Ein metastabiler Zustand verhält sich zwar gegenüber kleinen Veränderungen stabil, gegenüber größeren Veränderungen jedoch instabil. Er ist somit teilweise stabil und gleichzeitig auch teilweise instabil; welcher Zustand eingenommen wird, hängt von der jeweiligen Situation (Veränderung) ab.

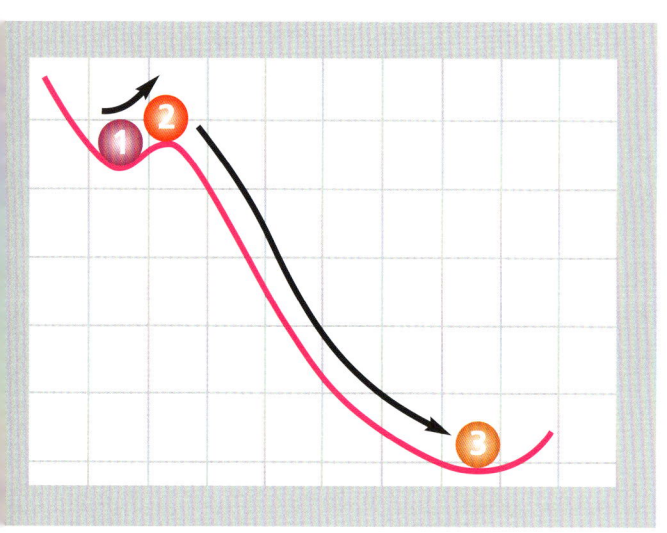

Abb. 6.1:
Metastabiler (1) und stabiler (3) Zustand einer Kugel

Auch am Beispiel eines Baumes, der dem Wind ausgesetzt ist, lässt sich Metastabilität verdeutlichen.

Weht der Wind nicht allzu stark, biegt sich der Baum zwar, doch er bleibt stehen. Es kommt nur zu einer kleinen Abweichung von seinem normalen Stand. Hört der Wind auf, steht der Baum wieder gerade.

Der normale Stand des Baumes ist jedoch nur ein metastabiler Zustand, denn wenn es stürmt und der Wind extrem kräftig bläst, bricht der Baum ab oder wird aus dem Boden gerissen. Sobald er auf dem Boden liegt, hat er einen stabilen Zustand erreicht.

Die Beispiele der Kugel und des Baumes stammen aus dem Bereich der Mechanik: Die Metastabilität oder Stabilität wird in diesen beiden Fällen durch die Schwerkraft bestimmt. Im Zustand (1) in der oberen Mulde hat die Kugel eine höhere potenzielle Energie als im Zustand (3). Diese Energiedifferenz wird als „potenzielle Schwerkraftenergie" oder auch „potenzielle mechanische Energie" bezeichnet. Da Systeme in der Physik immer zum tiefsten Energiezustand streben, ist der Zustand (3) der stabilere Zustand.

Abb. 6.2:
Ein Baum, der sich im Wind biegt, aber nicht umfällt

Metastabile Zustände in der Chemie

Auch in der Chemie gibt es metastabile Zustände, die analog zum oben angeführten mechanischen Beispiel dargestellt werden können (siehe Abb. 6.3). In der Chemie handelt es sich dabei um eine „potenzielle chemische Energie".

Die horizontale Linie links vom Maximum stellt die Energie der Teilchen vor der Reaktion dar (Zustand X), die wesentlich niedrigere horizontale Linie rechts vom Maximum die Energie nach der Reaktion (Zustand Y). Die Teilchen müssen eine Energieschwelle – die Aktivierungsenergie – überwinden, damit die Reaktion überhaupt stattfinden kann.

Bei Anwesenheit eines Enzyms wird die Aktivierungsenergie herabgesetzt (gestrichelte Linie). Die Teilchen bei X brauchen nun weniger Energie, um über die Schwelle zu „hüpfen" und die Reaktion durchführen zu können. Zufällige Wärmebewegungen können dazu ausreichend sein. Je kleiner die Energieschwelle ist, desto höher ist die Wahrscheinlichkeit, dass die Teilchen diese Schwelle überwinden können und die Reaktion stattfindet. Die enzymatische Beteiligung ist also ein Erhöhen der Reaktionsgeschwindigkeit.

Nachdem die Reaktion abgelaufen ist, haben die neuen Teilchen im Zustand Y eine niedrigere Energie als die Anfangsteilchen im Zustand X. Die Energiedifferenz X minus Y ist dabei freigeworden. Wenn keine anderen Reaktionen angekoppelt sind, die diese Energie aufnehmen, wird die Energiedifferenz als Wärme von der Umgebung aufgenommen.

Ein Beispiel dafür ist die Verbrennung von Holz. Die Energiedifferenz der Anfangsprodukte X (Cellulose und Sauerstoff) und der Endprodukte Y (Kohlendioxid und Wasser) wird als Wärme frei. Die Verbrennung findet jedoch nicht spontan statt. Erst muss die Aktivierungsenergie hinzugefügt werden; dazu wird das Holz mit einer Flamme entzündet.

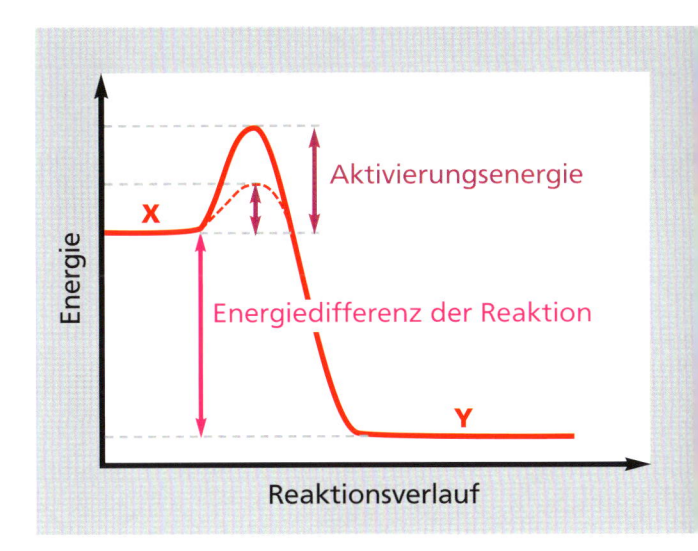

Abb. 6.3:
Energieverlauf einer chemischen Reaktion, wobei Energie gewonnen wird

Abb. 6.4:
Die Verbrennung von Holz ist eine chemische Reaktion.

6.3 Vorteile metastabiler Zustände

Der Ausdruck „stabile Situation" ist vielleicht etwas verwirrend, da der Gedanke, eine stabile Situation sei gut, zuverlässig und würde das Überleben fördern, naheliegt. Doch gerade das Gegenteil ist bei lebenden Organismen der Fall. Das Leben braucht instabile Situationen, die jedoch gut kontrolliert werden müssen. Dadurch werden sie zu metastabilen Zuständen. Wenn das gelingt, scheint die metastabile Situation eher wie eine „stabile Situation" zu sein. Metastabile Zustände sind einerseits heikel, da sich das System permanent in der Gefahr befindet, aus einem metastabilen Zustand „herunterzufallen". Andererseits bevorzugen lebende Systeme metastabile Zustände, da sie viele Vorteile besitzen.

Statisches Gleichgewicht

Wenn Menschen stehen und gehen, sind sie im Hinblick auf die Schwerkraft und im Sinne eines statischen Gleichgewichts eben nicht im Gleichgewicht. Gerade weil wir nicht in diesem Gleichgewicht sind, können wir uns aber hervorragend bewegen, während wir im statischen Gleichgewicht nur flach auf dem Boden liegen und zur Bewegung unfähig wären. Damit wir stehen und gehen können, sind allerdings komplexe Rückkopplungsmechanismen nötig. Sobald diese Mechanismen gestört sind (beispielsweise bei Schwindel), fallen wir um und erreichen die stabile, flach liegende Position.

Ein erweitertes Beispiel für die Bedeutung der Metastabilität ist die Fortbewegung mit dem Fahrrad. Im Hinblick auf das statische Gleichgewicht ist Fahrradfahren eine extrem instabile Aktivität, die jedoch eine sehr wirtschaftliche Weise der Fortbewegung ermöglicht. Mit dem gleichen Energieaufwand können auf dem Fahrrad viel weitere Strecken zurückgelegt werden.

Körperparameter

Bei Organismen mit konstanter Körpertemperatur befindet sich die Körpertemperatur allerdings nicht im Gleichgewicht mit der Umgebungstemperatur. Der Vorteil, der damit verbunden ist: Die Körperprozesse laufen stets mit der gleichen, verlässlichen Geschwindigkeit ab.

Viele Blutparameter sind ebenfalls metastabile Größen. Sie sind nicht von selbst konstant, sondern werden vom Organismus gesteuert und permanent kontrolliert. Der Vorteil: Durch konstante Blutparameter werden Zellen immer gut versorgt und können zum Beispiel ihr überflüssiges CO_2 kontinuierlich ausscheiden.

Metastabile Zustände als Methode der Energiespeicherung

Metastabile Zustände weisen also eine höhere Energie auf als stabile Zustände. Dieses energetische Grundprinzip metastabiler Zustände kann als Methode zur Speicherung von Energie nutzbar gemacht werden. Beispielsweise nutzen Speicherkraftwerke Wasserquellen, wie hochgelegene Seen oder künstlich angelegte Staubecken, zur Speicherung von Wasser. Künstlich angelegte

Staubecken werden über einen Zufluss mit Wasser versorgt. In Zeiten von Energieüberschuss wird Wasser in den Stausee hochgepumpt und erst wieder abgelassen, wenn Energie benötigt wird. In diesem Beispiel aus der Mechanik handelt es sich wiederum um potenzielle Schwerkraftenergie.

Ein ähnliches Vorgehen wird in der lebenden Natur genutzt, wobei dort potenzielle chemische Energie zum Einsatz kommt. Pflanzen nehmen aus der Umgebung Energie auf und speichern sie in energiereichen Molekülen, vor allem in Glucose. Pflanzen verwenden energiearme Moleküle (Kohlendioxid CO_2 und Wasser H_2O) und setzen diese, unter Verwendung der Energie des Sonnenlichts, in Glucose um, siehe Abbildung 6.5. Die Formel lautet:

$6\ H_2O + 6\ CO_2 + \text{Lichtenergie} \longrightarrow (CH_2O)_6 + 6\ O_2$

Dieser Prozess heißt „Photosynthese" (von altgriechisch „phōs" für „Licht" und „sýnthesis" für „Zusammensetzung"). Die energiearmen Moleküle H_2O und CO_2 befinden sich im Zustand Y der Abbildung 6.3, die energiereiche Glucose im Zustand X. Bei der Glucose haben wir es mit einem metastabilen Zustand zu tun.

Die Energie in der Glucose wird in der lebenden Natur schrittweise an andere Organismen weitergereicht (die Pflanzen werden gegessen usw.), bis die Energie in einem Organismus freigesetzt und verbraucht wird. Ein besonderes Kennzeichen der lebenden Natur ist somit, dass sie es schafft, metastabile Zustände zu kreieren und so lange aufrechtzuerhalten, bis der stabile Zustand am richtigen Ort und zur richtigen Zeit wieder erreicht werden soll.

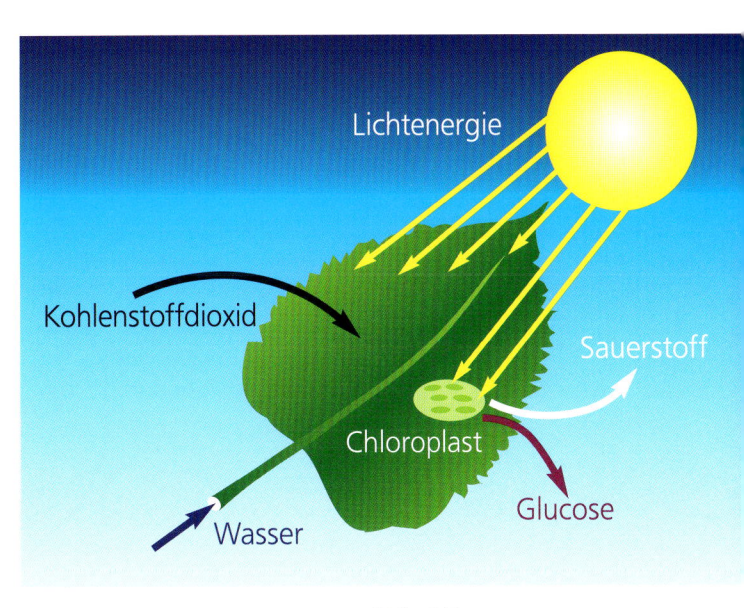

**Abb. 6.5:
Grundprinzip der Photosynthese**

6.4 Die energetische Gratwanderung

In diesem Unterkapitel beschäftigen wir uns damit, was mit der Sonnenenergie geschieht, das heißt, wie sie von der Pflanze aufgenommen und schließlich verbraucht wird. Abbildung 6.7 gibt einen schematischen Überblick zu den verschiedenen Schritten.

Dieser Werdegang der Sonnenenergie ist vergleichbar mit einer energetischen Gratwanderung. Sie durchläuft auf ihrem Weg zur Glucose und danach viele Stadien – und bei jedem Schritt ist darauf zu achten, dass sie nicht verloren geht. Das ist in etwa so, als müsste ein Ball durch eine Menschenmenge auf Kopfhöhe weitergegeben werden und dürfte nie herunterfallen. Deshalb bietet sich hier der Vergleich mit einer „Gratwanderung" an.

**Abb. 6.6:
Der Energietransport durch die Zelle ist mit einer Gratwanderung vergleichbar.**

Photon

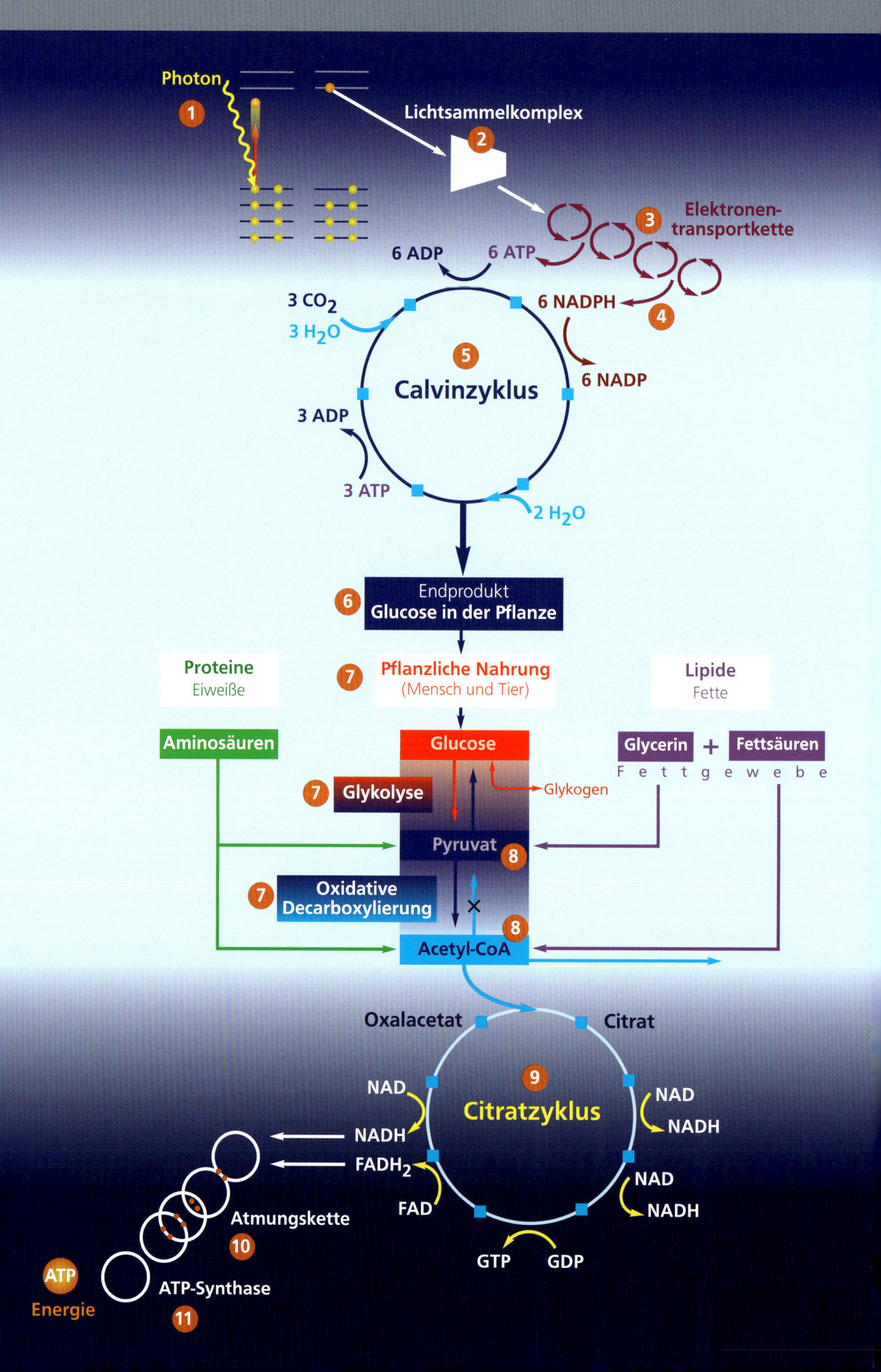

Lichtsammelkomplex

Elektronen-transportkette

6 ADP 6 ATP

3 CO$_2$ 6 NADPH
3 H$_2$O

Calvinzyklus

6 NADP

3 ADP

3 ATP 2 H$_2$O

Endprodukt
Glucose in der Pflanze

Pflanzliche Nahrung
(Mensch und Tier)

| Proteine | | Lipide |
| Eiweiße | | Fette |

Aminosäuren

Glucose

Glycerin + Fettsäuren
F e t t g e w e b e

Glykolyse — Glykogen

Pyruvat

Oxidative Decarboxylierung

Acetyl-CoA

Oxalacetat   Citrat

NAD   NAD
NADH NADH

Citratzyklus

NADH
FADH$_2$

NAD
FAD   NADH

Atmungskette

GTP GDP

ATP
Energie   ATP-Synthase

In der Abbildung 6.7 sind die einzelnen Schritte dieser Gratwanderung angegeben. Die Nummerierung der nachfolgenden Abschnitte ist in Abbildung 6.7 zur besseren Verfolgung des komplexen Vorgangs wiederzufinden.

1. Ein Photon wird absorbiert.
Die Gratwanderung beginnt mit dem Absorbieren von Sonnenenergie. Chlorophyllmoleküle sind darauf spezialisiert, Photonen aufzufangen. Sie haben eine unterschiedliche Empfindlichkeit für die Wellenlängen des Lichts. Da die Chlorophyllmoleküle hauptsächlich blaues und rotes Licht absorbieren, sehen wir Chlorophyll insgesamt als grün (Abb. 6.8).

Chlorophyllmoleküle sind in sogenannten „Lichtsammelkomplexen" angeordnet. Diese können einige Hundert bis zu über Tausend Chlorophyllmoleküle enthalten. Darunter befindet sich ein spezielles Chlorophyllmolekül, das als „Reaktionszentrum" bezeichnet wird.

Die Lichtsammelkomplexe befinden sich in der Innenmembran der Chloroplasten. Diese Organellen der Pflanzenzellen haben mit den Mitochondrien der tierischen Zellen viele Aspekte gemeinsam. So gibt es zum Beispiel eine Elektronentransportkette und eine ATP-Synthase (Definition siehe Glossar), die ebenfalls ATP produziert.

Abbildung 6.9 (oben) zeigt eine schematische Darstellung der Absorption eines Photons. Es wird aufgenommen und existiert danach nicht mehr; seine Energie ist jedoch nach wie vor vorhanden und wurde von einem Elektron aufgenommen, das dadurch in einen höheren Zustand (auch „angeregter Zustand" oder „höhere Bahn" genannt) gelangt.

Abbildung 6.9 (unten) stellt diesen Vorgang mit Kugeln dar. Der Grundzustand des Elektrons ist vergleichbar mit dem Zustand (3) der Kugel. Die Energie des Photons wird verwendet, um das Elektron in einen höheren, metastabilen Zustand (1) zu bringen.

Sobald das geschehen ist, wird es für das Elektron sehr „spannend". Da die Energieschwelle bei (2) sehr instabil ist, hat es die Neigung, sehr schnell wieder herunterzufallen.

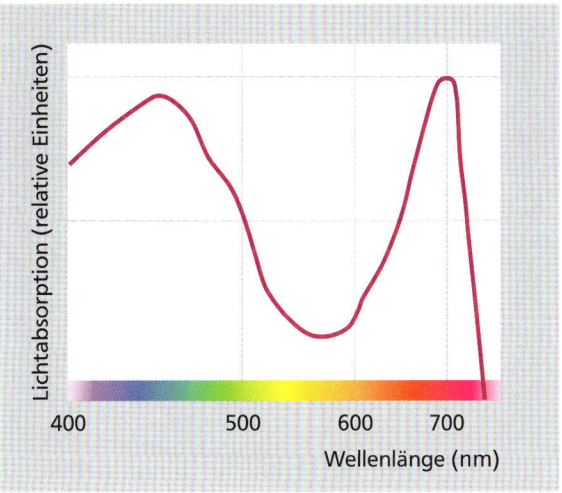

Abb. 6.8:
Absorption von Licht durch Chlorophyll in Abhängigkeit von der Wellenlänge

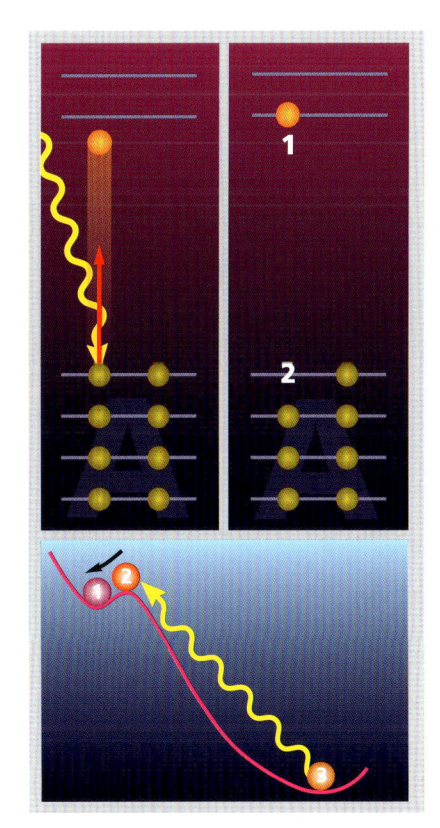

Abb. 6.9:
Ein Photon wird absorbiert, und seine Energie wird dazu verwendet, ein Elektron in eine höhere Bahn zu versetzen. Oben – Darstellung mit Elektronenbahnen, unten – Darstellung als metastabiler Zustand.

Abb. 6.7:
Stufen beim Energietransport durch die Zelle

2. Das Elektron wird im Lichtsammelkomplex zum Reaktionszentrum weitergeleitet.

Innerhalb der Lichtsammelkomplexe sind die Chlorophyllmoleküle in einer Ebene angeordnet. Sie können sowohl ein Photon aufnehmen und dabei ein energiereiches Elektron erzeugen als auch ein energiereiches Elektron von einem benachbarten Chlorophyllmolekül aufnehmen und weiterleiten (Abb. 6.10).

Faktisch wird nicht nur das Elektron weitergeleitet, sondern auch das dazugehörige „Loch", das es beim Verlassen des Grundzustandes hinterlässt. Da das Elektron auf eine höhere Schale gehoben wurde und auf den unteren Schalen ein Loch hinterlassen hat, ist der restliche Teil des Atoms positiv geladen. Diese Kombination von Elektron und Loch wird „Exciton" genannt. Das Exciton ist elektrisch neutral und kann dadurch einfacher transportiert werden.

Wie dies genau vor sich geht, ist detailliert in Abbildung 6.11 dargelegt. Das energiereiche Elektron wird weitergereicht, aber zur Kompensation des damit einhergehenden Ladungstransports bewegt sich ein energiearmes Elektron in die entgegengesetzte Richtung. Das Ziel ist nicht, Ladung, sondern Energie zu transportieren.

Die Excitonen müssen schnell zum Reaktionszentrum gelangen, von dem aus die Elektronen an eine Elektronentransportkette abgegeben werden. Das Reaktionszentrum kann man sich als eine Art Trichter des Lichtsammelkomplexes vorstellen, in dem alle Excitonen ankommen müssen.

Abb. 6.10:
Aufbau eines Lichtsammelkomplexes mit den Chlorophyllmolekülen (blaue Ziegel) und dem Reaktionszentrum (rote Scheibe). Das Photon (gelber Pfeil) erzeugt ein angeregtes Elektron, das zum Reaktionszentrum wandert (schwarze Pfeile) und dort aufgenommen wird.

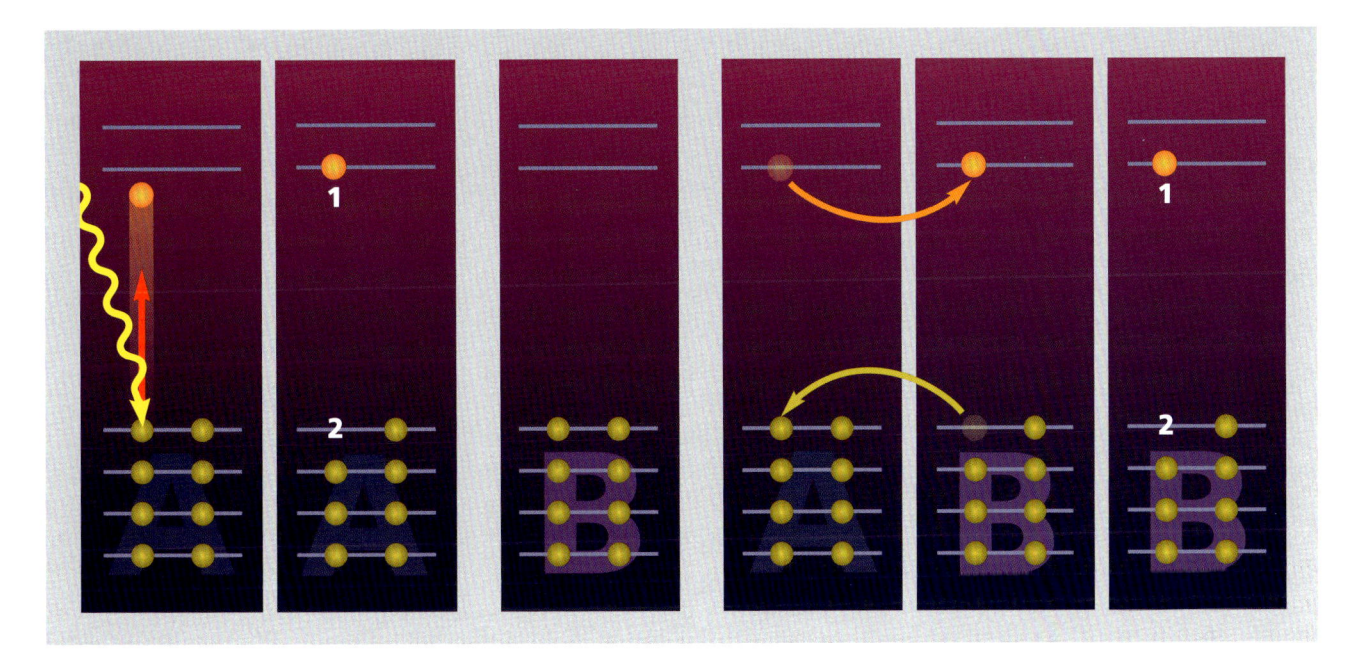

Abb. 6.11:
Links: Ein Photon wird vom Chlorophyllmolekül A aufgefangen. Es entstehen ein energiereiches Elektron bei 1 und ein Loch (ein fehlendes Elektron) bei 2. Die Kombination von energiereichem Elektron und zurückgelassenem Loch wird Exciton genannt. Das Chlorophyllmolekül B daneben bleibt unberührt.
Rechts: Das Exciton wird vom Chlorophyllmolekül A zum Nachbarmolekül B weitergereicht. Das energiereiche Elektron bewegt sich von A nach B. Gleichzeitig bewegt sich ein energiearmes Elektron von B nach A, vergleichbar damit, dass sich ein Loch von A nach B bewegt. Auf diese Weise behalten die Chlorophyllmoleküle die gleiche Anzahl von Elektronen und bleiben elektrisch neutral, während sie ein Exciton, bestehend aus einem energiereichen Elektron und dessen Loch, weiterleiten.

3. Das Elektron wird von einer Elektronentransportkette in den Chloroplasten aufgenommen.

Im Reaktionszentrum ist das angeregte Elektron also in der Form eines Excitons angekommen. Hier werden seine beiden Teile – das negative, energiereiche Elektron und das positive Elektronloch – voneinander getrennt. Auf diese Ladungstrennung ist das Reaktionszentrum spezialisiert. Anschließend wird das lose Elektron an eine Elektronentransportkette abgegeben; das Reaktionszentrum bleibt wegen des positiv geladenen Lochs als ein positiv geladenes Molekül zurück, siehe Abbildung 6.12.

Das Elektron muss dabei schnell weiterbefördert werden, weil das Reaktionszentrum auf das negativ geladene, wegwandernde Elektron eine anziehende Kraft ausübt. Die Elektronentransportkette besteht dazu aus einer Abfolge von Molekülkomplexen, die zu dieser schnellen Weiterleitung des Elektrons fähig sind. Bei genauerer Betrachtung bilden Lichtsammelkomplex und Komplex 1 der pflanzlichen Elektronentransportkette ein Gesamtsystem, das Photosystem II heißt. Die Kombination von einem weiteren Lichtsammelkomplex und Komplex 3 heißt Photosystem I (siehe auch Abbildung 6.13).

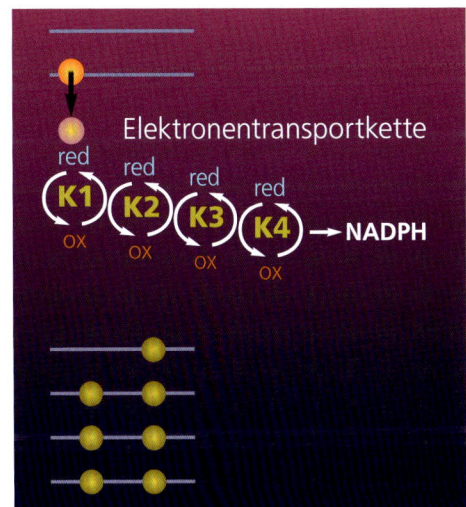

Abb. 6.12:
Nach dem Reaktionszentrum wird das angeregte Elektron von einer Elektronentransportkette aufgenommen, die aus einer Abfolge von einzelnen Komplexen besteht.

Die Molekülkomplexe der pflanzlichen Elektronentransportkette sind in Abbildung 6.12 mit K1 bis K4 angedeutet. Die Komplexe werden abwechselnd reduziert (Definition siehe Glossar) (wenn sie das Elektron empfangen) und oxidiert (Definition siehe Glossar) (wenn sie das Elektron abgeben), wie es in der Abbildung ebenfalls schematisch angedeutet ist. Beim Durchlaufen dieser Komplexe verliert das Elektron schrittweise einen Teil seiner Energie, bis es zu einem weiteren Lichtsammelkomplex in K3 gelangt. In diesem Komplex wird ein zweites Photon aufgefangen, und so bekommt das Elektron einen erneuten Energieschub. Diese Anregung geschieht auf dem Weg zum Reaktionszentrum zwei Mal (erste Anregung eingeschlossen)

Die Elektronentransportketten in den Chloroplasten der Pflanzen sind im Prinzip ähnlich aufgebaut wie die in den Mitochondrien (siehe Abb. 4.4). Die unterscheidenden Details der einzelnen Molekülkomplexe bei Pflanzen und Tieren sind im hier betrachteten Zusammenhang nicht von Bedeutung.

Das Elektron wird schrittweise von Komplex zu Komplex weitergereicht, wobei es jeweils einen Teil seiner Energie verliert. Wie in den Mitochondrien wird dieser Energieverlust dazu verwendet, Protonen durch die Membran zu pumpen. Die Protonen fließen anschließend über eine ATP-Synthase (siehe Abbildung 6.13) durch die Membran zurück, wobei ihre Energie genutzt wird, um aus ADP und einem Phosphat-Ion ATP zu bilden. Das heißt: Ein Teil der Energie des energiereichen Elektrons wird in die Bindungsenergie des ATP umgesetzt.

An dieser Stelle hört der Vergleich der Elektronentransportkette (Abb. 6.13) in den Chloroplasten mit der in den Mitochondrien (siehe Abbildung 4.4) allerdings auf. In den Mitochondrien wird alle Energie des energiereichen Elektrons in die Bindungsenergie des ATP umgesetzt. Das am Ende energiearme Elektron wird von einem Sauerstoffmolekül aufgenommen. Nach der Aufnahme mehrerer energiearmer Elektronen und zwei Protonen entsteht schließlich ein Wassermolekül.

Am Ende der Elektronentransportkette in den Chloroplasten enthält das Elektron dagegen immer noch einen erheblichen Teil der ursprünglich aufgenommenen Energie. Dieses, immer noch energiereiche, Elektron wird dort an ein NADPH-Molekül abgegeben.

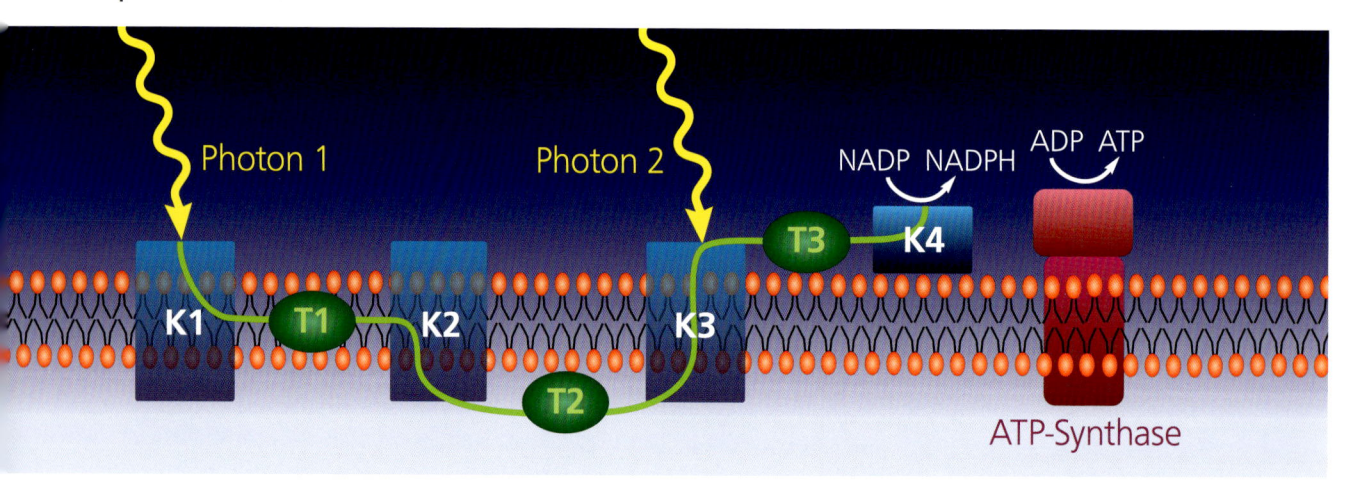

Abb. 6.13:
Stark vereinfachte Darstellung der pflanzlichen Elektronentransportkette mit K1-K4 als Komplexe und T1-T3 als Transportermoleküle.

4. Das NADPH-Molekül

Am Ende der Elektronentransportkette reicht die Energie des Elektrons noch aus, um einen angeregten Elektronenzustand im Nicotinamid-Ring des NADPH-Moleküls zu besetzen (Abb. 6.14). Dort ist es sicher aufbewahrt und kann innerhalb der Zelle hin- und hertransportiert werden.

5. Der Calvinzyklus

Die gerade beschriebenen Schritte der Photosynthese sind als die lichtabhängigen Reaktionen bekannt. Sie enden mit den energiereichen Molekülen NADPH und ATP. Nach den lichtabhängigen kommen die lichtunabhängigen Reaktionen. Bei diesen werden die Energieträger aus den lichtabhängigen Reaktionen benötigt, um aus Kohlenstoffdioxid und Wasser Glucose herzustellen. Die lichtunabhängigen Reaktionen bilden einen Kreislauf, der aus zwei Durchläufen besteht und Calvin-Zyklus genannt wird (Abb. 6.15).

6. Glucose in der Pflanze

Auch das Glucose-Molekül ist im Prinzip metastabil; es kann wie Holz verbrennen. Allerdings ist es im Hinblick auf diese Reaktion unempfindlich, da die ursprüngliche Photonenenergie mehr oder weniger gleichmäßig über die unterschiedlichen C-H- und O-H-Bindungen verteilt ist. Die Gefahr, dass diese Energie durch eine unbeabsichtigte Reaktion plötzlich verloren geht, ist daher sehr klein.

Pflanzen speichern Glucose auf zwei unterschiedlichen Arten: 1.) als Energievorrat in Form von Stärke oder 2.) als Bausubstanz in Form von Cellulose. Beides sind große Moleküle, die nur aus Glucose bestehen. Die Herstellung dieser Großmoleküle ist sehr komplex, jeweils mehrere Dutzend Enzyme sind daran beteiligt.

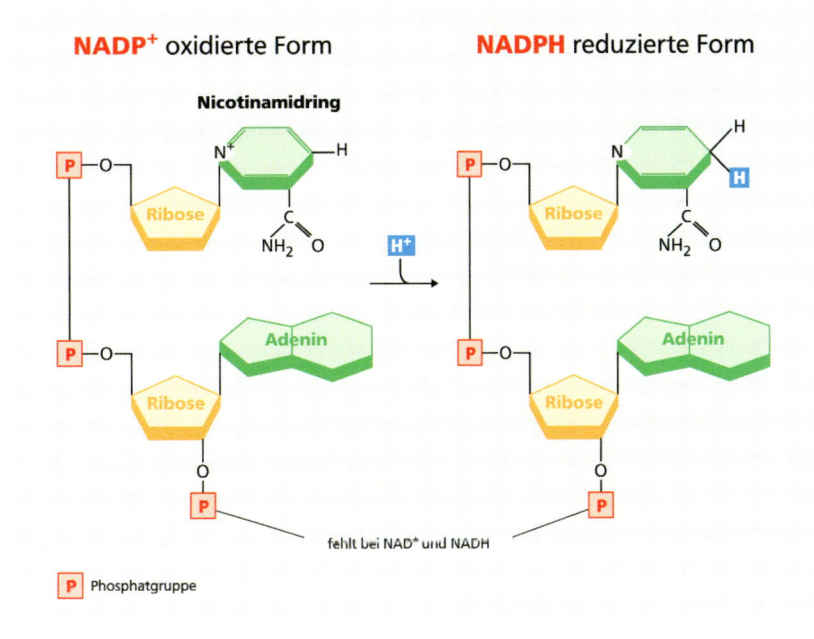

Abb. 6.14:
Das NADPH-Molekül
(Nicotinamid-Adenindinukleotid-Phosphat). Im Nicotinamid-Ring können jeweils zwei energiereiche Elektronen gespeichert werden. Damit das NADPH einen elektrisch neutralen Zustand erreicht, wird ein H^+-Atom (ein Proton) hinzugezogen. Im NADH-Molekül läuft dies, wie das Bild zeigt, auf gleiche Weise ab.

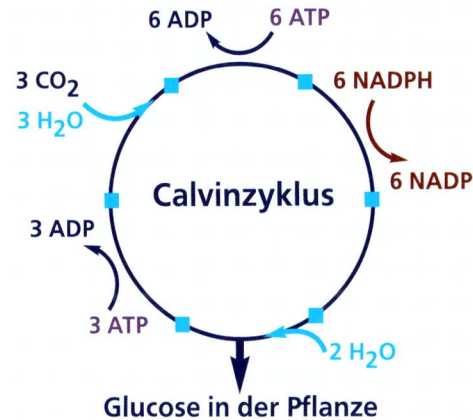

Abb. 6.15:
Der Calvinzyklus

Abb. 6.16:
Jedes Mal, wenn ein Tier (oder der Mensch) pflanzliche Nahrung aufnimmt, werden die einzelnen Glucose-Moleküle aus der Stärke oder der Cellulose wieder freigesetzt.

7. Die Anfangsstufen der tierischen Verdauung
Beim Verzehr einer Pflanze werden am Anfang des Verdauungsprozesses die einzelnen Glucose-Moleküle durch Enzyme wieder aus der Stärke oder der Cellulose freigesetzt.

Daran schließt sich die „Glykolyse" mit einem zehnstufigen Prozess an, bei dem aus einem Glucose-Molekül zwei Pyruvat-Moleküle entstehen. Diese können als zwei Hälften der Glucose-Moleküle betrachtet werden: Sie enthalten jeweils drei Kohlenstoff- und drei Sauerstoffatome, während Glucose die jeweils doppelte Anzahl besitzt, also sechs Kohlenstoff- und sechs Sauerstoffatome.

Der nächste Schritt ist die sogenannte „oxidative Decarboxylierung". Aus Pyruvat wird Acetyl hergestellt, wobei CO_2 entsteht. Das Pyruvat hat drei Kohlenstoffatome, die Acetylgruppe nur noch zwei, daher der Begriff „Decarboxylierung" (Entfernung von Kohlenstoff). Das entfernte Kohlenstoffatom verbindet sich mit Sauerstoff zu CO_2, daher der Zusatz „oxidativ".

8. Die Schnittstellen der Verdauung
Die Acetylgruppe verbindet sich mit einem Molekül, das „Coenzym A" genannt wird. Die Verbindung heißt dann „Acetyl CoA". Abbildung 6.7 zeigt, dass sowohl Pyruvat als auch Acetyl CoA Schnittstellen im gesamten Verdauungsprozess sind. Beide Moleküle sind auch beim Fettstoffwechsel und beim Eiweißstoffwechsel Zwischenstufen. An diesen Punkten sind die drei Stoffwechselarten miteinander verknüpft.

Dabei ist zu bedenken, dass Eiweiße und Fette letztendlich auch aus Sonnenenergie mithilfe der Glucose entstanden sind. Betrachten wir eine Kuh. Sie frisst Gras, das bedeutet, dass sie die Glucose aus der Cellulose im Gras abbaut und daraus die Energie und einen Teil der Baustoffe entnimmt, um Eiweiße und Fette aufzubauen.

Bei Betrachtung von Abbildung 6.7 fällt auf, dass die Reaktion von Glucose zu Pyruvat reversibel ist. Sollte mehr Energie, als für die Erzeugung von ATP notwendig ist, zur Verfügung stehen, geschieht Folgendes: Der Reaktionsweg in Richtung Pyruvat wird dann nicht in Richtung Acetyl CoA verlaufen, sondern zurück zu Glucose abgewickelt. Von dort aus kann die Energie im Glucose-speichermolekül Glykogen gespeichert werden und steht somit jederzeit zur Verfügung.

Daneben gibt es einen zweiten Speicherweg für Energie über Acetyl CoA. Von dort aus wird überschüssige Energie in Fettsäuren und anschließend ins Fettgewebe gespeichert. Menschen mit erhöhtem Gewicht können darunter leiden.

9. Der Citratzyklus (Zitronensäurezyklus)

Das Coenzym A übergibt die Acetylgruppe an den Zitronensäurezyklus, wo es auseinandergenommen wird und die beiden Kohlenstoffatome der Acetylgruppe zu CO_2 reduziert werden. Die restlichen Bindungsenergien der C-H- und O-H-Bindungen sind in der Energie mehrerer energiereicher Elektronen konzentriert, die größtenteils von NADH-Molekülen aufgenommen werden. Ein kleinerer Teil wird von energiereichen Elektronen in $FADH_2$- und GTP-Molekülen aufgenommen. Weitere Einzelheiten finden Sie unter anderem im Buch „Betriebstemperatur 37° Celsius". (Kio 2015)

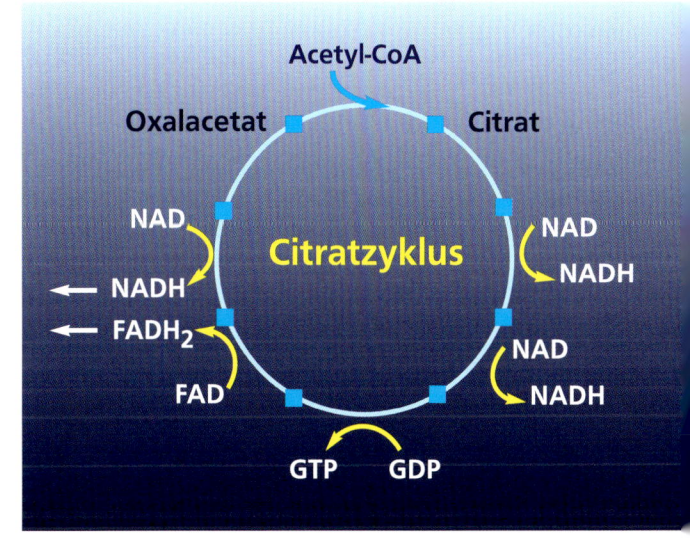

Die Glykolyse und der Zitronensäurezyklus sind der Umkehrprozess des Calvin-Zyklus.

Calvin-Zyklus:

$6\ H_2O + 6\ CO_2 + \text{Lichtenergie} \longrightarrow C_6H_{12}O_6 + 6\ O_2$

Glykolyse und Zitronensäurezyklus:

$C_6H_{12}O_6 + 6\ O_2 \longrightarrow 6\ H_2O + 6\ CO_2 + \text{Energie (ATP)}$

Dass bei Pflanzen das NADPH-Molekül und bei Tieren und Menschen das NADH-Molekül eingesetzt wird, spielt in diesem Zusammenhang keine Rolle. Die Differenz besteht aus einer einzigen Phosphorgruppe, die – weit entfernt von der Stelle, an der sich der Nicotinamid-Ring mit den energiereichen Elektronen befindet – angeheftet ist, siehe Abbildung 6.14.

Abb. 6.17:
Der Zitronensäurezyklus

10. Tierische Atmungskette inklusive Elektronentransportkette

Nach Abschluss des Zitronensäurezyklus werden die energiereichen Elektronen des NADH-Moleküls an Komplex I der Elektronentransportkette weitergereicht. Die energiereichen Elektronen des FADH$_2$-Moleküls werden an Komplex II der Elektronentransportkette abgegeben.

In der Elektronentransportkette durchlaufen die Elektronen dann mehrere Stufen, wobei sie bei jeder Stufe Energie verlieren (siehe Abbildung 6.18). Diese Energieverluste werden – wie bei der Elektronentransportkette in Pflanzen – jeweils dazu verwendet, Protonen durch die Membran zu pumpen. Diese gelangen dadurch in den Intermembranraum der Mitochondrien, der energetisch gesehen als eine Art „Stausee" für Protonen zu betrachten ist. Die Energie der Elektronen wird somit in die Energie der Protonen im Stausee umgesetzt.

Jeder Komplex der Elektronentransportkette ist als ein selbstständiger metastabiler Zustand zu sehen, wobei die in der Grafik angegebene Höhe als ein Wert für den Energieinhalt des Elektrons betrachtet werden kann.

Sogar innerhalb der Komplexe gibt es mehrere voneinander getrennte metastabile Zustände, die wie Treppenstufen untereinander energetisch angeordnet sind. Die Elektronen müssen alle diese Zustände durchlaufen, bis sie schließlich ihre gesamte Energie abgegeben haben und am Komplex IV von Sauerstoffmolekülen aufgenommen werden. Man könnte sagen, dass ihre Gratwanderung, die mit der Aufnahme eines Photons begonnen hat, hiermit vorbei ist. Ihre Energie ist aber immer noch vorhanden und befindet sich jetzt im Stausee der Protonen, also im Intermembranraum der Mitochondrien.

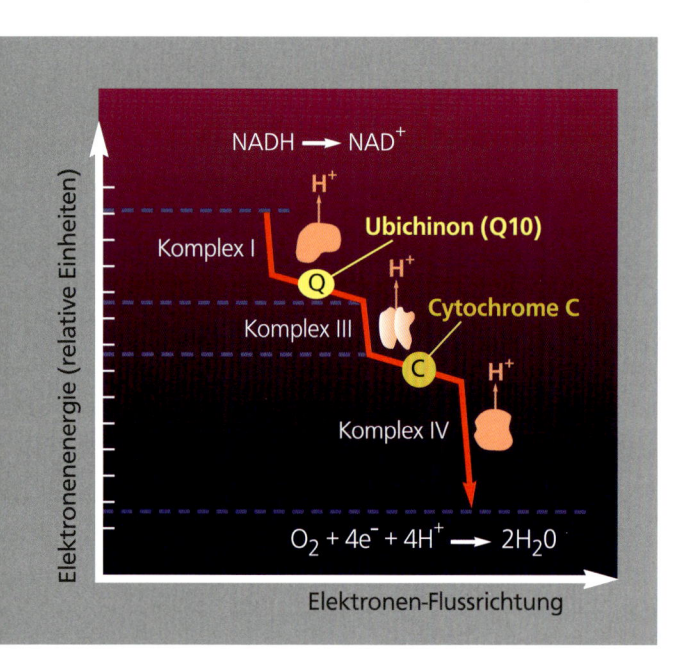

Abb. 6.18:
Werdegang eines energiereichen Elektrons durch die Elektronentransportkette in den Mitochondrien. Es sind die Komplexe I, III und IV angegeben.

11. Die Produktion von ATP

Die Protonen fließen schließlich am Komplex V der Atmungskette vom Intermembranraum durch die Membran in die Mitochondrienmatrix zurück. Der Komplex V der Atmungskette ist kein Teil der Elektronentransportkette; der Elektronentransport endet bei Komplex IV. Komplex V wird auch „ATP-Synthase" genannt: Dieses Enzym katalysiert die Bildung von ATP. Es ist ein sehr komplexes Molekül, das zur Gruppe der „Motorproteine" gehört (siehe Kapitel 4.3).

Die beim Protonenfluss durch Komplex V frei werdende Energie wird verwendet, um – wie bei der Pflanze – aus ADP und Phosphat ATP herzustellen. Damit ist ein vollständiger Energiekreislauf abgeschlossen, der bei den Chloroplasten begonnen hat. So kann man sagen, dass am Ende der tierischen Atmungskette bei Komplex V die Energie des Sonnenphotons, das vom Chlorophyll aufgenommen wurde, als Bindungsenergie der Phosphatgruppe des ATP in den tierischen Zellen angekommen ist.

6.5 Der Energiekreislauf im Überblick

Wie wir gesehen haben, wird der Energiekreislauf in lebenden Organismen hauptsächlich von den Elektronen durchgeführt. In Abbildung 6.19 ist dieser Elektronenkreislauf im Hinblick auf den energetischen Aspekt schematisch dargestellt. Das Elektron befindet sich anfangs auf dem Grundniveau und wird durch ein Photon angehoben. Danach befindet es sich auf einem erhöhten Niveau (hier beginnt die Gratwanderung), bis es schließlich in der Elektronentransportkette der Mitochondrien energetisch absteigt und seine Energie nach und nach abgibt.

Die folgenden Schritte des Elektronenkreislaufs sind in der zusammenfassenden Abbildung erkennbar:

Pflanzlicher Teil:
1. Ein Elektron in den Chloroplasten absorbiert die Energie eines einfallenden Photons und wird zu einem energiereichen Elektron.
2. Das energiereiche Elektron wird von der pflanzlichen Elektronentransportkette aufgenommen.
3. Das Elektron wird von einem NADPH-Molekül übernommen.
4. Im Calvin-Zyklus wird die Energie des Elektrons umverteilt und als Bindungsenergie in die C-H- und O-H-Bindungen eines Glucose-Moleküls gespeichert.

Tierischer Teil:
5. Die Glucose wird von einem Organismus auseinandergenommen (Glykolyse, oxidative Decarboxylierung, Citratzyklus). Die Bindungsenergien der C-H- und O-H-Bindungen sind wiederum in der Energie eines einzelnen Elektrons konzentriert, das von einem NADH-Molekül aufgenommen wird.
6. Das Elektron wird vom NADH-Molekül an die Elektronentransportkette der Mitochondrien weitergereicht, wo es seine Energie schrittweise abgibt.
7. Am Ende der Elektronentransportkette (bei Komplex IV) wird das (nun energiearme) Elektron von einem Sauerstoffatom aufgenommen.

Abb. 6.19: Der Energiekreislauf im Überblick

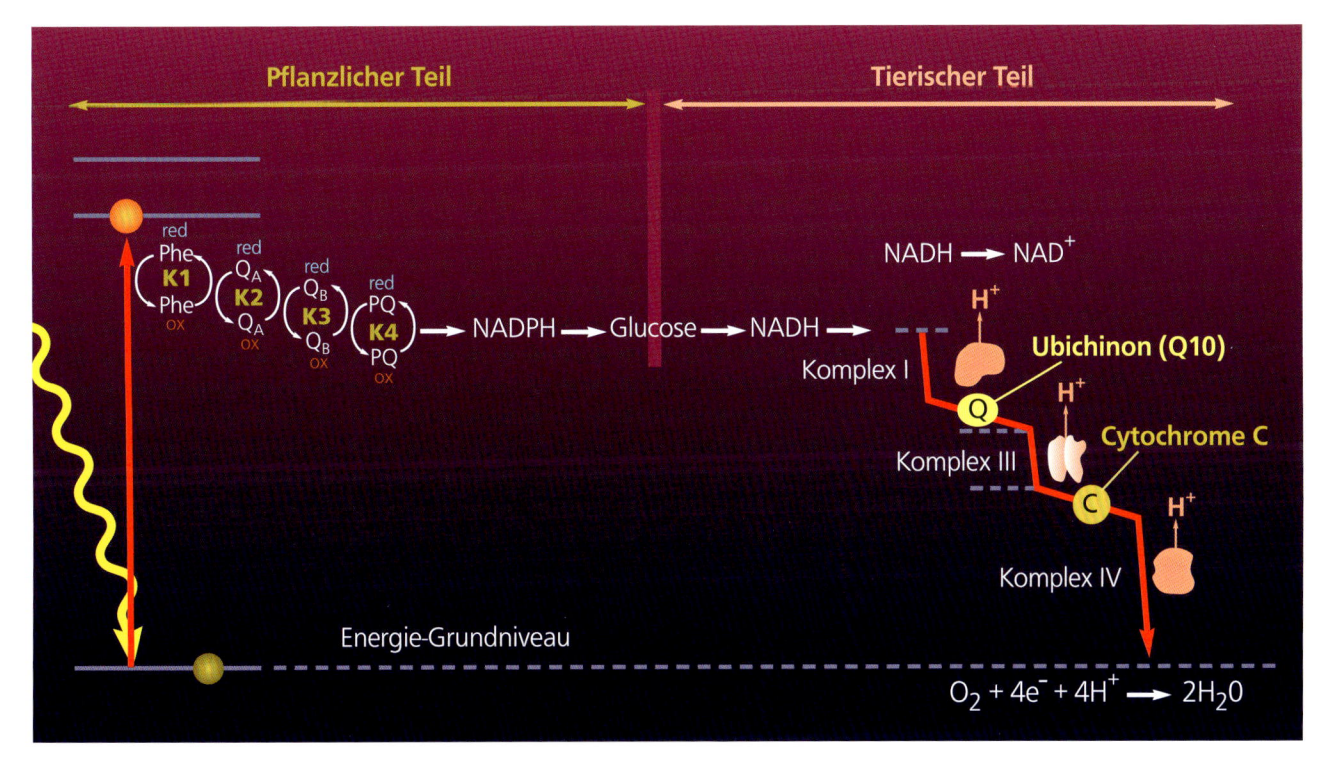

Der Elektronenkreislauf umfasst den größten Teil des gesamten Energiekreislaufs in Organismen.

Nach dem Elektronenkreislauf schließen sich noch zwei Energiestufen an: der Protonenstausee im Intermembranraum der Mitochondrien (siehe Punkt 10) und schließlich das ATP (siehe Punkt 11), das als „Energiewährung" sowie für andere Funktionen in der Zelle zur Verfügung steht, die wir in diesem Zusammenhang nicht weiter vertiefen wollen. Für weitere Einzelheiten verweisen wir auf das Buch „Betriebstemperatur 37° Celsius". (Kio 2015)

7. Kapitel

Codes, Informationen und Muster in lebenden Organismen

7.1 Informationsaustausch und Codes

7.2 Was ist Information?

7.3 Eigenschaften von Codes

7.4 Codes in der Zelle

7.5 Muster und deren Wahrnehmung

7.6 Das Montagnier-Experiment

7.7 Die Schwierigkeit der Mustererkennung in der Zelle

7.8 Mustererkennung auf Distanz

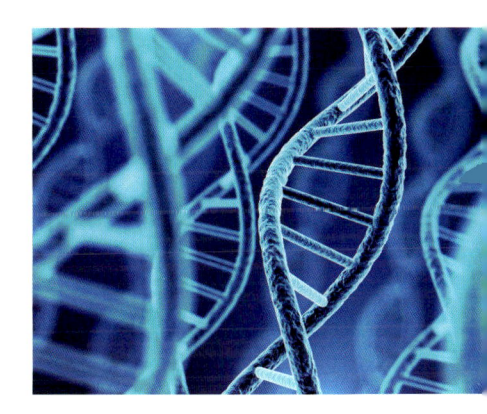

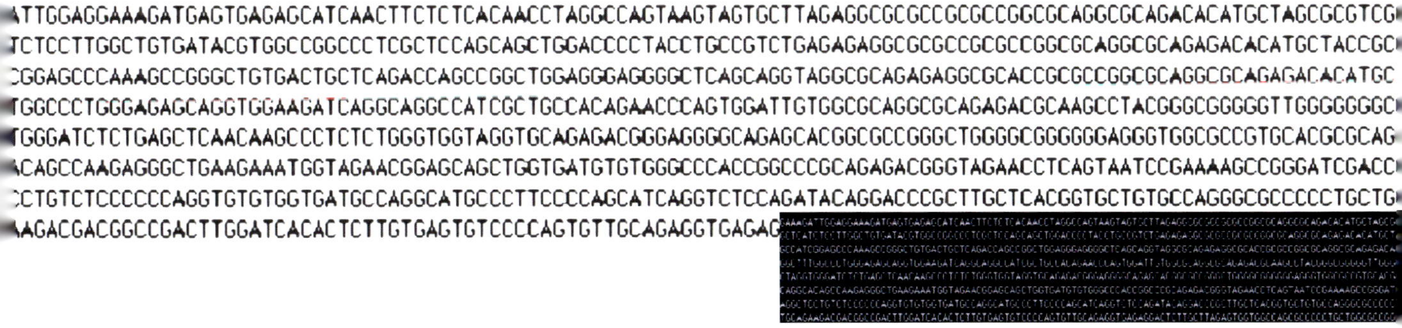

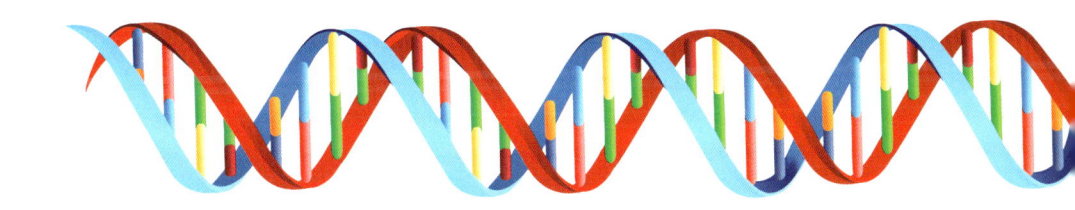

Codes, Informationen und Muster in lebenden Organismen

7.1 Informationsaustausch und Codes

Viele Vorgänge in der Zelle arbeiten mit einer Form von Kodierung. Der DNA-Code ist der wohl bekannteste Code. Doch was genau ist unter einem Code zu verstehen?

> **Definition Code**
>
> Laut Duden: System von Regeln und Übereinkünften, das die Zuordnung von Zeichen, auch Zeichenfolgen zweier verschiedener Zeichenvorräte erlaubt; Schlüssel, mit dessen Hilfe ein chiffrierter Text in Klartext übertragen werden kann.
>
> Auf Wikipedia: Ein Code ist eine Abbildungsvorschrift, die jedem Zeichen eines Zeichenvorrats eindeutig ein Zeichen oder eine Zeichenfolge aus einem möglicherweise anderen Zeichenvorrat zuordnet. Beispielsweise stellt der Morsecode eine Beziehung zwischen Buchstaben und einer Abfolge kurzer und langer Tonsignale her. Im Allgemeinen ist ein Code eine Vereinbarung über einen Satz von Zeichen oder Symbolen zum Zweck des Informationsaustauschs.

Auf den Punkt gebracht ist ein Code also ein System, das dazu dient, Informationen zu übermitteln. Jede menschliche Sprache ist ein Code: Bestimmte Laute haben eine bestimmte Bedeutung. Auch jegliche Schrift ist ein Code: Bestimmte Schriftzeichen korrespondieren mit bestimmten Lauten und Bedeutungen.

Umgekehrt gilt aber auch, dass überall dort, wo Informationen übertragen werden, irgendeine Form von Code beteiligt sein muss. Mehr noch: Ohne Kodierung könnten gar keine Informationen übertragen werden. Probieren Sie es einfach einmal aus! Wenn Sie eine Notiz schreiben, eine Idee auf einem Blatt Papier skizzieren oder Worte sprechen: Ohne Kodierung wird es Ihnen nicht gelingen beziehungsweise die Bedeutung nicht zu entschlüsseln sein.

7.2 Was ist Information?

Information finden wir überall in unserem praktischen Alltag: Information befindet sich in der Sprache, in der Schrift, in Büchern, auf Speichermedien wie Tonbändern, CDs, USB-Sticks und Festplatten,, in Zeitungen, im Rundfunk, im Fernsehen, in gemalten Bildern, in Fotos, in Verkehrszeichen, in der Farbe, in der Form, in der Temperatur, im Gesichtsausdruck, in der Telefonleitung, im Funkverkehr, im Erbgut, in den Nervenströmen, im Geschmack, im Geruch und in vielem anderen mehr.

Doch steckt auch in einem Stein Information? Ja – selbst ein Stein trägt Information: Sie steckt in seiner Herkunft, seiner chemischen Zusammensetzung, Größe, Temperatur, Form, Oberfläche, Farbe, seinem Gewicht – also zusammengefasst: in seinen Eigenschaften.

> **Definitionen von Information:**
>
> Information ist eine räumliche oder zeitliche Folge physikalischer Signale, die mit bestimmten Wahrscheinlichkeiten oder Häufigkeiten auftreten.
>
> Alles, was man als Folge von 0 und 1 darstellen kann, ist Information.
>
> Information ist gleich Nachricht, Auskunft, Belehrung, Aufklärung.
>
> Information ist eine sich zusammensetzende Mitteilung, die beim Empfänger ein bestimmtes Verhalten oder Nicht-Verhalten bewirkt.

Von dem Begründer der Kybernetik, Norbert Wiener (1894–1964), stammt der Kernsatz über Information: Information ist weder Materie noch Energie (Wie 1948).

Damit betrachtet Wiener die Information als dritte Grundgröße neben Materie und Energie.

> **Definition von Kybernetik:**
>
> Die Kybernetik (altgr. *kybernetiké téchne,* „Steuermannskunst", lat. *kybernesis,* „Leitung")
>
> ist die Wissenschaft von der Struktur komplexer Systeme, insbesondere der Kommunikation und Steuerung einer Rückkopplung beziehungsweise eines Regelkreises.

Information ist also eine ganz besondere Entität des Seins. Sie ist weder Materie noch ist sie Energie, beide dienen lediglich als Träger von Information. Wenn wir Materie oder Energie ab- beziehungsweise weitergeben, reduziert sich die Materie oder Energie um die entsprechende abgegebene Menge. Geben wir aber Information weiter, dann geht diese bei uns nicht verloren. Information kann also nahezu beliebig vervielfältigt werden.

Abb. 7.1:
Eine weit verbreitete Art der Informationsübertragung funktioniert durch Schrift, die mittels der Augen wahrgenommen wird.

Abb. 7.2:
Sprache ist eine weitere wichtige Möglichkeit Informationen zu übertragen – sei es direkt, über das Telefon oder über Tonträger.

Wie wird Information transportiert?

Offensichtlich gibt es viele Möglichkeiten, Informationen zu transportieren. Dazu dienen Informationsträger wie Schallwellen, elektromagnetische Wellen, Lichtwellen, Schrift, Materiestruktur oder Stoffkonzentrationen. Bisher wurden noch keine Informationen entdeckt, die ohne Informationsträger auskommen. Daraus resultiert ein Dogma der Informationstheorie: **Information ohne Informationsträger gibt es nicht.**

Dieselbe Information kann mithilfe völlig verschiedener Informationsträger transportiert, weitergeben oder gespeichert werden. Dazu zwei Beispiele:

1. An einer Straßenbahnstation wird ein Fahrplan aufgehängt: Die Information befindet sich in den gedruckten Buchstaben. Über das reflektierte Licht (Informationsträger) wird die Information zum Auge übertragen: Sie steckt nun in den elektromagnetischen Lichtwellen. Über die Augen wird diese Information aufgenommen.

2. Eine Information soll einem anderen Menschen übers Telefon mitgeteilt werden. Dazu wird die Information zuerst auf die Muskelzellen des Kehlkopfes übertragen und mittels Schallwellen weitergeleitet: Die Information steckt nun in den Luftschwingungen. Das gesprochene Wort wird in einem Telefonhörer in elektrische Signale umgewandelt: Die Information steckt dann in den elektrischen Schwingungen. Im Telefonhörer des Empfängers wird die Information wieder in Schallwellen umgewandelt: Die Information steckt jetzt erneut in den Luftschwingungen. Die Schallwellen aus dem Telefonhörer werden vom Trommelfell an die Gehörknöchelchen weitergegeben: Die Information steckt damit in den mechanischen Bewegungen der Gehörknöchelchen. Von den Gehörknöchelchen wird die Information auf das Wasser der Gehörschnecke übertragen: Die Information steckt nun in den Wasserwellen. Von der Gehörschnecke wird die Information auf die Haarzellen im Ohr übertragen: Die Information steckt somit in den Bewegungen verschiedener Haarzellen. Von den Haarzellen geht es weiter über die Nervenzellen der Gehörbahn ins Gehirn (Kio 2012).

Eigenschaften von Information

Information hat einige außergewöhnliche Eigenschaften, die zwar einzeln auch bei anderen Phänomenen zu beobachten sind, die dort jedoch nie alle zusammen auftreten. Information kann neu entstehen, vermehrt, kopiert, übertragen, gespeichert, verändert, verbessert, konzentriert, gefiltert, vernichtet oder verfälscht werden.

Es gibt Quellen (Entstehen) und Senken (Verlust) der Information. Beim Erzeugen von Information (Quellen) unterscheidet man zwischen Abbildungs- und Aufzeichnungsinstrumenten (Fotoapparate, Bücher, Zeitungen), menschlichen Kreativitätsquellen (Komponisten, Erfinder, Geschichtenerzähler, Maler, Bildhauer), biologischen Kreativitätsquellen (Erbgut, Kopierer der DNS, Zeugung, Wachstum, Evolution) sowie anorganischer Strukturbildung (Kristallisation, Bildung chemischer Verbindungen).

Information kann jedoch auch durch viele Einflüsse verloren gehen oder verringert werden (Informationssenken), zum Beispiel durch Altern, Sterben, Kriege, Vergessen, Verdauung, Verfall, Recycling von Papier und anderen Informationsträgern, Aussterben von Arten, Selektion, Standardisierung.

Wie bereits dargestellt, kann Information in vielen Arten vorliegen. Information steckt in Formen, Mustern und Strukturen (räumliche Strukturen, zum Beispiel Kristalle, zeitliche Strukturen, zum Beispiel Rhythmen, oder hierarchische Strukturen), genauso wie in Bildern, Ton und Sprache oder Schrift. Es gibt biologische Information (Gene, Eiweißstruktur, Hormone, Nerven) und mathematische Informationen (Ordnung – Unordnung, Zufallssequenz – nicht zufällige Sequenz).

Abb. 7.3:
Bekannte Informationsquellen sind das Internet und Bibliotheken.

Abb. 7.4:
Ein Brand in einem Museum oder einem Archiv kann als „Informationssenke" bezeichnet werden.

7.3 Eigenschaften von Codes

Codes und Information sind offensichtlich untrennbar miteinander verbunden. Aber wieso braucht die Zelle überhaupt Information?

Codes sind eine Besonderheit der lebenden gegenüber der toten Natur. Sie werden hinterlegt, damit sie später verwendet werden können. Ein Code ist also auf die Zukunft ausgerichtet. Da die tote Natur keine Mechanismen aufweist, die auf die Zukunft ausgerichtet sind, kennt sie auch keine Codes.

Damit ein Code funktionieren kann, das heißt: damit die Information von der einen zur anderen Stelle übertragen und umgesetzt werden kann, sind generell bestimmte Funktionen notwendig, die sich vereinfacht folgendermaßen darstellen lassen:

| Der hinterlegte Code | Ablesen des Codes | Übermittlung der Information durch einen Träger | Ablesen des Trägers | Umsetzung der Information |

Übertragen auf die Transkription und Translation der DNA sind diese Funktionen (vereinfacht dargestellt):

Abb. 7.5:
Transkription und Translation, die Basisprinzipien der Genexpression

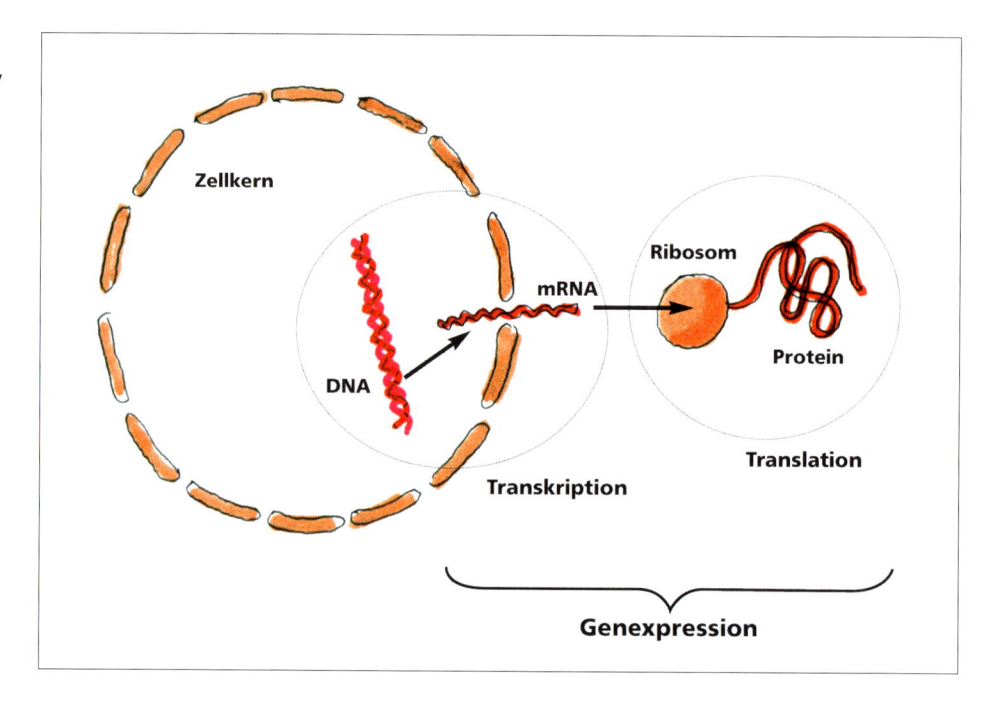

| Ein Gen der DNA-Kette | Ablesen durch RNA-Polymerase | Übermittlung durch mRNA | Ablesen der mRNA durch ein Ribosom | Erstellung des Proteins |

Diese Funktionen müssen aufeinander abgestimmt sein. Das stellt besondere, vielleicht sogar unmögliche Anforderungen an die Evolutionstheorie, da alle diese Funktionen während der Evolution gleichzeitig entwickelt worden sein müssten. Denn welchen Nutzen hat eine DNA-Kette, wenn sie nicht abgelesen werden kann? Oder was bringt ein Ribosom, das keine Informationen geliefert bekommt und darum nicht arbeiten kann? Die Grundidee der Evolutionstheorie ist, dass durch zufällige Mutationen schrittweise geringe Verbesserungen auftreten, die nur dann erhalten bleiben, wenn sie den betroffenen Organismen bessere Überlebenschancen bieten. Das aus den fünf Funktionen bestehende System muss aber komplett bestehen, bevor es eingesetzt werden kann, um dem Organismus bessere Überlebenschancen zu bieten.

Um ein derartig komplexes Gebilde herzustellen, wären Abertausende von zufälligen Mutationen, die alle zufällig zu der gleichen Entwicklungsrichtung beitragen, notwendig – die aber dem Organismus bis zum vollständigen Endergebnis keinen Vorteil bieten, sondern in der Entstehungsphase nur Ballast für ihn sind. Es widerspricht der Grundidee der Evolutionstheorie, dass das überhaupt jemals zum Erfolg führen könnte.

Der bekannte Forscher Marcello Barbieri sagt dazu (Bar 2008):

„Die Gene und Proteine der ersten Zellen mussten biologische Spezifität haben, und spezifische Moleküle können nicht spontan gebildet werden. Sie können nur durch molekulare Maschinen hergestellt werden, und ihre Herstellung erfordert Entitäten wie Sequenzen und Codes, die einfach nicht in spontanen Prozessen existieren."

7.4 Codes in der Zelle

Codes sind bei den verschiedensten Vorgängen in der Zelle anzutreffen (siehe Abb. 7.6).

Abb. 7.6:
Der Weg vom extrazellulären Signal bis zur Entstehung eines Proteins erfordert die Beteiligung mehrerer Codes.

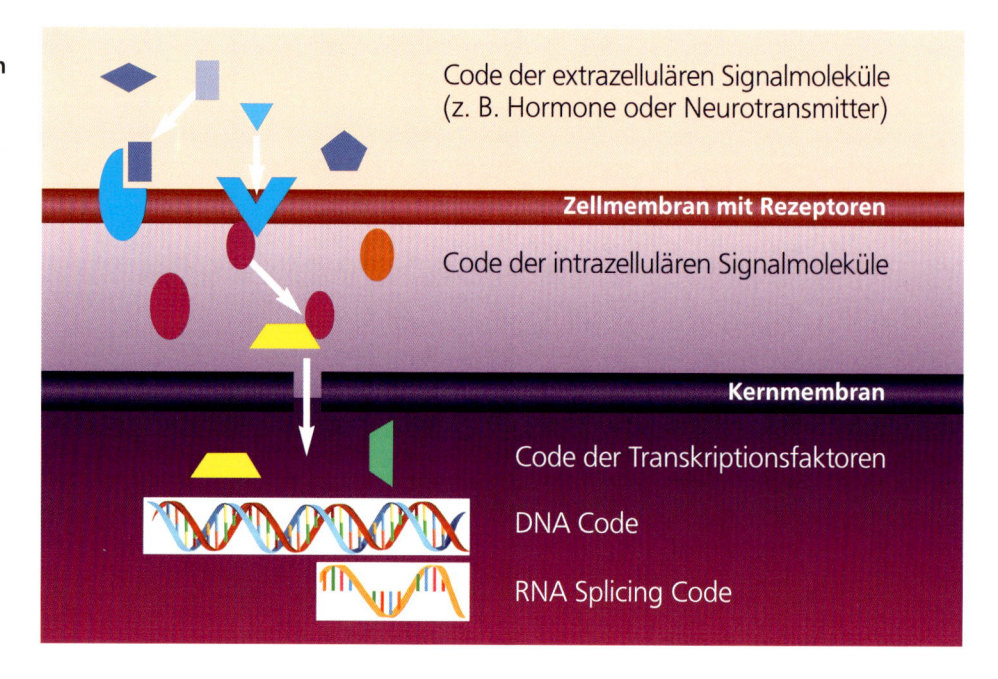

Code der extrazellulären Signalmoleküle (z. B. Hormone oder Neurotransmitter)

Zellmembran mit Rezeptoren

Code der intrazellulären Signalmoleküle

Kernmembran

Code der Transkriptionsfaktoren

DNA Code

RNA Splicing Code

Einige wichtige Codes sind:

Der Zucker-Code

An Proteine werden in vielen Fällen noch Zuckerketten angehängt. Dieser Vorgang ist als „Glykolysierung der Proteine" bekannt. Die so „verzuckerten" Proteine heißen Glykoproteine. Die Zuckerketten variieren in Anzahl und Größe stark. Der Zuckeranteil kann von wenigen Prozent bis zu 85 Prozent (Blutgruppenantigene) betragen. Es wird angenommen, dass mehr als die Hälfte der Proteine glykolysiert ist.

Die Lage und Länge der Zuckerketten am Protein ist für die Wirkung entscheidend. Es ist unumgänglich, dass hierzu ein Code existiert. Wo und wie dieser zu finden ist, ist unbekannt.

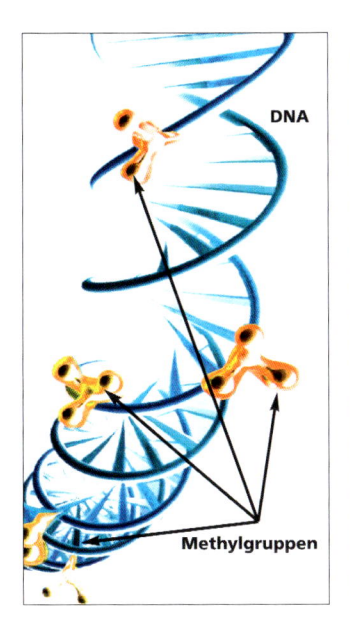

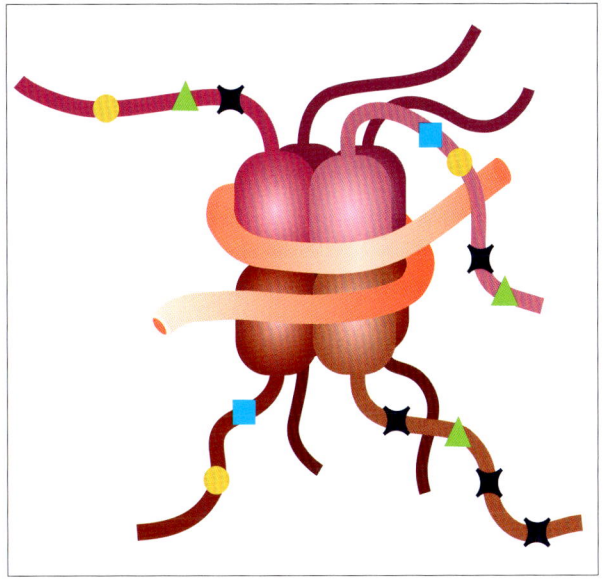

Beispiele der epigenetischen Kodierung.

Abb. 7.7 (links): Methylierung der DNA

Abb. 7.8 (rechts): Histon-Modifikationen; die Symbole auf den Anhängseln stehen für Acetylgruppen, Phosphorgruppen, Methylgruppen, usw.

Der epigenetische Code

In der Epigenetik befasst man sich mit der Tatsache, dass externe Faktoren die Aktivität eines Gens so beeinflussen können, dass sie an Tochterzellen weitergegeben werden. Die wichtigsten dazu verwendeten Kodierungen sind:

1. die Methylierung der DNA; hierbei werden Methylgruppen (CH_3) an die Cytosin-Basen der DNA angehängt (siehe Abb. 7.7);
2. die sogenannten Histon-Modifikationen (siehe Abb. 7.8).

Histone bestehen aus insgesamt acht Untereinheiten. Diese tragen Anhängsel, an die andere kleine Moleküle, hauptsächlich Acetylgruppen, Phosphorgruppen und Methylgruppen angeheftet werden können. Abhängig davon, wo welche Gruppen platziert und wie sie auf den Anhängseln der Histone verteilt sind, wird die Genexpression aktiviert oder unterdrückt.

Die Zahl der Möglichkeiten dieser Histon-Modifikationen ist derart groß, dass auch von einem Histon-Code gesprochen wird. Wo und wie dieser hinterlegt sein könnte, ist ebenfalls unbekannt.

Auf diese Weise ließen sich noch viele weitere Codes beschreiben. Barbieri nennt in einem späteren Artikel (Bar 2016) insgesamt 20 biologische Codes, darunter auch den sogenannten „bioelektrischen Code", der für dieses Buch interessant ist.

Der bioelektrische Code

Es ist bekannt, dass die Spannung der Zellmembran bei der Bestimmung der Qualität der Zelle eine wichtige Größe ist. Krebszellen haben eine niedrige Membranspannung, gesunde Zellen eine hohe. Neue Forschungsergebnisse zeigen, dass schon geringe Variationen in der Membranspannung die Funktionen in der Zelle stark beeinflussen. In einem Gewebe führen diese Variationen zu einem Muster von Membranspannungen, die anatomische Strukturen des Gewebes mitdefinieren.

Zellen kommunizieren unter anderem mittels sogenannter „Gap Junctions". Das sind kleine Ionenkanäle, die eine direkte Verbindung zwischen dem Zellplasma der einen und dem der anderen Zelle bilden. Indem die Zellen die Ionenströme durch diese Kanäle regulieren, können sie kleine Differenzen ihrer Membranspannungen untereinander aufrechterhalten. Hierdurch entsteht ein Muster, das man als den „bioelektrische Code" bezeichnet (Lev 2014).

In letzter Zeit hat sich herausgestellt, dass Muster von Membranspannungen während der Embryogenese die Links-Rechts-Asymmetrie, die Schädelform, die Kopf-Schwanz-Polarität und die Entstehung des Auges kontrollieren können. Vor allem der letzte Punkt ist ein interessantes Phänomen. In der Studie von Pai et al. konnte gezeigt werden, dass mittels kleiner Änderungen in diesem Muster einerseits die Entstehung eines Auges verhindert und andererseits die Entstehung eines Auges an einer anderen Stelle induziert werden konnte (Pai 2012). Das Muster von Membranspannungen ist eine eigenständige Quelle von Informationen, die die Entstehung von Geweben und Organen steuert.

Der DNA-Code

Der DNA-Code ist der wohl bekannteste Code in lebenden Organismen. Er kodiert für die Produktion von Proteinen. Der Code besteht aus einer Abfolge von Nukleotiden mit den Buchstaben A, C, G und T (Abb. 7.9).

```
GGAAAGATTGGAGGAAAGATGAGTGAGAGCATCAACTTCTCTCACAACCTAGGCCAGTAAGTAGTGCTTAGAGGCGCGCCGCGCCGGCGCAGGCGCAGACACATGCTAGCGCGTCGGGG
TGCTCATCTCCTTGGCTGTGATACGTGGCCGGCCCTCGCTCCAGCAGCTGGACCCCTACCTGCCGTCTGAGAGAGGCGCGCCGCGCCGGCGCAGGCGCAGAGACACATGCTACCGCGTC
TGCCATCGGAGCCCAAAGCCGGGCTGTGACTGCTCAGACCAGCCGGCTGGAGGGAGGGGCTCAGCAGGTAGGCGCAGAGAGGCGCACCGCGCCGGCGCAGGCGCAGAGACACATGCTAG
TGGCTTTGGCCCTGGGAGAGCAGGTGGAAGATCAGGCAGGCCATCGCTGCCACAGAACCCAGTGGATTGTGGCGCAGGCGCAGAGACGCAAGCCTACGGGCGGGGGTTGGGGGGCGTG
CCTAGGTGGGATCTCTGAGCTCAACAAGCCCTCTCTGGGTGGTAGGTGCAGAGACGGGAGGGGCAGAGCACGGCGCCGGGCTGGGGCGGGGGGAGGGTGGCGCCGTGCACGCGCAGAAA
GCAGGCACAGCCAAGAGGGCTGAAGAAATGGTAGAACGGAGCAGCTGGTGATGTGTGGGCCCACCGGCCCGCAGAGACGGGTAGAACCTCAGTAATCCGAAAAGCCGGGATCGACCGCC
CAGGCTCCTGTCTCCCCCCAGGTGTGTGGTGATGCCAGGCATGCCCTTCCCCAGCATCAGGTCTCCAGATACAGGACCCGCTTGCTCACGGTGCTGTGCCAGGGCGCCCCCTGCTGGCG
CTGCAGAAGACGACGGCCGACTTGGATCACACTCTTGTGAGTGTCCCCAGTGTTGCAGAGGTGAGAGGACTCTTGCTTAGAGTGGTGGCCAGCGCCCCTGCTGGCGCCGGGGCACTGC
```

**Abb. 7.9:
Beispiel eines Teils des DNA-Codes**

In der Abbildung ist eine Abfolge von 952 Buchstaben angegeben. Die menschliche DNA umfasst allerdings mehr als drei Milliarden Buchstaben.

Einfach ausgedrückt kodieren bestimmte Abschnitte in der DNA-Kette für bestimmte Proteine. Die Wirklichkeit ist bekanntlich erheblich komplizierter. So kann durch den Mechanismus des „Alternativen Splicings" der gleiche Abschnitt für unterschiedliche Proteine kodieren. Auch kann es sein, dass Abschnitte aus unterschiedlichen Bereichen der DNA-Kette getrennt kodieren und hinterher zu einem einzigen Protein führen. Das sind Phänomene, die nach dem Ablesen des Codes (der Transkription in mRNA) geschehen.

In diesem Kapitel geht es allerdings um die Eigenschaften des DNA-Strangs selbst. Welche Eigenschaften machen es möglich, dass die DNA über Millionen von Jahren hinweg einerseits als eine stabile Informationsquelle dienen kann, andererseits aber wiederum nicht so stabil ist, dass sie keine Mutationen zulässt?

Dabei geht es nicht um die chemische Stabilität einer einzelnen DNA-Kette, sondern um die Stabilität der Sequenzen in der DNA über einen großen Zeitraum. Von Generation zu Generation müssen bei jeder Zellteilung neue fehlerfreie Kopien der DNA hergestellt werden, damit neue lebensfähige Wesen entstehen können. Das gilt selbstverständlich einerseits für die Herstellung von Eizellen und Samenzellen, andererseits aber auch für jeden Lebensabschnitt eines Organismus, bei dem die DNA immer wieder für die Proteinherstellung abgelesen und bei der Zellteilung verdoppelt werden muss.

In Kapitel 1 wurde der Physiker Erwin Schrödinger erwähnt. Was ihm bereits in den 40er-Jahren des vorigen Jahrhunderts – bevor die Struktur unseres Erbguts also überhaupt entschlüsselt werden konnte – aufgefallen war, ist, dass dieser Kopiervorgang mit einer ungeheuren Präzision vor sich gehen muss. Eine Präzision, die auf einem höheren Ordnungsgrad in Organismen hinweist, als mit der klassischen Chemie und Physik erklärt werden kann. Für ihn war das ein Hinweis darauf, dass die Quantenphysik beteiligt sein muss.

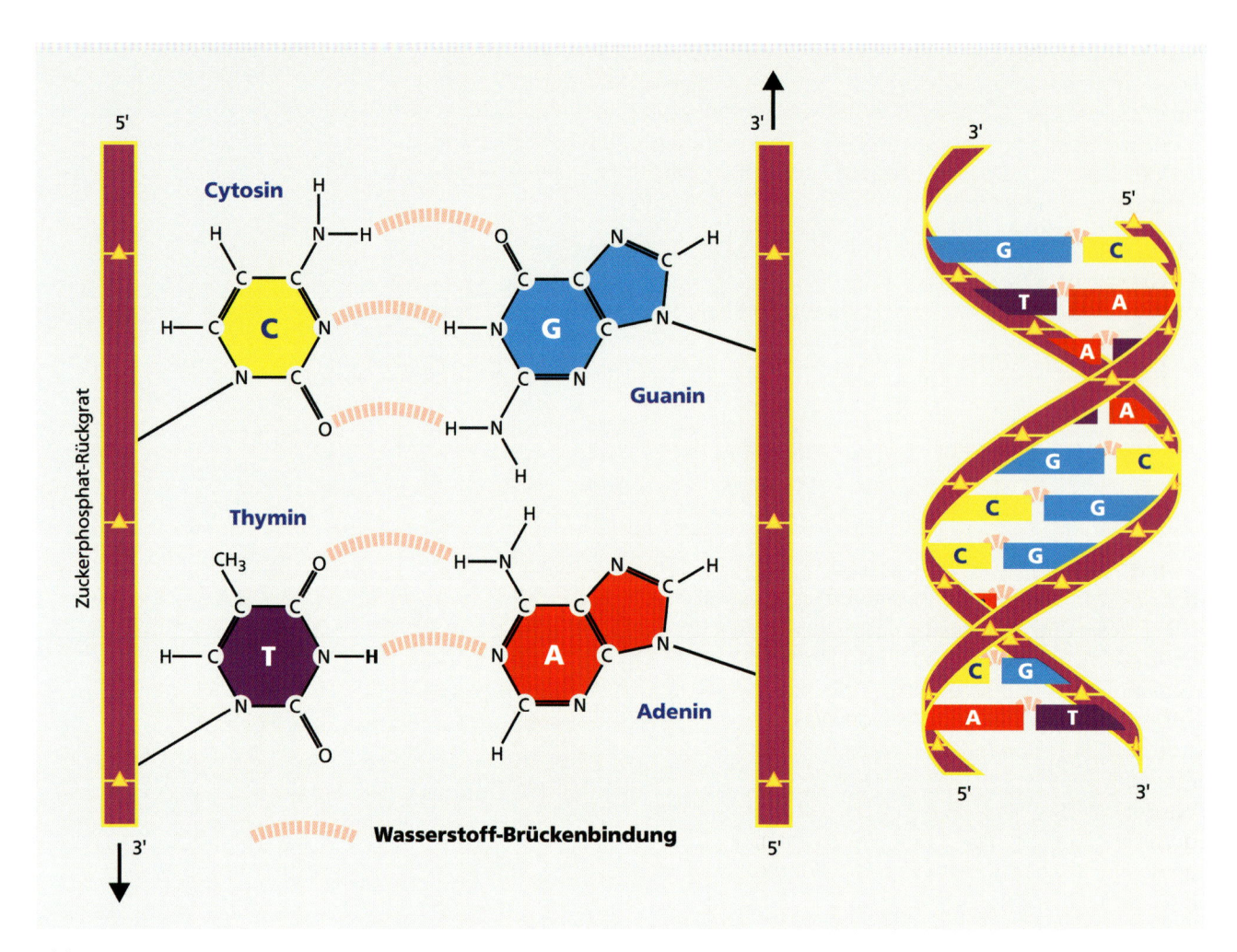

Abb. 7.10:
Grundstruktur der DNA-Kette

Die Struktur der DNA ist in Abbildung 7.10 angegeben. Die Bausteine der DNA heißen Nukleotide. Jedes davon hat drei Bestandteile: Phosphat, Desoxyribose und Base. Die Desoxyribose- und Phosphat-Untereinheiten sind bei jedem Nukleotid gleich. Sie bilden das Rückgrat der DNA. Es gibt vier unterschiedliche Basen, sie bilden die Querverbindungen zwischen beiden Strängen. Die Basen Adenin und Thymin stehen sich immer gegenüber. Die Basen Guanin und Cytosin ebenfalls. Sie sind quasi das Negativ voneinander. Somit enthält jeder der beiden DNA-Stränge im Prinzip die gleiche Information.

Die beiden DNA-Stränge sind in der Form einer Doppelhelix umeinander gewunden. Diese Struktur ist quasi das Merkmal der DNA. Die Bindung zwischen beiden Strängen wird durch Wasserstoffbrücken verursacht. Wie in der Abbildung gezeigt, gibt es zwei oder drei Wasserstoffbrücken zwischen gegenüberliegenden Basen. Wie sich mittlerweile herausgestellt hat, sind die Wasserstoffbrücken mindestens so wichtig wie die Spiralisierung der DNA. An sie werden hohe Anforderungen gestellt. Ihre Funktion ist mit der eines Reißverschlusses vergleichbar. Bei jeder Transkription (Ablesen durch eine RNA-Polymerase) wird die DNA abgewickelt und der Reißverschluss geöffnet, wie auch bei jeder DNA-Verdoppelung während der Zellteilung. Nachdem diese Vorgänge abgeschlossen sind, wird der Reißverschluss wieder geschlossen und die DNA aufgewickelt. Das heißt: Einerseits muss die Energie der Wasserstoffbrücken groß genug sein, um die DNA-Spirale – wenn sie nicht abgelesen werden muss – zusammenzuhalten, andererseits, bei der Ablesung der Information eines Gens, muss sie für einen bestimmten Zeitraum geöffnet bleiben.

Chemische Bindungen zwischen Atomen werden üblicherweise durch geteilte Elektronen bewirkt. Bei einer Wasserstoffbrücke entsteht die Bindung dagegen durch ein vollständiges Wasserstoffatom, wobei das Proton hier der Hauptakteur ist. Wasserstoffatome sind die einfachsten Atome, die es gibt. Bei der Wasserstoffbrücke wird also sowohl das Proton als auch das Elektron mit den gegenüberliegenden Atomen geteilt.

Nehmen wir in der Abbildung 7.10 die oberste Wasserstoffbrücke. Hier haben wir sowohl das Proton des Wasserstoffatoms als auch sein Elektron in einer Bindung mit den Nachbaratomen. Man kann das als eine Superposition des Wasserstoffatoms mit den Nachbaratomen N in Cytosin und O in Guanin bezeichnen. Diese Art der Superposition findet auch in allen anderen Wasserstoffbrücken in Abbildung 7.10 statt und gilt für jede Art von Wasserstoffbrückenbindung. In der Abbildung sieht man fünf Wasserstoffbrücken, wobei das Wasserstoffatom mal links und mal rechts gezeichnet wurde. Das sind die Positionen, an denen sich das geteilte Wasserstoffatom bevorzugt aufhält.

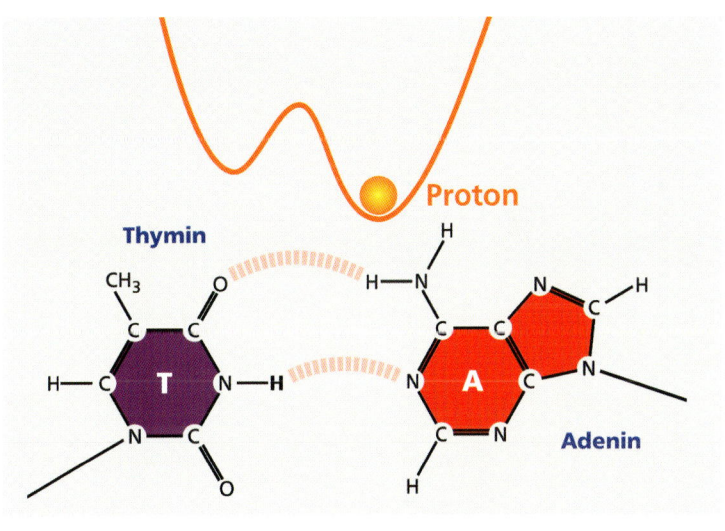

Wir haben oben schon das Proton als den wichtigeren Part bei der Bindung angegeben. **Diese hauptsächlich von Protonen vermittelte Paarung der Basen kann als das Rückgrat der genetischen Information bezeichnet werden, da die Protonen dafür sorgen, dass sich immer A mit T und C mit G verbindet.**

Abb. 7.11:
Das Proton hat einen stabilen Bindungszustand beim Adenin und einen metastabilen Zustand beim Thymin.

Es gibt zu dieser Regel eine lebenswichtige Ausnahme: Wenn sich die Stränge der DNA-Kette bei der Transkription oder Verdoppelung trennen, muss sich das Proton entscheiden, zu welcher Seite es sich gesellen will. Normalerweise geht es dann dorthin, wo seine Aufenthaltswahrscheinlichkeit am größten und es in der Abbildung eingezeichnet ist.

Es gibt aber eine geringe Wahrscheinlichkeit, dass es an der anderen Seite landet. Betrachten wir dazu die Thymin-Adenin-Bindung in Abb. 7.11. Bei einer Trennung würde das obere Proton normalerweise nach rechts zum Adenin gehen und das untere nach links zum Thymin. Wenn zum Beispiel das obere Proton stattdessen nach links zum Thymin (zur falschen Seite) geht, würde eine Veränderung der elektrischen Ladung des Thymins damit verbunden sein. Damit dies nicht geschieht, springt das untere Proton ebenfalls zur anderen (falschen) Seite. Es handelt sich in einem solchen Fall also um einen doppelten Protonenaustausch.

Wenn während der Trennung der DNA-Stränge tatsächlich ein solcher doppelter Protonenaustausch stattgefunden hat, haben die beteiligten Thymin- und Adeninbasen äußerlich eine andere Ladungsverteilung als im Normalfall. Es sitzt ein Proton dort, wo es normalerweise nicht sitzen darf, und es fehlt ein Proton, wo es normalerweise eines geben sollte. Wenn sich eine Base in dieser Form befindet, nennt man das die Tautomerform der betroffenen Base. Diese Form hat weitgehende Konsequenzen.

Durch die veränderte Ladungsverteilung der Tautomerform kann sich ein Adenin nicht mehr mit einem Thymin paaren, sondern nur noch mit einem Cytosin. Gleiches gilt für das Thymin; in der Tautomerform kann es sich, statt mit einem Adenin, nur noch mit einem Guanin paaren. Dieser Mechanismus führt also zu Fehlern, sowohl bei der Transkription als auch bei der DNA-Verdoppelung. Dadurch kommt es zu Mutationen, ohne dass ein Eingriff von außen notwendig ist. Die Verteilung der Protonen als quantenphysikalische Wellenfunktion reicht für eine gewisse minimale Mutationsrate aus!

Mutationen führen zu vererbbaren genetischen Variationen, die oft nicht von Vorteil sind, aber in seltenen Fällen auch Eigenschaften hervorbringen, die dafür sorgen, dass die nächste Generation besser an ihre Umwelt angepasst ist.

7.5 Muster und deren Wahrnehmung

Was sind Muster?

Der Begriff Muster hat die Bedeutung einer statischen oder dynamischen Struktur, die durch ihr erneutes, gleiches oder ähnliches Auftreten identifiziert werden kann.

Töne, Gerüche, Geschmack, bildhafte Strukturen, Strukturen, die mit dem Tastsinn erfasst werden können, beziehungsweise alles, was mit einem Sinn erfasst werden kann, ist ein Muster. Dazu gehören auch alle Strukturen, die innerhalb eines Organismus vorkommen, wie etwa Bakterien, Viren, Parasiten, Pilze, Hormone oder Neurotransmitter. Eigentlich ist alles, was wahrgenommen werden kann, ein Muster.

Das Erkennen von Mustern spielt bei jeder Wahrnehmung eine große Rolle. Die Gegenstände in unserer Umgebung können wir zum Beispiel aufgrund ihrer Muster in der räumlichen Anordnung ihrer Bestandteile, ihrer Hell-Dunkel-Schattierungen, Farbanordnungen, Bewegungsabläufe oder Geräusche (wieder) erkennen und/oder einteilen.

Vogelarten sind zum Beispiel durch ihre Silhouette gut zu erkennen. Vogelkenner brauchen nur den Bruchteil einer Sekunde, um Vögel in der Natur anhand ihrer Muster zu identifizieren.

Ein Baby wiederum erkennt seine Mutter am räumlichen Muster ihres Gesichts, am Frequenzmuster ihrer Stimme und an der Zusammensetzung (Muster) ihrer Gerüche.

Abb. 7.12: Vogel-Silhouetten

Das Prinzip der Mustererkennung ist beim Menschen erstaunlich gut entwickelt. Wir erkennen feinste Unterschiede ...

- in räumlichen Strukturen: dadurch können wir auch sehr ähnliche Pflanzen, Bäume, Tiere, Menschen, Gesichter oder Autos gut unterscheiden;
- bei Geräuschen: dadurch können wir auch sehr kleine Stimm-, Dialekt- und Ausspracheunterschiede sowie Unterschiede beispielsweise in Musikausführungen (Tonfolgen) und Rhythmen bemerken;
- bei Gerüchen, Farben oder dem Geschmack.

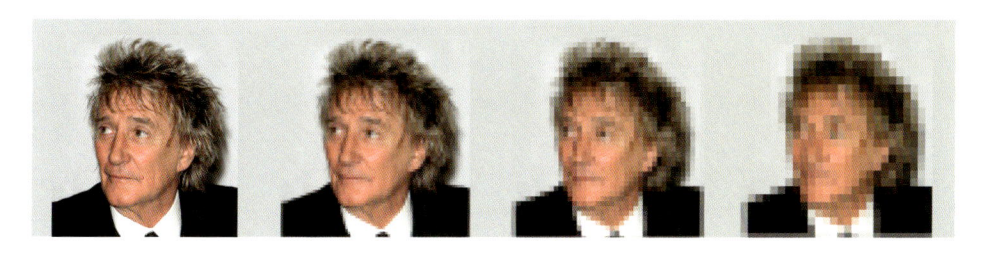

Abb. 7.13: Selbst bei sehr grober Darstellung ist ein bekanntes Gesicht (das deutliche Eigenheiten aufweist) erkennbar.

Bei vielen dieser Mustererkennungen sind wir Menschen immer noch deutlich besser als Computer – zum Beispiel bei der Gesichtserkennung: Dafür brauchen wir nur wenige Informationen; ein sehr grobes Raster reicht uns vielfach aus.

Auch kommen wir mit verschmierten oder verzerrten Bildern in der Regel gut zurecht.

Das Prinzip der Mustererkennung kann in verschiedene Teilaspekte zerlegt werden. Grundsätzlich müssen erst einmal zwei Voraussetzungen gegeben sein, nämlich ein Muster, das momentan wahrgenommen wird, und darüber hinaus ein Muster, mit dem verglichen wird. Um überhaupt vergleichen zu können, muss also eine Datenbank mit früher wahrgenommenen Mustern vorhanden sein.

Weiterhin erforderlich ist das Durchsuchen der Datenbank, um vergleichbare Muster zu finden und das Maß der Übereinstimmung mit früheren Mustern festzulegen. Wo und wie diese Aufgaben organisiert sind, ist noch unbekannt.

Abb. 7.14:
Bilder bekannter Persönlichkeiten kann man selbst dann noch erkennen, wenn sie sehr verschwommen oder verzerrt sind. Voraussetzung ist dafür allerdings, dass es typische gleichbleibende Merkmale gibt. Wechselnde Frisuren, Haarfarben, Brillen erschweren die Identifizierung.

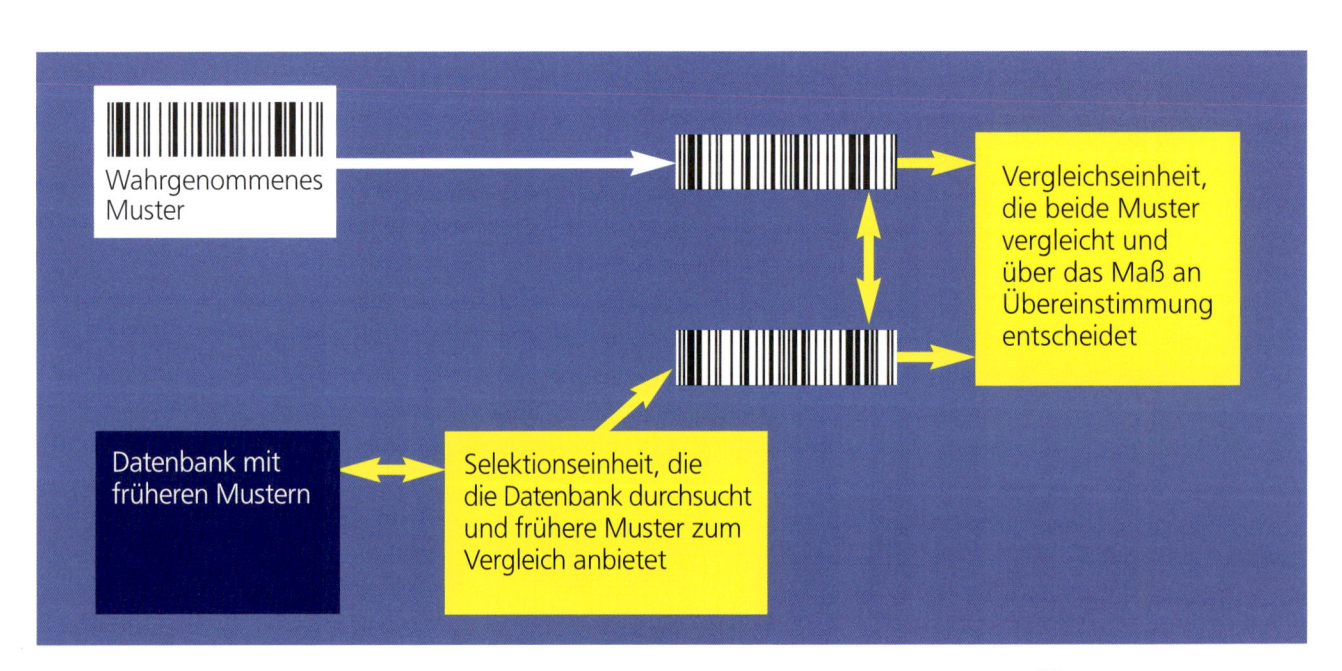

Abb. 7.15:
Basisprinzip einer Mustererkennung

Muster und Information

Ein Vergleich mit den Definitionen von Information am Anfang dieses Kapitels zeigt, dass ein Muster gleichzeitig Information enthält. Vielleicht lässt sich sogar sagen, dass jegliche Information und alles, was wahrgenommen werden kann, in einem Muster kodiert ist.

Nehmen wir zum Beispiel die räumliche und farbliche Struktur eines Stuhls. Sie erreicht das Auge in Form von elektromagnetischen Signalen (Licht), die auf eine bestimmte Art und Weise kodiert sind. Diese Signale empfängt das Gehirn über das Nervensystem. Wer eine Dekodierung vornimmt und die dekodierten Signale letztendlich interpretiert, dürfen Sie selber entscheiden.

Muster von Substanzen

Eine sehr interessante Variante der Mustererkennung ist der sogenannte „Muskeltest", bei dem die Veränderung der Stärke eines Muskels als Indikator für die potenzielle Wirkung einer Substanz auf den Körper gilt.

Oft wird dieser Test am Deltamuskel durchgeführt. Dabei übt der Tester als Erstes einen gewissen Druck auf den ausgestreckten Arm des Probanden aus und testet damit die neutrale Stärke des Muskels. Dann wird der Proband mit der zu testenden Substanz konfrontiert, indem er sie zum Beispiel in der anderen Hand hält. Anschließend übt der Tester wieder den gleichen Druck auf den Arm aus und testet damit, ob der Muskel stärker oder schwächer geworden ist. Das Ausmaß der Veränderung gibt an, ob die Substanz eine positive oder eine negative Wirkung auf den Körper haben wird.

Dieser Test kann an vielen Muskeln Anwendung finden, sodass man davon ausgeht, dass der ganze Körper an dieser Reaktion beteiligt ist. Die Substanz gibt offensichtlich eine Information ab, die vom Körper erkannt und interpretiert wird. Der Körper besitzt seinerseits einen Mechanismus, mit dem er diese Art von Informationen auffangen und speichern kann.

Wie wir in Kapitel 2 gesehen haben, ist die Information der Substanz neben der materiellen Struktur auch als elektromagnetisches Abstrahlmuster über einen großen Frequenzbereich vorhanden.

Elektromagnetische Substanzmuster alleine sind bereits als mögliche Behandlungsmethode über mindestens zwei Wege einsetzbar:

1) Die elektromagnetische Substanzinformation wird über eine Antenne möglichst vollständig aufgenommen, verstärkt oder abgeschwächt und anschließend über eine weitere Antenne dem Körper als Behandlungssignal zugeführt.

2) Die elektromagnetische Substanzinformation wird unter optimalen Bedingungen in einem Labor digitalisiert und gespeichert. Sie steht nun dauerhaft als verstärktes oder abgeschwächtes Behandlungssignal zur Verfügung.

Die Praxis hat gezeigt, dass Substanzspektren mit großem Erfolg für Behandlungszwecke einsetzbar sind. Offensichtlich kann der Körper die Muster in den Substanzspektren erkennen und reagiert positiv darauf.

Musterspeicherung in Wasser

Wenn der Organismus Substanzmuster erkennen kann, müssen diese irgendwo gespeichert sein, sodass der oben beschriebene Mechanismus zur Erkennung von Mustern zum Einsatz kommt.

Die Frage der Musterspeicherung ist auch mit der Homöopathie verknüpft. Da homöopathische Substanzen sehr oft so stark verdünnt werden, dass in der Verdünnung keine wirksamen Moleküle der ursprünglichen Substanz mehr vorhanden sind, kann ihre Behandlungswirkung nicht auf einem reinen biochemischen Mechanismus beruhen. Als Erklärung kommt allerdings eine elektromagnetische Wirkung mittels der gespeicherten Muster und deren Erkennung infrage.

Es gibt ein gut untermauertes theoretisches Modell für die Speicherung von Substanzmustern in den kohärenten Domänen von Wasser, siehe Kapitel 5. Kohärente Domänen werden durch eine elektromagnetische Grundschwingung stabilisiert. Auf diese Grundschwingung können weitere elektromagnetische Schwingungen in Form von Mustern aufmoduliert sein, wodurch diese Muster in der Zeit lange überdauern können.

Eine eindrucksvolle Bestätigung der Fähigkeit des Wassers, Eigenschaften von Substanzen in sich aufzunehmen und wiederzugeben, wird zum Beispiel durch die Arbeiten des Physikers Professor Bernd Kröplin erbracht. Er tauchte Substanzen für eine bestimmte Zeit in Wasser, beispielsweise Blüten, nahm einen Tropfen dieses Wassers, ließ ihn austrocknen und fand an der Stelle, an der der Tropfen trocknete, schlussendlich charakteristische Bilder des Musters der Blüte, die reproduzierbar sind (Krö 2016).

Eine völlig andere Art der Bestätigung lieferten die Ergebnisse von Experimenten, die französische und italienische Forscher unter der Leitung des Nobelpreisträgers Luc Montagnier durchgeführt haben. Teilweise wurden die Arbeiten im früheren Labor des französischen Mediziners Jacques Benveniste durchgeführt, der sich seinerzeit intensiv um die wissenschaftliche Anerkennung der Homöopathie bemüht hat.

Abb. 7.16:
Nachgeahmtes Muster einer Blüte, das in einem getrockneten Wassertropfen zu sehen ist

7.6 Das Montagnier-Experiment

Eines der Experimente der Montagnier-Gruppe lief folgendermaßen ab: Von einem Virus wurde ein bestimmtes Stück der DNA genommen und eine festgelegte Anfangskonzentration Wasser (2 ng/ml) damit angereichert. Diese Anfangslösung wurde nach homöopathischer Methode in 10-fach-Schritten verdünnt, das heißt, nach jedem Schritt war die Lösung 10-mal mehr verdünnt.

Bei Verdünnungen zwischen 10.000 (4 Schritte) und 10.000.000 (7 Schritte) konnte festgestellt werden, dass die Lösung elektromagnetische Strahlung, hauptsächlich im Bereich zwischen 40 und 2.000 Hz, aussendete.

Ein Gläschen mit einer dieser Verdünnungen (1.000.000 Mal, 6 Schritte) wurde neben ein Gläschen mit reinem Wasser gestellt (das Ganze in einer Spule und diese ihrerseits hinter einer Abschirmung, siehe Abb. 7.17).

Die beiden Gläschen blieben 18 Stunden lang nebeneinander stehen. In dieser Zeit wurde die Spule mit einer Schwingung von 7 Hz betrieben. Schließlich wurde der Inhalt des zweiten Gläschens mit einer speziellen Methode (siehe unten) analysiert.

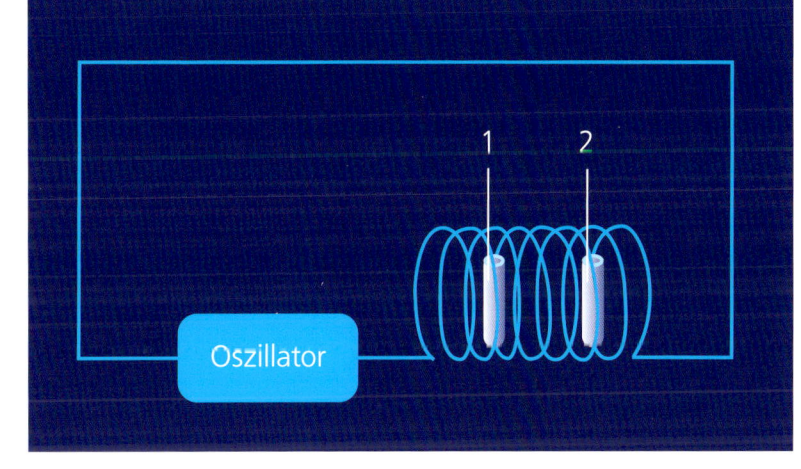

Abb. 7.17: Kernstück des Montagnier-Experiments

Das zweite Gläschen enthielt reines Wasser; daran konnte sich durch die beschriebene Prozedur nichts verändern. Das Einzige, was passiert sein könnte, war, dass von der Strahlung – entweder aus dem ersten Gläschen oder von dem 7-Hz-Signal – irgendeine Wirkung auf das Wasser des zweiten Gläschens übergegangen war. Genau das wurde mit der sogenannten „Polymerase-Kettenreaktion" (englisch „polymerase chain reaction", PCR) überprüft.

Die PCR-Methode

Die Polymerase-Kettenreaktion ist eine Methode, mit der es gelingt, DNA in vitro zu vervielfältigen. Das Verfahren hat den großen Vorteil, dass damit auch sehr geringe Mengen DNA nachgewiesen werden können. Liegt nur wenig DNA vor, wie es in der Praxis – zum Beispiel bei der Spurensicherung – oft der Fall ist, kann man die wenigen einzelnen DNA-Moleküle, die vorhanden sind, nicht nachweisen. Um eine für den Nachweis ausreichende Menge zu erhalten, müssen die Moleküle erst vervielfältigt werden. Dazu wird ein als „DNA-Polymerase" bezeichnetes Enzym verwendet. Dieses Enzym führt die Arbeit der DNA-Vervielfältigung schon seit Millionen von Jahren in lebenden Organismen bei der Zellteilung schnell und zuverlässig aus. Dabei erzeugt es exakte Kopien eines vorgegebenen DNA-Strangs.

Abbildung 7.18 zeigt, wie mit dieser Methode eine exponentielle Vervielfältigung der DNA-Moleküle zu erreichen ist.

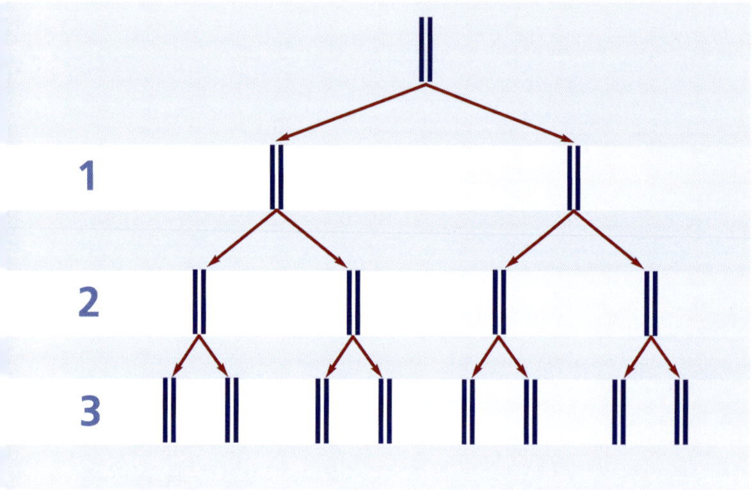

Jedes Endprodukt der Vervielfältigung kann als Startprodukt für einen weiteren Vervielfältigungs-Zyklus genutzt werden. Das gelingt allerdings nur, wenn sowohl ausreichende Mengen an DNA-Polymerase als auch genügend
DNA-Baumaterial (die Bausteine der DNA sind Nukleotide) vorhanden sind. Sind alle Voraussetzungen erfüllt, können aus einem einzigen DNA-Abschnitt nach 20 Zyklen etwa eine Million exakt gleiche Kopien entstehen. Nach 35 Zyklen (= PCR Standard) sind etwa 34 Milliarden Exemplare erreicht, was für chemische Nachweismethoden ausreicht.

Abb. 7.18:
Die PCR-Methode:
Nach jedem Zyklus hat sich die Zahl der DNA-Kopien verdoppelt.

Die Grundvoraussetzung dafür, die PCR-Methode anwenden zu können, ist, dass zumindest ein DNA-Molekül als Startprodukt vorliegt. Aus diesem Grund wird die PCR auch eingesetzt, um herauszufinden, ob überhaupt DNA vorhanden ist. Für den Fall, dass es kein einziges DNA-Molekül gibt, kann es auch nicht multipliziert werden.

Die Anwendung der PCR-Methode beim Montagnier-Experiment

Beim oben beschriebenen Montagnier-Experiment wurde die PCR auf den Inhalt des zweten Gläschens angewandt, das nur reines Wasser enthielt. Es war in diesem Wasser also gar keine DNA, die multipliziert werden konnte, vorhanden. Erstaunlicherweise wurde nach der PCR aber doch DNA festgestellt – und zwar eine Kette mit der korrekten Länge (= 104 Nukleotide) und mit 98 Prozent genauer Nukleotiden-Sequenz. Das Experiment wurde vielfach, auch mit unterschiedlichen DNA-Sequenzen, wiederholt, immer mit dem gleichen erstaunlichen Ergebnis:

1. Das Muster der ursprünglichen, materiell vorhandenen DNA in Gläschen 1 wird aufgrund der elektromagnetischen Abstrahlung dieser DNA im Wasser des zweiten, in unmittelbarer Nähe stehenden Gläschens, als elektromagnetisches Muster gespeichert.

2. Bei der Anwendung der PCR-Methode wird das im Wasser gespeicherte elektromagnetische Muster von der DNA-Polymerase genauso erkannt wie die materielle DNA und in eine reale DNA umgesetzt.

Da die Beobachtung auch durch Verunreinigungen hätte verursacht sein können, hat man den Versuch wie folgt erweitert: Das Spektrum der vom ersten Gläschen abgegebenen Strahlung wurde digitalisiert, gespeichert und per Internet an einige weitere Labore geschickt, in denen zuvor nie mit der betreffenden DNA gearbeitet worden war. Dort wurde das Spektrum in ein analoges Signal umgesetzt, verstärkt und einer Spule zugeführt, in der ein Gläschen mit reinem Wasser platziert war (Abb. 7.19). Anschließend wurde auch bei diesem Wasser das PCR-Verfahren angewandt, und es kam wiederum die korrekte DNA zum Vorschein.

Abb. 7.19:
Übertragung des Signals von Gläschen 1 über das Internet zu einem anderen Labor auf Gläschen 2, das nur Wasser enthält

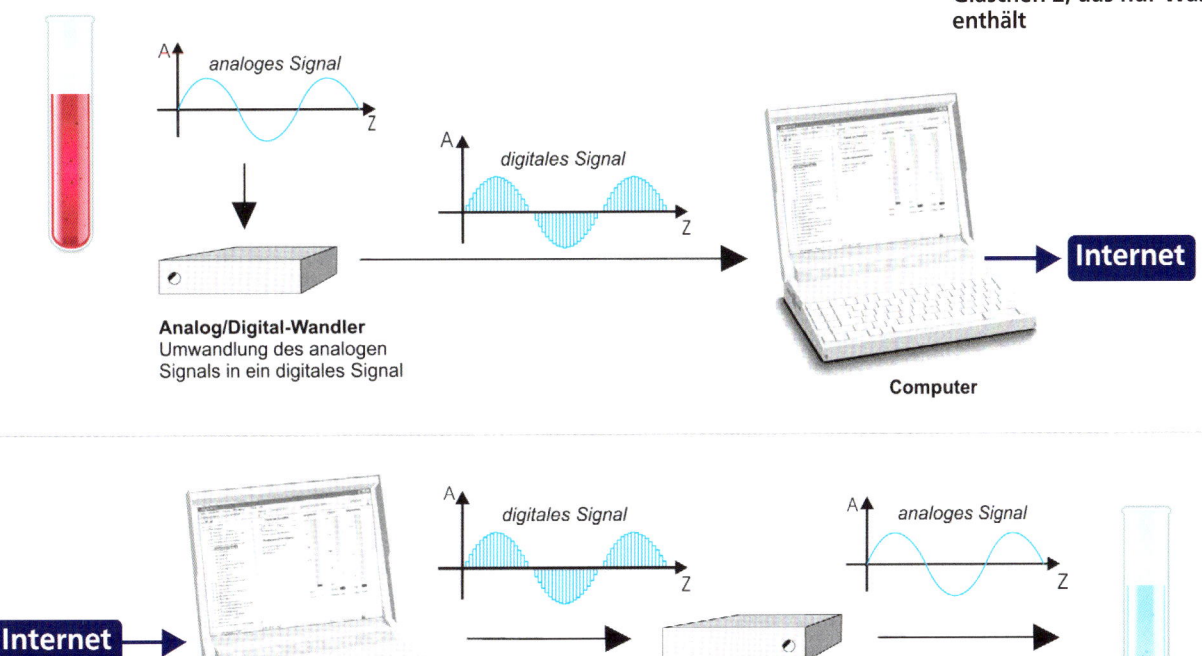

Die Bedeutung der Schumannwellen

Beim Montagnier-Experiment waren die beiden Gläschen nebeneinander in einer Spule aufgestellt, die mit einer Schwingung von 7 Hertz (Hz) angeregt wurde. Es hat sich gezeigt, dass mindestens dieses 7-Hz-Signal oder ein Signal mit einer etwas höheren Frequenz notwendig ist, um das Experiment gelingen zu lassen.

Weiterhin wurde festgestellt, dass anstatt eines künstlichen Signals auch die Einwirkung der natürlichen Umgebungsstrahlung für das Experiment ausreicht. Eine wichtige Komponente der natürlichen Umgebungsstrahlung sind die Schumannwellen. Diese haben Frequenzen bei etwa 7,8; 14,3; 20,8; 27,3; 33,8 Hz usw.

Ohne die Anwesenheit eines dieser externen Signale gelingt die Musterübertragung offensichtlich nicht. Die Forscher betrachten daher das künstliche 7-Hz-Signal oder alternativ die Schumannwellen als einen Trigger beziehungsweise Katalysator für die Informationsübertragung von einem Gläschen zum anderen.

7.7 Die Schwierigkeit der Mustererkennung in der Zelle

In der Zelle finden Abertausende von unterschiedlichen chemischen Reaktionen gleichzeitig statt. Bei den meisten Reaktionen muss sich einer der Partner durch das Gewimmel der Bestandteile im Zellplasma bewegen und versuchen, den korrekten anderen Reaktionspartner zu finden. Das ist keine einfache Angelegenheit, da die Zelle mit unzähligen Proteinen, Lipiden, Zuckern, Aminosäuren, Metallionen usw. vollgepackt ist, die sich durcheinanderbewegen und ebenfalls auf der Suche nach Reaktionspartnern sind.

Dazu kommt, dass die extrem dichte molekulare Umgebung den Ablauf vieler biochemischer Reaktionen verändert. (Che 2005)

Die Herausforderung ist größer, als in einem Fußballstadion mit 50.000 Besuchern eine bestimmte Person zu finden. Dort können Sie zumindest von einer erhöhten Position aus versuchen, die Masse einigermaßen zu überschauen. Doch in der Zelle geht das nicht, da sie dreidimensional vollgepackt ist und Sie im Vergleich nur über eine Distanz von zwei oder drei Personen (in diesem Fall Molekülen) hinweg den Überblick bewahren könnten. Sie können sich vorstellen, wie lange es dauert, bis Sie unter diesen Voraussetzungen alle 50.000 Personen gesehen haben.

Wie schwierig das auch innerhalb der Zelle ist, soll das folgende Beispiel einer Hormonreaktion veranschaulichen. Hormone sind im Blut normalerweise in Konzentrationen von 10^{-7} Mol/Liter bis 10^{-10} Mol/Liter vorhanden. Sie sind meist an Trägerproteine gebunden, um zu verhindern, dass sie zerstört oder über die Niere ausgeschieden werden, beziehungsweise bei hydrophoben Hormonen, um die Wasserlöslichkeit zu gewährleisten. 1 Mol entspricht einer Menge von $6 \cdot 10^{23}$ Molekülen oder Atomen. Das Molekulargewicht von Wasser ist 18 Gramm/Mol. In einem Liter Wasser sind circa 55,55 Mol Wassermoleküle.

Nehmen wir als Beispiel die „Steroidhormone" mit einer Konzentration von 10^{-10} Mol/Liter, die direkt in die Zelle eindringen können, wobei die Konzentration in der Zelle geringer sein wird als im Blut. Das entspricht einer Konzentration von $10^{-10} \cdot 6 \cdot 10^{23}$ Moleküle/Liter = $6 \cdot 10^{13}$ Moleküle/Liter.

Nehmen wir an, die Zelle hat einen Durchmesser von etwa 20 μm. Das Volumen der Zelle ist dann $4\pi R^3/3 \approx 4 (10\ \mu m)^3 = 4 \cdot 10^{-15}\ m^3 = 4 \cdot 10^{-12}$ Liter. Die Zahl dieser Hormonmoleküle pro Zelle ist dann: $6 \cdot 10^{13}$ Moleküle/Liter $\cdot\ 4 \cdot 10^{-12}$ Liter = 240 Moleküle.

Steroidhormonmoleküle sind etwa 1 nm = 10 Å „lang". Vergrößern wir zur Übersichtlichkeit alles um den Faktor 10^7, wäre ein Steroidhormon-Molekül 1 nm $\cdot\ 10^7$ = 1 cm lang, und das Volumen der Zelle würde $4 \cdot 10^{-15}\ m^3 \cdot 10^7 \cdot 10^7 \cdot 10^7 = 4 \cdot 10^6\ m^3 = 4.000.000\ m^3$ betragen. Oder anders ausgedrückt:

240 Hormonmoleküle von 1 Zentimeter Länge müssen in einem Volumen von 4.000.000 Kubikmetern eine einzige Stelle (zum Beispiel das korrekte Transkriptionsmolekül eines Gens) finden. Teilen wir die 4.000.000 m³ durch 240 Hormonmoleküle, begibt sich ein Hormonmolekül von 1 cm Länge auf die Suche in einem Volumen von etwa 17.000 Kubikmetern, was in etwa einer sehr großen Sporthalle entspricht. Dabei wäre die Sporthalle, in Analogie zur Zelle, vollgepackt mit Fußbällen, Tennisbällen und weiteren Gegenständen der gleichen Größenordnung, die sich alle wild durcheinanderbewegen. Dass dieses kleine Hormonmolekül in dem vollgepackten Raum rein zufällig den passenden Partner finden kann, ist sehr schwer vorstellbar.

Das Hormon weiß nicht, in welche Richtung es sich bewegen muss, und „sieht" zudem nichts. Laut der herkömmlichen Betrachtungsweise in der Biologie bewegt es sich nur ziellos und willkürlich umher; es kann nur seine nächsten Nachbarn spüren und hat keine Ahnung, ob sein angestrebter Reaktionspartner weit weg oder ganz nah bei ihm ist. Nur wenn es plötzlich „klick" macht, weiß es, dass es eingefangen ist – hoffentlich vom richtigen Partner.

Doch auch das „klick"-Machen kompliziert den Vorgang noch weiter; dazu reicht eine einfache Berührung nämlich nicht aus, sondern auch die Ausrichtung der beiden Moleküle zueinander muss passen (siehe Abb. 7.22).

Prallt das Hormon mit einer willkürlichen Orientierung auf den Rezeptor (wenn es sich also nicht korrekt dreht, siehe Abbildung), passiert noch immer nichts, da es sich, durch Zufallsprozesse gelenkt, einfach wieder entfernt.

Die Abbildung ist zweidimensional, die Wirklichkeit ist aber dreidimensional: In drei Dimensionen ist die Wahrscheinlichkeit noch viel geringer, dass die Orientierungen von Hormon und Rezeptor zufällig zueinanderpassen. Sowohl die Wahrscheinlichkeit, dass das Hormon überhaupt auf den Rezeptor trifft, als auch die Wahrscheinlichkeit, dass beim Auftreffen die Orientierungen zueinanderpassen, sind sehr gering. Insgesamt liegt die Wahrscheinlichkeit, dass es jemals „klick" macht, sehr dicht bei null.

Abb. 7.20:
Eine Sporthalle, wie hier gezeigt, sollte man sich so voll gepackt vorstellen wie in Abb. 7.21. Darin muss ein 1 cm großes Hormonmolekül sein Ziel finden.

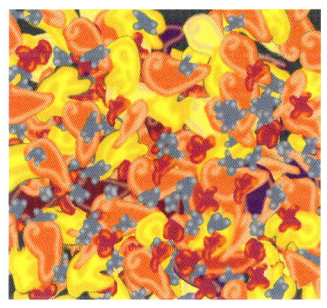

Abb. 7.21:
Zytoplasma

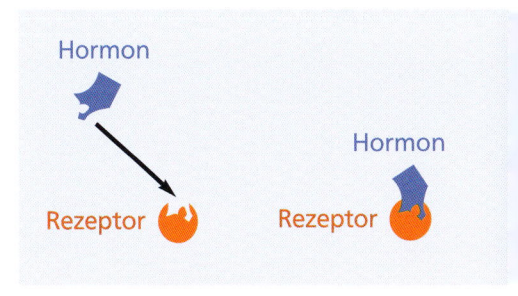

Abb. 7.22:
Das Hormonmolekül muss korrekt gedreht (ausgerichtet) sein, bevor es vom Rezeptor eingefangen werden kann.

7.8 Mustererkennung auf Distanz

Bei der eben beschriebenen theoretischen Argumentation sind wir davon ausgegangen, dass Hormon und Partner bis kurz vor dem Moment, in dem es tatsächlich „klick" macht, nichts Besonderes aneinander bemerken. So lehrt es die reguläre Biologie. Erst wenn sich die passenden Bindungsmöglichkeiten, wie zum Beispiel Wasserstoffbrücken, zufällig (!) genau gegenüberliegen, kann die Bindung stattfinden (siehe Abb. 7.23). Solange das jedoch noch nicht perfekt der Fall ist, ist die Wahrscheinlichkeit, dass sie sich wieder voneinander entfernen, um ein x-Faches höher.

Diese rein mechanische Zufallsbeschreibung ist unbefriedigend und widerspricht auch unserer Intuition. Man kann vermuten, dass die Natur mit ihren Möglichkeiten weniger verschwenderisch umgeht. Mit anderen Worten: dass die betreffenden Moleküle es irgendwie bemerken, wenn sie in die Nähe des Partners gekommen sind, und sich anschließend nicht mehr so leicht voneinander entfernen, bis eine Reaktion stattgefunden hat.

Dieses „irgendwie bemerken" könnte man als eine Art Mustererkennung bezeichnen. Das zufällige Herumirren hat mit Mustererkennung dagegen ebenso wenig zu tun wie das zufällige Einander-Berühren und das zufällige endgültige Einklicken. Bei der Mustererkennung sollte zumindest von einem der beiden Reaktionspartner ein Signal ausgesandt werden, das vom anderen erkannt wird und zu einer effektiveren Annäherung beiträgt. Dabei stellt sich die Frage, wie dieses Signal aussehen könnte. Dazu wurden bisher mehrere Möglichkeiten erforscht:

1. Moleküle senden elektromagnetische Signale aus.
Durch von den Molekülen selbst erzeugte elektromagnetische Wellen (EM-Wellen) „sehen" sich die Reaktionspartner über eine größere Entfernung hinweg, und es findet eine elektromagnetische Abstimmung zwischen ihnen statt (siehe Abb. 7.24). Dass zwei Reaktionspartner mit der gleichen Frequenz schwingen sollten, ist einsehbar, da ihre Kontaktflächen wie ein Negativ zu seinem Positiv passen. Sie haben also eine ähnliche räumliche und molekulare Struktur, was eine Vorbedingung für gleiche Oszillationsfrequenzen ist.

Durch diese elektromagnetische Abstimmung (Ostillation) entsteht eine anziehende Kraft, die dazu beiträgt, dass die Reaktionspartner zusammenkommen können. Eine solche anziehende Kraft wurde bereits 1972 von Herbert Fröhlich vorhergesagt (Frö 1972) und in jüngerer Zeit von Jordane Preto und Marco Pettini bestätigt (Pre 2013).

Wenn sich die Reaktionspartner einander nähern, hilft ihnen die anziehende Kraft dabei, sich in die richtige Position zu drehen, wodurch „Schloss und Schlüssel" zusammenfinden können. Diese Art von Abstimmung kann als eine „dynamische Zusammenarbeit in rhythmischer Ordnung" bezeichnet werden.

Abb. 7.23:
Hormonbindung mit Ladungsverteilung

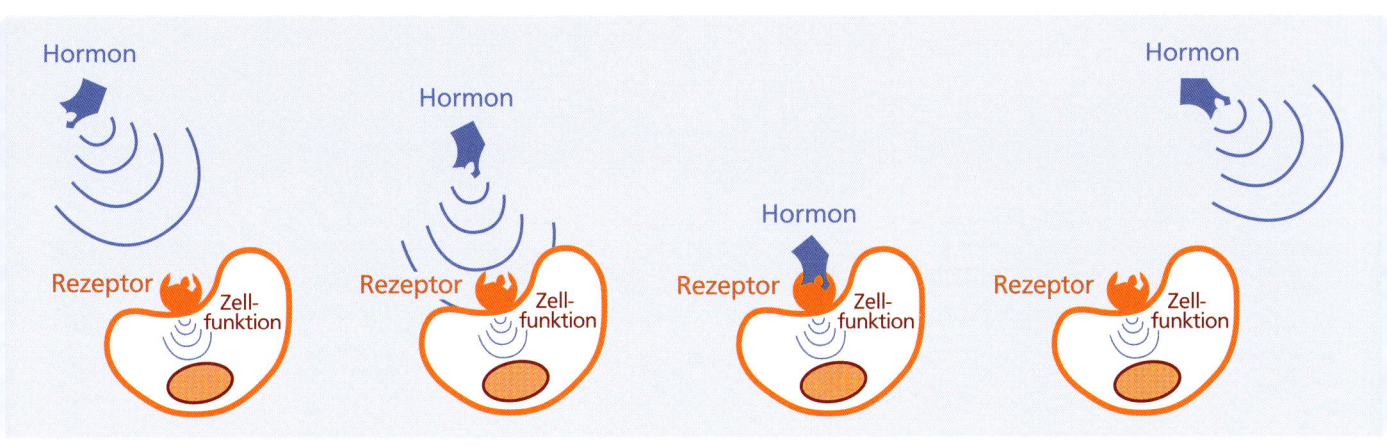

Abb. 7.24:
Hormon und Rezeptor sind elektromagnetisch aufeinander abgestimmt.

Nach Ablauf der Reaktion haben sich die Partner verändert. Sie haben eine andere Form (= Konformation) angenommen. Dadurch liegen andere elektromagnetische Verhältnisse vor, durch die ihre Abstimmung verloren geht. Die Reaktionspartner können sich wieder voneinander entfernen.

2. Beispiele elektromagnetischer Muster

Elektromagnetische Signale können auf unterschiedlichste Weise mit Mustern behaftet sein. Die hier angegebenen Beispiele dienen nur dazu, einen ersten Eindruck zu bekommen. Jegliche Art von Modulation oder Musteraufprägung kann für die Übertragung von Informationen angewandt werden. In der Technik sind viele unterschiedliche Methoden in Verwendung. Es ist nicht auszuschließen, dass sich die Natur noch weitere und verfeinerte Methoden ausgedacht hat.

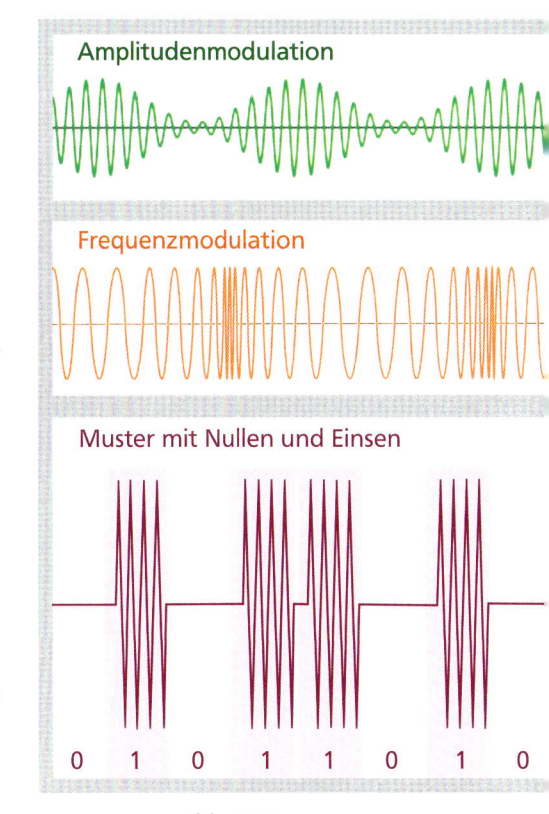

3. Moleküle strukturieren das sie umgebende Wasser.

Heute ist bekannt, dass Wassermoleküle bei der Stabilisierung großer Moleküle, wie DNA und Proteine, eine wesentliche Rolle spielen. Sie setzen sich in kleine Nischen des Moleküls, wodurch sie gegenüberliegende Teile fixieren können.

Umgekehrt beeinflusst das Großmolekül die nahe liegenden Wassermoleküle. Luke McDermott hat in einer neueren Veröffentlichung nachgewiesen, dass die DNA im Wasser, das sie umgibt, eine schraubförmige Struktur erzeugt (McD 2017).

Somit kann wirklich von einer Wasser-Großmolekül-Wechselwirkung gesprochen werden, da einerseits das Wasser dem Großmolekül hilft, seine korrekte Form zu erreichen und seine Funktion auszuüben, und andererseits das Großmolekül das umgebende Wasser beeinflusst, wodurch es selbst mit Schichten abnehmender Strukturierung umgeben ist.

Abb. 7.25:
Beispiele von in der Technik verwendeten Signalmodulationen (Signalmuster)

Ein weiteres Beispiel, das Silvia Martini und Kollegen beschreiben, betrifft ebenfalls Proteine (Mar 2013). In ihrer Veröffentlichung wies sie nach, dass Proteine von Wasserschichten abnehmender Ordnung umgeben sind (siehe Abb. 7.26).

Die geordnete Wasserschicht um das Protein herum erzeugt eine Vergrößerung der Reichweite des Proteins. Sie fungiert somit bei der Begegnung mit anderen Molekülen als eine Art erstes Erkennungsmedium (eine Art von Mustererkennung also). Die exakte Ankoppelung von Molekülen wird dadurch erleichtert.

4. Elektrische Felder in Zellen

Jede Zelle ist von einer etwa 5 nm (Nanometer = Milliardstel Meter) dicken Membran umgeben, die ihre äußere Begrenzung darstellt und verhindert, dass sich der Zellinhalt mit der Umgebung vermischt. In der Regel gibt es über diese Membran eine Spannung von etwa 70 mV. Die Einheit der elektrischen Feldstärke ist V/m. Somit ist die elektrische Feldstärke über der Membran 0,07V geteilt durch 0,000 000 005 m. Dies ergibt eine riesige elektrische Feldstärke von 14.000.000 V/m.

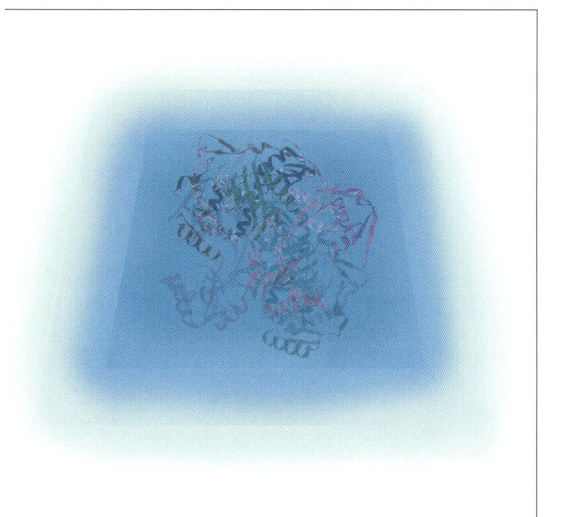

Abb. 7.26:
Proteine sind von Schichten mit gebundenem Wasser umgeben.

Wenn wir diese Feldstärke mit einer Gewitterwolke vergleichen, die sich in 1.000 Metern Entfernung vom Erdboden befindet und kurz vor der Entladung einen Blitzes steht (sie hat etwa 100.000.000 V Spannung), stellen wir fest, dass wir hier nur eine Feldstärke von etwa 100.000 V/Meter finden.

In der Zelle selbst gibt es Organellen, die ebenfalls eine Membran besitzen. Dazu gehören zum Beispiel die Mitochondrien, das raue Endoplasmatische Retikulum, das glatte Endoplasmatische Retikulum, die Lysosome und weitere. Jede dieser Membranen hat ebenfalls starke elektrische Felder, sodass wir in der Zelle eine Gesamtheit von elektrischen Feldern vorfinden. Die Gruppe um Tyler et al. (Tyl 2007) hat mit Mikrosonden die elektrischen Felder innerhalb einer Zelle an verschiedensten Stellen, nicht direkt in der Nähe von Membranen, gemessen. Es wurden Feldstärken von rund 500.000 V/m bis größer 3,5 Millionen V/m festgestellt.

Neben statischen Feldern gibt es in einer Zelle auch dynamische Felder. Die Kombination von beiden bewirkt, dass in der gesamten Zelle komplexe, effektive Steuerungsmechanismen für geladene Teilchen in Form von Feldlinienstrukturen vorhanden sind. Jedes elektrisch geladene Teilchen, wie zum Beispiel ein Ion, wird sich – entsprechend seiner Ladung – an diesen Feldlinien entlang durch die Zelle bewegen. Dies ist natürlich keine zufällige Bewegung.

8. Kapitel

Braucht der Organismus Blaupausen?

8.1 Das Glucose-Molekül und seine Zusammensetzungen

8.2 Wie lässt sich die Morphogenese (Formbildung) erklären?

8.3 Strukturbildung aufgrund stehender Wellen

8.4 Elektrische Ströme und Formerhaltung

8.5 Das Vitalfeld

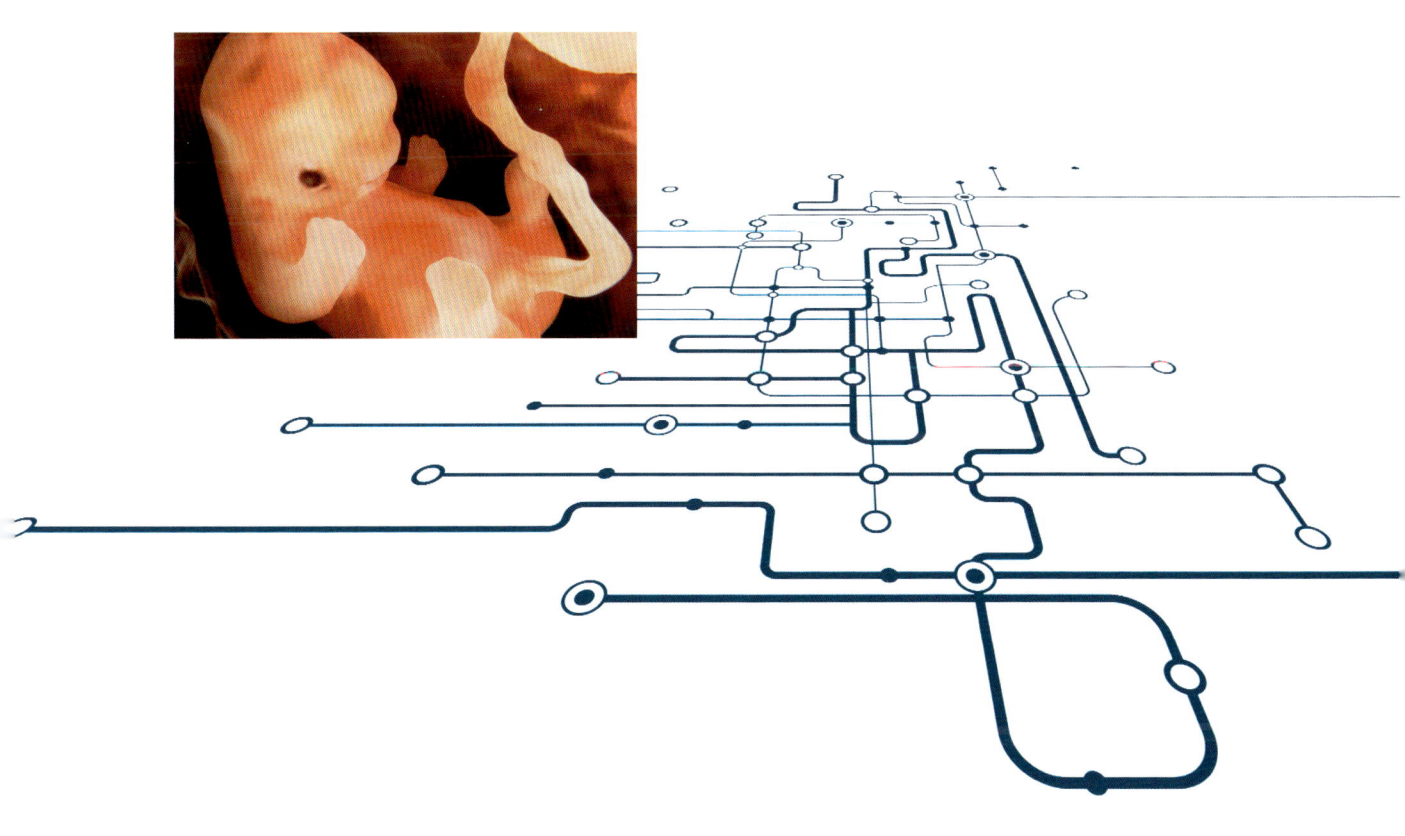

Braucht der Organismus Blaupausen?

Nach der Entstehung der Erde gab es während der ersten Milliarde Jahre noch kein Leben. Dann entstand es plötzlich – irgendwie. Wie genau, darüber streiten sich die Gelehrten nach wie vor. Auf jeden Fall bildete sich die körperliche Seite des Lebens aus Atomen und Molekülen, die selbst nicht aus lebenden Organismen stammten. Das ist wichtig zu wissen, denn es sind keine „lebenden Moleküle" nötig, um diese Art von Leben zu kreieren. Der für das Leben erforderliche Zusammenhang ist anderen Ursprungs. Das Entscheidende ist nicht die Beschaffenheit der Moleküle selbst, sondern deren Organisation innerhalb des Organismus. Durch den körperlichen Tod fehlt diese innere Organisation, und der Organismus funktioniert nicht mehr, obwohl alle Moleküle noch vorhanden sind.

> **Definition Blaupause**
>
> Ursprünglich: Kopie mittels Durchzeichnung auf bläulichem Papier.
>
> Heute: Konstruktionszeichnung, Plan zur Herstellung eines Produktes, Bauplan.
>
> Hier berührt die Definition von „Blaupause" die von „Code", weil jeder Bauplan die Wirklichkeit nie direkt wiedergeben kann, sondern kodiert sein muss.

Aufgrund der inneren Organisation nimmt sich der Organismus die Moleküle, die von außen hereinkommen, und bettet sie in eigene Prozesse ein. Erst ab dann tragen sie zum Leben bei. Deshalb sind zum Beispiel auch künstlich hergestellte Vitamine und Aminosäuren wirksam, denn für den Organismus ist nicht die Herkunft entscheidend, sondern hauptsächlich die korrekte Zusammensetzung. Der Organismus selbst macht sie nach der Aufnahme zu „lebenden Molekülen".

8.1 Das Glucose-Molekül und seine Zusammensetzungen

Wir wollen uns zuerst mit einem Molekül beschäftigen, das die Natur auf wunderbare Weise für zwei sehr unterschiedliche „lebende Funktionen" einsetzt: der Glucose, von der bereits in Kapitel 6 die Rede war. Sie ist das Endprodukt der Photosynthese bei den Pflanzen. Glucose ist der einzige in großen Mengen nachwachsende Rohstoff der Erde. Pflanzen erzeugen aus CO_2 und H_2O mithilfe der Energiequelle Sonne etwa 150 Milliarden Tonnen Glucose im Jahr. Glucose liefert direkt oder indirekt über die Nahrungskette alle pflanzlichen und tierischen Nahrungsmittel.

Die Formel der Glucose lautet $(CH_2O)_6$: sechs Kohlenstoffatome, sechs Sauerstoffatome, zwölf Wasserstoffatome. Zur leichteren Erkennung ist es üblich, die Kohlenstoffatome zu nummerieren (siehe Abbildung 8.1).

In wässriger Lösung neigen die Moleküle dazu, sich zu einem Ring zusammenzuschließen, wobei die C=O-Doppelbindung bei C1 aufgeht. Das betreffende Sauerstoffatom an C1 verbindet sich daraufhin mit dem C5. Auf diese Weise entsteht ein Sechsring aus fünf C-Atomen und einem O-Atom. Das sechste C-Atom bleibt außerhalb des Rings.

Durch den Ringschluss verschwindet die OH-Gruppe bei C5, und es entsteht eine neue OH-Gruppe bei C1. Diese neue OH-Gruppe bei C1 ist viel reaktiver als bei den anderen C-Atomen. Bindungen des Glucose-Moleküls finden deshalb vielfach bei C1 statt. Die neue OH-Gruppe bei C1 kann entweder nach unten oder nach oben zeigen. Diese beiden Konfigurationen haben unterschiedliche Namen: α-Glucose und β-Glucose (siehe Abb. 8.2).

In wässriger Lösung kann sich der Ring öffnen und schließen. Beim Ringschluss kann entweder die α- oder die β-Form entstehen, das Verhältnis liegt bei etwa einem Drittel α-Glucose und zwei Dritteln β-Glucose. Diese beiden Formen können über die Kettenform ineinander übergehen.

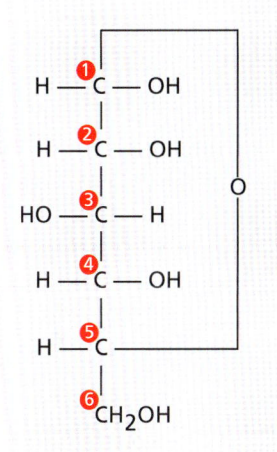

Abb. 8.1:
Das Glucose-Molekül als Kette, mit dem ringbildenden O-Atom

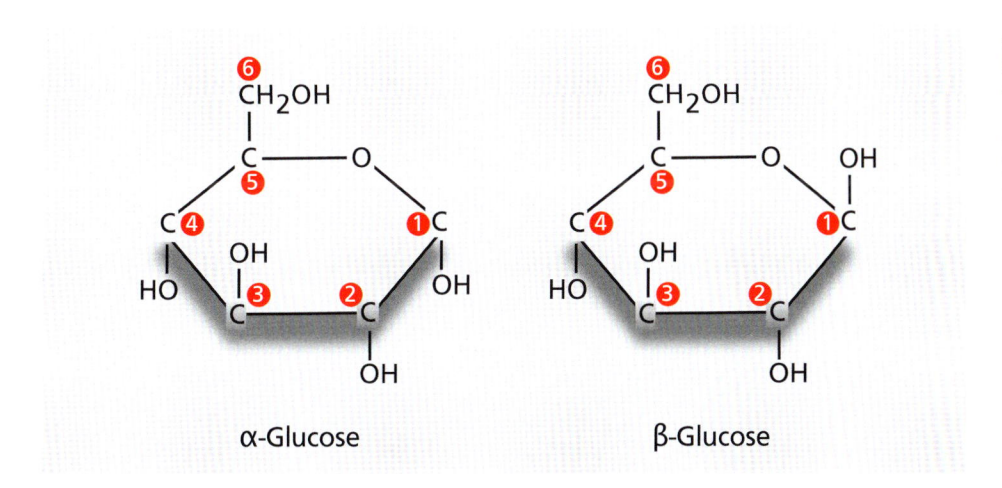

Abb. 8.2:
Das Glucose-Molekül als ausgebildetes Ringmolekül. Bei der α-Glucose zeigt die OH-Gruppe an C1 nach unten, bei der β-Glucose zeigt sie nach oben.

Stärke

Stärke ist aus α-Glucose-Molekülen (OH an C1 nach unten) aufgebaut. Die Bindung befindet sich jeweils zwischen dem C1 Atom des einen und dem C4-Atom des nächsten Moleküls. Stärke ist das Speichermolekül der Pflanze. Es besteht aus Ketten von Tausenden von Glucose-Molekülen. Die Stärkeketten sind verzweigt und schraubenförmig gewickelt.

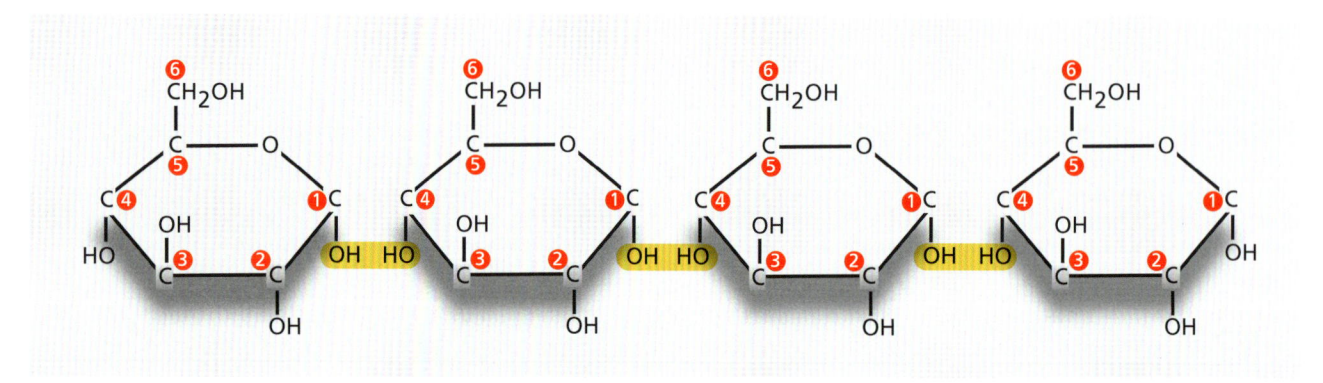

Abb. 8.3:
Grundstruktur der Stärke

Abb. 8.4:
Ein typischer Stärke-Speicher ist die Kartoffel. Obwohl der Grundstoff Glucose für Stärke und Cellulose am Anfang gleich ist, wird für die Herstellung von Stärke durch die Pflanze ein ganz eigenes Produktionsverfahren mit Dutzenden unterschiedlicher Enzyme eingesetzt.

Abb. 8.5:
Bäume sind typische Cellulose-Produzenten. Die Cellulose besteht aus gestreckten Ketten, die aus Tausenden von Glucose-Molekülen zusammengesetzt sind.
Die Celluloseketten sind unverzweigt und werden parallel angeordnet, sodass sich zwischen den einzelnen Ketten Wasserstoffbrückenbindungen ausbilden können.
So entsteht zum Beispiel die Festigkeit von Holz.

Cellulose

Cellulose, auch „Cellobiose" genannt, ist aus β-Glucose-Molekülen (OH an C1 nach oben) aufgebaut. Cellulose ist das Baustoffmolekül der Pflanzen. Es besteht aus gestreckten Ketten, die ebenfalls aus Tausenden von Glucose-Molekülen zusammengesetzt sind. Die Celluloseketten sind unverzweigt und werden parallel angeordnet, sodass sich zwischen den einzelnen Ketten Wasserstoffbrückenbindungen ausbilden können. Hierdurch entsteht die Festigkeit der Pflanzenstruktur.

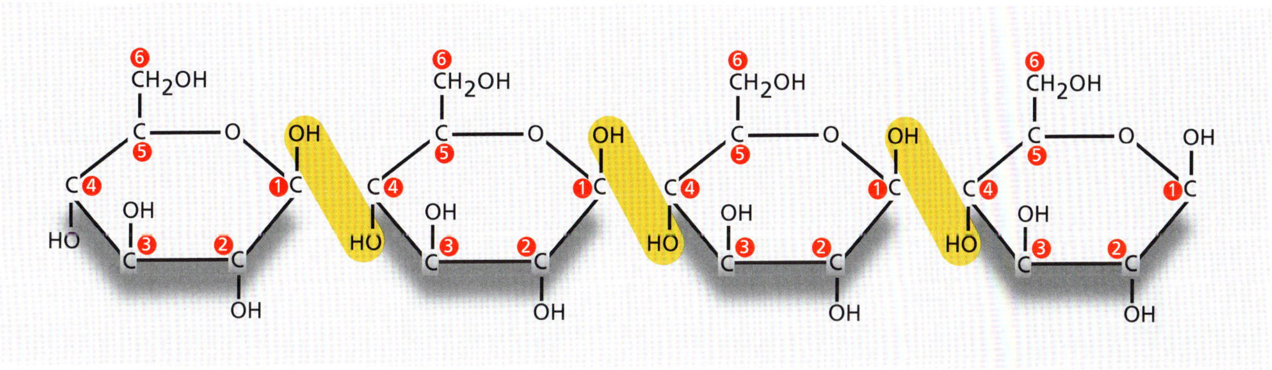

Abb. 8.6:
Grundstruktur der Cellulose

Es ist bemerkenswert, dass Pflanzen für die Herstellung der Stärke zunächst die zur Verfügung stehende Glucose in α-Glucose umsetzen müssen, damit die erforderlichen Bindungen sich realisieren.

Für die Herstellung von Cellulose dagegen muss die gesamte Glucose in β-Glucose umgesetzt werden. Die Produktionsverfahren sind sehr unterschiedlich, wobei Dutzende unterschiedliche Enzyme beteiligt sind.

Man könnte sagen, dass Pflanzen zwei völlig unterschiedliche logistische Strukturen aufrechterhalten müssen, um entweder Stärke oder Cellulose aus Glucose zu gewinnen. Es sind dabei nicht die biochemischen Eigenschaften des Glucose-Moleküls, die entscheiden, ob Cellulose oder Stärke produziert wird, es ist die Pflanze selbst, die entscheidet.

Wo diese entscheidende Instanz sich in einem Organismus befindet und wie sie funktioniert, ist ein noch ungelüftetes Geheimnis. Es fehlt unsere Kenntnis über die Blaupause für die übergeordnete Funktion von Organismen. Gleiches gilt für den räumlichen Aufbau von Organismen. Damit befassen wir uns in den folgenden Abschnitten.

8.2 Wie lässt sich die Morphogenese (Formbildung) erklären?

Eine der großen Herausforderungen in der Biologie ist die Erklärung der sogenannten „Morphogenese". Das Wort „Morphogenese" geht auf die griechischen Begriffe „morphe" für „Form" und „genesis" für „Entstehung" zurück. Morphogenese bedeutet also „Formentstehung" beziehungsweise „Formbildung".

Wie kann es zum Beispiel sein, dass aus einer winzigen befruchteten Eizelle ein erwachsenes Tier oder ein Mensch mit einer genau definierten räumlichen Form entsteht?

Die befruchtete Eizelle hat noch überhaupt keine Form; erst während der Embryo wächst, entsteht nach und nach die endgültige Form. Beim Begriff der „Formbildung" denkt man allerdings oft nur an die Form eines ganzen Organismus, also zum Beispiel an eine Maus, an einen Menschen oder an eine Giraffe. Doch auch das Entstehen der Form von einzelnen Körperteilen und Organen ist damit gemeint.

Nehmen wir als weiteres Beispiel das Entstehen des Blutgefäßsystems. Verschiedene Blutgefäße müssen dabei überall im Organismus, genau nach Bedarf, mit einer immer feineren Verästelung bis hin zum Netz der Kapillare verteilt sein. Die gesamte Länge des Blutgefäßsystems beträgt bei einem erwachsenen Menschen etwa 100.000 Kilometer. Die Entwicklung dieser unvorstellbaren Länge beginnt bereits im Embryo – und zwar im ganzen Organismus gleichzeitig –, wobei das Blutgefäßsystem von Anfang an ein geschlossenes System sein und auch bleiben muss. Nirgendwo in diesem System dürfen sich Lücken oder Öffnungen befinden.

Die gesamte Struktur des Blutgefäßsystems bildet eine Form, doch wie kann der wachsende Embryo wissen, wie diese auszusehen hat? Und wie wird überprüft, ob diese Form auch wirklich entstanden ist?

Die klassische Antwort: Alles ist in den Genen festgelegt. Von bestimmten Genen, den sogenannten „Hox-Genen", ist bekannt, dass sie an der Formbildung beteiligt sind; sie sind für die grobe Platzierung der Organe und Gliedmaßen zuständig. Für die Feinheiten des Körperbaus ist in den Genen jedoch kein Platz. Zu diesen Feinheiten zählen beispielsweise die genaue Gesichtsform (die Tochter gleicht der Mutter), die Nasenform oder das Längenverhältnis der Finger. Um auch diese Details festzulegen, gibt es einfach zu wenig Gene. Selbst wenn alles in den Genen festgelegt wäre, fehlt immer noch die Blaupause für die Gene selbst.

Als im Herbst des Jahres 1990 die Forschungsarbeiten im Rahmen des „Human-Genom-Projekts" begannen, ging man noch davon aus, dass es im menschlichen Genom weit mehr als 100.000 Gene gibt. Als sich letztendlich herausstellte, dass es weniger als 20.000 sind, war die Enttäuschung groß. Der Genetiker und Nobelpreisträger David Baltimore kommentierte diese Erkenntnis mit den Worten: *„Falls im menschlichen Genom nicht noch viele weitere Gene vorhanden sind, die unsere Computer nicht erkennen können, müssen wir zugeben, dass wir unsere im Vergleich zu Würmern und Pflanzen zweifellos größere Komplexität nicht durch ein Mehr an Genen gewonnen haben. Die Erkenntnis dessen, was uns unsere Komplexität verleiht – das enorme Verhaltensrepertoire, die Fähigkeit zum bewussten Handeln, eine bemerkenswerte Körperbeherrschung, unsere genau auf die Umweltveränderungen abgestimmten Reaktionsmöglichkeiten, unsere Lernfähigkeit, muss ich noch mehr aufzählen? –, bleibt eine große Herausforderung für die künftige Forschung."* (Bal 2001)

Klar ist, dass die Feinheiten der Formbildung also nicht in den Genen stecken. Doch wo sind sie dann zu finden? Seit dem Abschluss des Human-Genom-Projekts (etwa um das Jahr 2000) hat sich die Forschung hauptsächlich auf die sogenannte Junk-DNA konzentriert. In diesem Forschungsbereich gibt es noch viel zu entdecken, da die Junk-DNA etwa 97,5 Prozent der DNA umfasst, während die Gene nur maximal 2,5 Prozent ausmachen. Daneben hat auch die Epigenetik seitdem enorm an Prestige gewonnen: Auch in diesem Bereich sind noch viele alternative Möglichkeiten der Vererbung unerforscht. Soweit bis jetzt bekannt, haben das Ablesen der Junk-DNA und die Gensteuerung durch epigenetische Mechanismen im Endeffekt aber nur einen Einfluss auf die Transkription und Translation der normalen circa 20.000 Gene. Weitere Wirkungen wurden bislang noch nicht gefunden. Somit tragen die neu entdeckten Mechanismen bis jetzt noch nicht wirklich zur Lösung des Problems der Formbildung bei.

Nach wie vor wird in der regulären Biologie die Formbildung – wie alle anderen Prozesse innerhalb und außerhalb der Zelle auch – dem Hoch- oder Herunterregeln einzelner Proteine zugeschrieben. Doch es ist mehr als zweifelhaft, ob das als Erklärung reichen mag. Was nämlich dabei fehlt, ist ein Konzept, das erklärt, wie aus diesen einzelnen Vorgängen ein zusammenwirkendes Ganzes entstehen kann.

Ein besonderes Beispiel: die Metamorphose

Dass die Formbildung wirklich ein herausforderndes Problem ist, wird einem sofort klar, wenn man den Lebenslauf des Schmetterlings betrachtet: Ei, Raupe, Puppe und dann schließlich der Schmetterling. Alles fängt mit dem Ei an, und alles hat nur diese eine DNA-Kette mit den Genen zur Verfügung. Bei den meisten Tierarten, wie auch beim Menschen, sind wir daran gewöhnt, dass ein spezifisches Wesen aus einer spezifischen Eizelle entsteht. Vielleicht meinen wir auch, es sei irgendwie logisch, dass die mehr oder weniger stetige Entwicklung, die wir beobachten, aus den vorhandenen Genen erklärt werden kann und dass zur Formbildung nichts anderes gebraucht wird.

Mit dieser Idee im Hinterkopf ist die Metamorphose bei den Insekten wohl ein sehr merkwürdiges Phänomen. Metamorphose kommt vom Griechischen μεταμόρφωσις und bedeutet Formveränderung, Umgestaltung. Wir sehen in der Entwicklung bis zum Erwachsenenstadium, dass dieses Insekt mehrere völlig unterschiedliche äußerliche Gestalten annimmt – und das alles mit nur einem einzigen Satz an Genen. Die alte Blaupause wird also abgeschaltet und eine neue eingeschaltet. Auch die inneren Organe werden abgebaut und durch neue ersetzt. Das ist ein bemerkenswertes Kunststück, weil während des Umbaus der Organismus auch noch am Leben bleiben muss.

Es kann nicht damit getan sein, dass einige Gene stillgelegt und einige andere hochgeschaltet werden. Gene sind die Blaupausen von Blaupausen für Proteine und somit auch für die Arbeitstiere unter ihnen: für die Enzyme. Raupen und Schmetterlinge brauchen bestimmte unterschiedliche Enzyme, weil sie unterschiedliche Nahrung verwerten.

Damit ist aber noch nicht die Entstehung und Handhabung einer völlig anderen körperlichen Form erklärt. Die Flügel des Schmetterlings sind derart speziell geformt und zart, ohne spezifische Vorschriften (Codes) zur Formbildung können sie nicht von selbst entstehen.

Abb. 8.7:
Raupe, Puppe und Schmetterling

Das Erklärungsmodell der morphogenetischen Felder

Im Laufe der Zeit haben viele Forscher das Problem der Formbildung aufgegriffen und als Lösungsansatz die Existenz eines formbildenden (morphogenetischen) Feldes vorgeschlagen. Um eine räumliche Form konsequent herstellen zu können, ist etwas erforderlich, das überall gleichzeitig in diesem Raum nach einem gleichen Prinzip eine Wirkung ausübt. Die Wirkung am einen Ende des Raumes muss in einem logischen Zusammenhang mit der Wirkung am anderen Ende des Raumes stehen, sonst kann keine zusammenhängende Struktur entstehen. Für diese Aufgabe braucht man ein Feld. **Ein biologisches Feld ist ein strukturiertes Ganzes, das einen Raum durchdringt, und die Vorgänge darin können zum Beispiel durch fraktale Vorschriften miteinander verbunden sein.**

Den Begriff eines „morphogenetischen Feldes" haben in den 1920er-Jahren Alexander Gurwitsch in Russland, Paul Weiss in Österreich und Hans Spemann in Deutschland unabhängig voneinander geprägt. Weitere Entwicklungsbiologen haben das Forschungsgebiet der morphogenetischen Felder seitdem aufgegriffen.

Ende des 20. Jahrhunderts hat sich auch der englische Biochemiker und Biologe Professor Rupert Sheldrake mit dem morphogenetischen Feld auseinandergesetzt. Sheldrake hatte keine klaren Vorstellungen von der Art dieses Feldes. Für ihn war das morphogenetische Feld kein bekanntes physikalisches, sondern eher eine Art feinstoffliches Feld (She 1981).

Einfacher wäre es, wenn ein elektromagnetisches Feld, das ebenfalls statische elektrische und statische magnetische Felder inklusive des elektrischen Stroms umfasst, die Rolle eines morphogenetischen Feldes erfüllen könnte.

Ein Pionier auf dem Forschungsgebiet biologischer elektromagnetischer Felder war Harold Saxton Burr, einst Anatomieprofessor an der Yale Universität. In den 1930er-Jahren begann er mit einer Reihe von Studien zur Rolle der Elektrizität bei Pflanzen sowie in der Embryonalentwicklung und bei Krankheiten. An Bäumen machte er ausgedehnte Langzeitmessungen und bewies damit zum ersten Mal, dass Bäume ein elektrisches Feld besitzen.

Indem er bei Frauen die Spannung zwischen Fingerpaaren der rechten und linken Hand maß, konnte er den Zeitpunkt der Ovulation feststellen. Bei Messungen an Salamander-Embryos fand er, dass sich bereits sehr früh in der Entwicklung eine elektrische Achse ausbildete, die mit der späteren Orientierung des Nervensystems übereinstimmte. Burr nannte dieses elektrische Körperfeld das „L-field" (Lebensfeld) (Bur 1939).

Experimente aus dem Jahr 2005, die an Embryos von Hühnern und Amphibien durchgeführt wurden, haben gezeigt, dass an der Oberfläche des Embryos während der gesamten Entwicklung elektrische Felder messbar sind, die eine wesentliche Rolle beim Wachstum spielen (McC 2005). Wenn diese Felder bei Amphibienembryos durch externe Felder gestört werden, können Entwicklungsfehler auftreten. Interessant ist, dass die Fehler mit einer bestimmten Entwicklungsphase der Amphibien verknüpft sind.

Bei der Entwicklung von Hühnerembryos sind in verschiedenen Entwicklungsphasen unterschiedliche elektrische Ströme messbar, die an bestimmten Stellen auf den Embryo zu- oder von ihm wegfließen. Bei Experimenten, in denen diese Ströme während einer bestimmten Entwicklungsphase durch das Anbringen eines elektrischen Kurzschlusses zeitweise eingeschränkt wurden, zeigte sich später, dass über 90 Prozent der Embryos schwere Entwicklungsfehler aufwiesen.

Die Ergebnisse dieser Experimente zeigen, dass bei der Entwicklung eines Embryos langsam veränderliche elektrische Felder vorhanden sind, deren Spannungsgradienten (Feldgradienten) für die Entwicklung der räumlichen Struktur einen Teil der Blaupause (Codes) bilden. Während des Wachstums ändert sich die Blaupause ständig im Hinblick auf die Strukturen, die als Nächstes zu entwickeln sind.

8.3 Strukturbildung aufgrund stehender Wellen

Elektromagnetische Felder mit viel höheren Frequenzen als denen, die in den beschriebenen Experimenten auftraten, können ebenfalls einen Beitrag zu einer solchen Blaupause liefern. Ihr Beitrag könnte im Vergleich zu den sich langsam verändernden Feldern sogar noch viel größer sein, da die Zahl der Möglichkeiten mit der Frequenz zunimmt. Elektromagnetische Felder können mit beliebigen Frequenzen – und somit auch mit beliebigen Wellenlängen – auftreten. In jedem beliebigen Raumbereich können sich – bei passender Anregung – stehende Wellen bilden, die eine räumliche Struktur ausbilden, die sich von kleiner als Mikrometern bis zu größer als Kilometern ausstrecken kann.

Ein Beispiel für die Strukturen, die durch stehende Wellen erzeugt werden können, sind die bekannten „Chladni Figuren". Sie zeigen die Schwingungsmodi einer quadratischen Platte, die durch eine externe Quelle in Schwingung versetzt wird. Die Figuren kommen zum Vorschein, wenn die Platte zum Beispiel mit einem feinen Pulver bestreut ist.

Benannt sind die „*Chladnischen Figuren*" nach Ernst Chladni, der im Jahr 1787 die Schrift „*Entdeckungen über die Theorie des Klanges*" veröffentlichte (Chl 1787). Darin stellt er Klangfiguren dar und beschreibt, wie man sie erzeugen kann. Die Menschen waren von diesen Mustern der Klangfiguren derart fasziniert, dass Chladni seinen Lebensunterhalt damit verdienen konnte, als Referent über seine Figuren aufzutreten.

Die in Abbildung 8.9 gezeigten Beispiele sind die einer quadratischen Platte. Durch das Verändern der Form der Platte können beliebige weitere Strukturmuster erzeugt und durch Bestreuen mit feinem Pulver oder Sand sichtbar gemacht werden.

Abb. 8.8:
Diese historische Abbildung aus der „Trousset Enzyklopädie" (herausgegeben 1885 bis 1891 in Paris) zeigt, wie Chladni mithilfe eines Geigenbogens und einer Platte Muster herstellte.

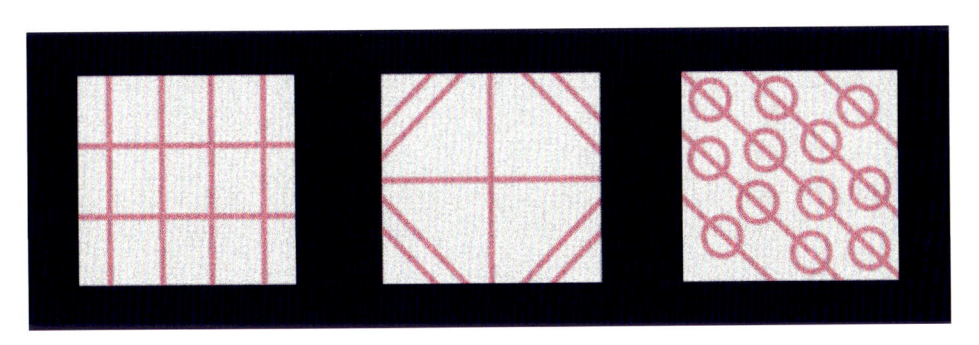

Abb. 8.9:
Beispiele von Chladni-Figuren einer schwingenden quadratischen Platte. Die Figuren werden sichtbar wenn zum Beispiel ein feines Pulver auf die Platte gestreut wird.

Alexis Pietak beschäftigte sich wiederum mit interessanten Strukturen lebender Organismen. Sie hat die Strukturmuster von stehenden elektromagnetischen Wellen für die geometrische Form von Pflanzen- und insbesondere Baumblättern errechnet. Abbildung 8.10 stellt Beispiele solcher Muster für unterschiedliche Frequenzen und Schwingungsmodi dar (Pie 2011).

**Abb. 8.10:
Schwingungsmuster stehender elektromagnetischer Wellen im GHz-Bereich für eine Blattform.** Bei Rot befinden sich die Bäuche, bei Blau die Knoten.

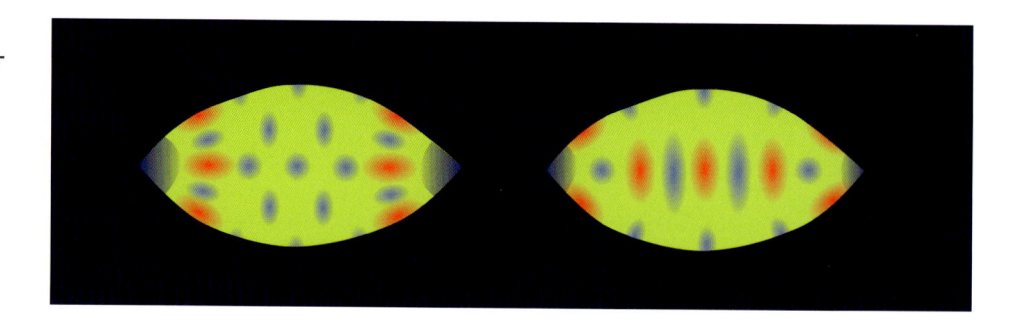

Abbildung 8.11 zeigt, wie, ausgehend von einem dieser Schwingungsmuster, der Aufbau der Nervenstruktur inklusive der Aufspaltung der Nerven am Blattrand wiedergegeben werden kann.

**Abb. 8.11:
Schwingungsmuster stehender elektromagnetischer Wellen im GHz-Bereich für zwei Blattformen.** Bei den dunklen Bereichen befindet sich die größte elektrische Feldstärke. Das linke Beispiel gibt die Grundstruktur einer vertikalen Nervenausrichtung wieder, das rechte Beispiel einer horizontalen Ausrichtung.

Die hier gezeigten Beispiele, sowohl von Chladni als auch von Pietak, geben nur ansatzweise wieder, was alles möglich ist. Denn 1.) beschränken sie sich auf zweidimensionale Strukturen, wobei die Wirklichkeit dreidimensional ist, und 2.) zeigen sie das Strukturergebnis nur bei einer einzigen Frequenz. Fazit: Die Zahl der Möglichkeiten bei drei Dimensionen und dem kompletten elektromagnetischen Spektrum ist unbegrenzt.

Eine interessante Illustration eines elektromagnetischen Strukturmusters in einer Zelle hat Professor Fritz-Albert Popp bei seinen Vorträgen über die Zellteilung gezeigt. Die Frage, die dabei diskutiert wurde: Wie kann es sein, dass die Zellteilung fast oder ganz fehlerfrei verläuft? Wenn alles nach zufälligen, statistischen Prozessen ablaufen würde – so wie es die klassische Biochemie vertritt –, müssten bei jedem Prozess Fehlerquoten auftreten, die nach statistischen Methoden errechenbar sind. Diese errechneten Fehlerquoten sind aber viel höher als die wirklich auftretenden. Bei der hohen statistischen Fehlerquote hätte sich die Menschheit nie entwickeln können.

Elektrische Feldstrukturen bei der Zellteilung

In der Prophase der Zellteilung werden die mitotischen Spindeln ausgebildet. Sie bestehen aus Mikrotubuli, die radial von den beiden Zentrosomen ausgehen, die sich an gegenüberliegenden Seiten des Zellkerns angeordnet haben. Es ist sehr schwer vorstellbar, dass etwas so durch und durch Organisiertes nach rein zufälligen, statistischen Prozessen ablaufen soll.

Eine interessante Theorie, die räumliche Struktur der mitotischen Spindel vorzugeben und damit auch anzusteuern, haben Popp und seine Mitarbeiter entwickelt. Sie berechneten die elektrischen Feldstrukturen, die in der Zelle auftreten können, wenn diese als Hohlraumresonator funktioniert. Es stellte sich heraus, dass bei einer bestimmten Hohlraumschwingung (dem „TM11-Modus") genau jene räumliche Struktur entsteht, die mit der einer mitotischen Spindel zusammenfällt. Auch diese Beobachtung legt den Schluss nahe, dass elektrische Felder beim Durchlaufen der unterschiedlichen Phasen der Zellteilung eine steuernde Rolle spielen.

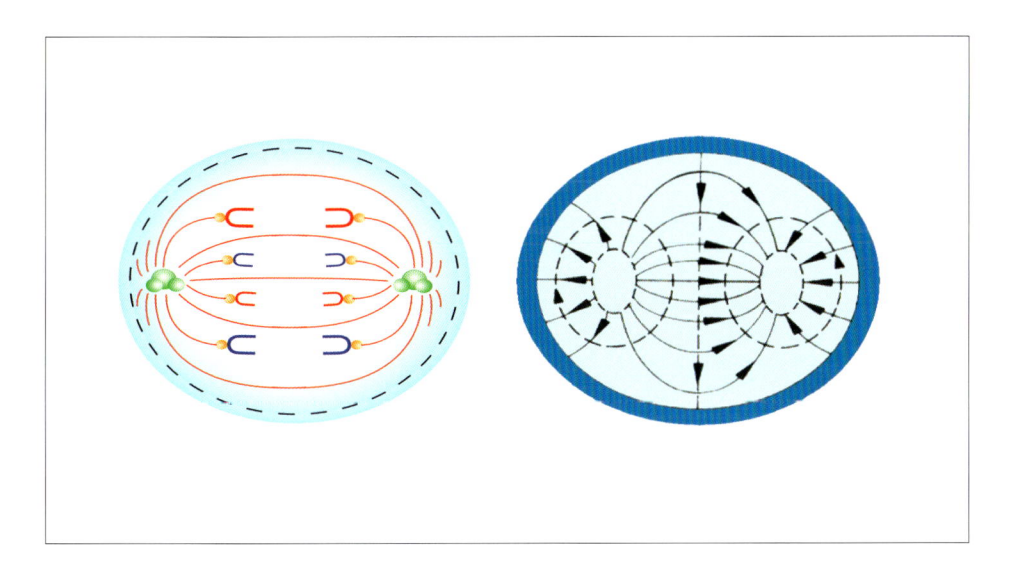

Abb. 8.12:

Links: Mitotische Spindel bei der Zellteilung

Rechts: Struktur des elektrischen Feldes bei der Hohlraumschwingung im TM11-Modus

8.4 Elektrische Ströme und Formerhaltung

Ein ebenso faszinierendes Thema wie die Formbildung ist die „Formerhaltung" („Regeneration") und damit die Frage: Woher weiß der lebende Körper so genau, wo nach einer Verwundung ein Stück Haut, wo Muskeln und wo Blutgefäße nachwachsen sollen? Am deutlichsten ist diese Problematik bei der Amputation von kompletten Gliedmaßen oder anderen Körperteilen zu erkennen. Wenn zum Beispiel ein Plattwurm in der Mitte durchtrennt wird, entwickeln sich beide Teile wieder zu kompletten Plattwürmern.

Abb. 8.13:
Plattwurm

Bereits seit dem 19. Jahrhundert ist bekannt, dass bei Gewebeverletzungen elektrische Ströme auftreten: Diese Ströme wurden „Verletzungsströme" genannt. Dr. Robert O. Becker, Schüler des bereits erwähnten Harald Saxton Burr, griff diese Thematik um 1960 wieder auf. Becker war Orthopäde sowie Chirurg und als Professor an der Universität von New York in Syracuse tätig. Er führte die Messungen von Burr an Salamandern weiter und maß unter anderem den Verlauf der elektrischen Spannung am Stumpf eines nachwachsenden amputierten Gliedes (siehe Abb. 8.14) (Bec 1985).

Am Ende des Gliedes ist vor der Amputation normalerweise eine Spannung von etwa −10 mV vorhanden. Nach der Amputation kehrt sich die Spannung am Stumpf um und steigt auf etwas mehr als +20 mV an. Daraufhin vermindert sie sich stetig, wird nach etwa sechs bis zehn Tagen negativ und erreicht eine negative Spitze von etwa −30 mV. Nach etwa 25 Tagen ist die Spannung wieder auf den normalen Wert von −10 mV abgesunken, und das abgetrennte Glied ist komplett nachgewachsen.

Diese Regeneration gibt es bei Fröschen nicht. Der Stumpf heilt – und das war's. Interessanterweise ist der Spannungsverlauf beim Frosch im Gegensatz zum Salamander grundsätzlich anders. Die sofortige Umkehrung auf +20 mV ist zwar ebenfalls vorhanden, doch danach bewegt sich die Spannung stetig auf −10 mV zu, ohne eine negative Spitze zu durchschreiten (siehe Abb. 8.14).

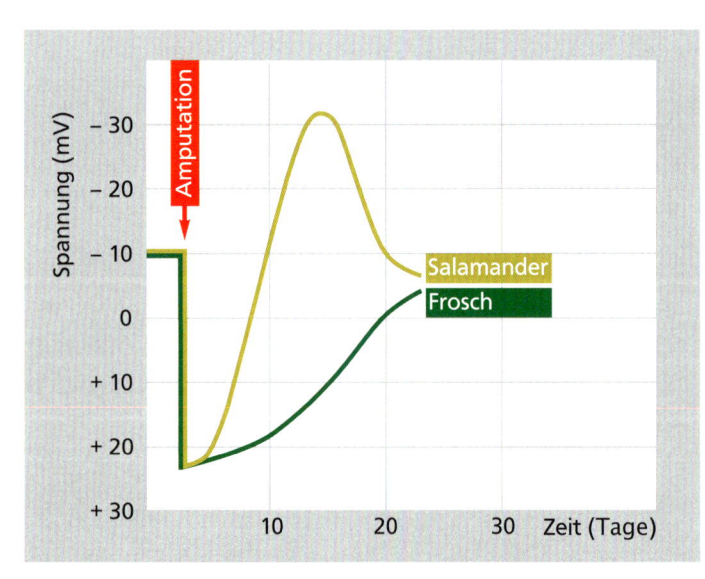

Abb. 8.14:
Spannungsverlauf am Ende des nachwachsenden Stumpfes eines abgeschnitten Gliedes bei einem Salamander und einem Frosch

Die Unterschiede im Regenerationsprozess scheinen also in einem direkten Zusammenhang mit den Unterschieden im Spannungsverlauf zu stehen. Diese Beobachtungen veranlassten Becker zu folgender Aussage:

„Dass es den Prozess der Regeneration überhaupt gibt, steht in direktem Widerspruch zu einigen der grundlegenden Dogmen der chemisch-mechanistischen Lehre. Nach diesen Ansichten sind Heilungsprozesse rein lokale Erscheinungen ohne Bezug zum Organismus als Ganzem und werden nur von den lokalen Gegebenheiten in Gang gesetzt. Ganz offensichtlich muss der Regenerationsprozess beim Salamander mit dem gesamten übrigen Organismus durch irgendein energetisches Verfahren in engster Verbindung stehen, das den ganzen Organismus in einer Weise umfasst und organisiert, die durch das chemische Paradigma nicht erklärt werden kann." (Bec 1985).

Für Becker ist es somit offensichtlich, dass im Organismus ein umfassendes Verfahren, Feld oder Organisationsprinzip vorhanden sein muss, durch das:

- festgestellt wird, wie viel von dem Gliedmaß fehlt;
- der Wachstumsvorgang überwacht und koordiniert wird;
- festgestellt wird, dass der Wachstumsvorgang beendet werden kann.

Mit rein biochemischen Prozessen kann die Steuerung eines solchen Regenerationsablaufs nicht erklärt werden. Es ist also etwas Zusätzliches erforderlich.

Als diese Experimente um das Jahr 1960 von Becker durchgeführt wurden, lösten sie Aufsehen und Kontroversen aus. Mittlerweile wird die Vorstellung von der Relevanz elektrischer Felder bei der Wundheilung jedoch mehr und mehr akzeptiert. Neuere Untersuchungen (McC 2009) zeigen, dass mit derartigen Feldern mehrere Prozesse, die zur Heilung beitragen, gesteuert werden. Zu diesen Prozessen zählen unter anderem die Migration von Zellen zur Wunde hin, die Teilungsgeschwindigkeit von Zellen und die Entstehung von neuen Nervenzellen.

Im Jahr 2005 veröffentlichte Colin McCaig von der Universität Aberdeen zu dieser Thematik einen ausführlichen Bericht (McC 2005), in dem er unter anderem über die *„Elektrische Steuerung von Wundheilung und Geweberegeneration"* schrieb. In einem späteren Bericht aus dem Jahr 2009 meinte er: *„Wir behaupten, dass neben der biochemischen und molekularen Signalübertragung eine elektrische Physiologie existiert, und warnen davor, dass, wenn dieses Wissensgebiet nicht beachtet wird, ein essentieller Teil von jedem biologischen System ignoriert wird."* (McC 2009).

8.5 Das Vitalfeld

„Braucht der Organismus Blaupausen?", so lautet die Frage, die über diesem Kapitel steht. Die Inhalte der bis jetzt diskutierten Abschnitte deuten auf eine klare Antwort hin: Ja, der Organismus braucht und verwendet Blaupausen – und diese sind, zumindest zum Teil, elektromagnetischer Art mit allen Komponenten des Elektromagnetismus.

Ein Organismus besteht aus einer räumlichen Struktur, die sich über drei Dimensionen erstreckt. Damit der Organismus als ein Ganzes funktionieren kann, braucht er unterstützende Blaupausen, deren Informationen und Codes sich ebenfalls über drei Dimensionen erstrecken. Eine solche Struktur kann nur von einem Feld bereitgestellt werden. Ohne ein organisierendes Feld beruht jede Wechselwirkung in einem Organismus auf zufälligen örtlichen Begegnungen. Angesichts der gigantischen Komplexität der Zelle ist es quasi ausgeschlossen, dass ein System von zufälligen Begegnungen ausreichen würde, um einen lebenden Organismus funktionieren zu lassen.

Bislang hat die akademische Biologie noch kein Feldkonzept in ihren Theorien integriert. Wie Prof. Igor Jerman aus Ljubljana es ausdrückte, läuft die Biologie mit der Vorstellung von ausschließlich zufälligen Kontaktwechselwirkungen, ohne ein übergreifendes Feldkonzept, den Entwicklungen der Physik um einige Jahrhunderte hinterher. Zitat: *„Vom Standpunkt der Wissenschaftsgeschichte aus betrachtet, ist diese Meinung* (dass es nur Kontaktwechselwirkungen gibt) *extrem zurückgeblieben, weil es in der Physik bereits seit über mehr als 200 Jahren ein umfassendes Feldkonzept gibt. Das Feld ist eine Größe, die Kräfte in einem großen Raumbereich zusammenfasst"*. (Jer 2009).

Im 17. Jahrhundert wurde durch genaue Beobachtungen endgültig geklärt, wie das Sonnensystem aufgebaut ist. Die Sonne befindet sich in der Mitte, und die Planeten kreisen in entfernten Bahnen durch den luftleeren Raum um sie herum. Hinzu kam die Frage, wie die Planeten in ihren Bahnen gehalten werden können. Johannes Kepler (1571–1630) schlug eine Art von magnetischer Kraft vor, Isaac Newton (1643–1727) kam schließlich mit der Idee einer spezifischen Schwerkraft.

Die Idee einer Kraft, die über eine Distanz wirken kann, ohne dass ein direkter Kontakt vorhanden ist, war damals nur schwer begreifbar. Heute sind wir zwar an diese Idee gewöhnt, doch so richtig vorstellen können wir uns eine solche geheimnisvolle Kraft vielleicht immer noch nicht. Damals war diese Idee in etwa so verdächtig wie heute die Idee eines Vitalfeldes in der Biologie. Newton wurde sogar des Okkultismus beschuldigt, weil er die Ansicht eines allgemeinen Gravitationsfeldes vertrat. Er selbst fand die Idee einer Fernwirkung zwar ebenfalls geheimnisvoll, doch er verteidigte sie mit der Argumentation, dass seine Theorie nun einmal am besten zu den Beobachtungen passte.

Der letzte Abschnitt dieses Kapitels gibt ein eindrucksvolles Beispiel dafür, dass in Organismen ein Vitalfeld existiert, das unter anderem als Blaupause dient.

Definition Vitalfeld

Die Gesamtheit aller bio-elektromagnetischen und quantenmechanischen Vorgänge in einem lebenden Organismus

Das Vitalfeld: eine sichtbare Blaupause für die Formerhaltung

Durch den sogenannten Phantomeffekt bei Blättern wird ein Teil des Vitalfeldes als Blaupause für die Struktur des Blattes sichtbar. Das Phänomen wurde zum ersten Mal in den 1970er-Jahren beschrieben.

Die Technik des Sichtbarmachens beruht auf der „Kirlianfotografie", die Hochspannungspulse von 10 kV verwendet, um das Blatt in der in Abbildung 8.15 dargestellten Anordnung unter Spannung zu setzen.

Das Blatt wird auf einen fotografischen Film gelegt, der sich auf einer drei Millimeter dicken Schicht aus Kunststoff befindet und mit einer Glasplatte abgedeckt ist. Darunter gibt es eine dünne Folie aus Zinn, die als Elektrode dient. Diese Folie wiederum liegt auf einer zwölf Millimeter dicken Basisplatte aus Kunststoff. Die Hochspannung zwischen der Zinnfolie und dem Stiel des Blattes kreiert eine Aufnahme, die durch das Entwickeln des Films sichtbar wird.

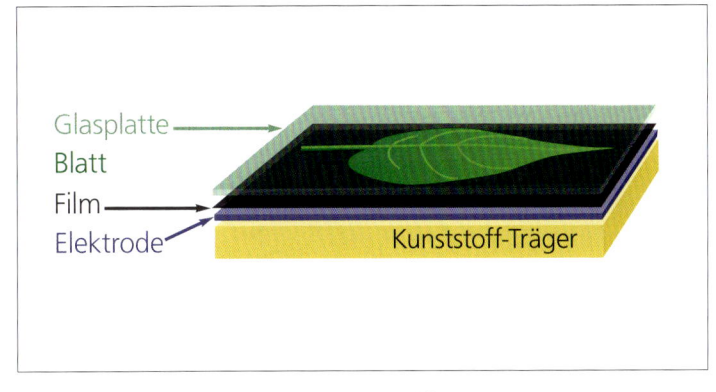

Abb. 8.15: Anordnung für die fotografische Aufnahme eines Blattes unter Hochspannung

Die Ergebnisse des neuesten Experiments, das mit dieser Methode durchgeführt wurde, hat John Hubacher im Jahr 2015 veröffentlicht (Hub 2015). Insgesamt gab es bei diesem Experiment Aufnahmen von 137 Blättern. Bei zehn davon wurde erst eine Aufnahme im normalen Zustand des Blattes gemacht, danach etwa die Hälfte abgeschnitten und eine weitere Aufnahme erzeugt. Das Erstaunliche an diesen Aufnahmen ist, dass auch beim halben Blatt in den meisten Fällen ein Bild erscheint, als ob das ganze Blatt noch vorhanden wäre (siehe Abb. 8.16).

Allein die Tatsache, dass dort, wo ein Teil fehlt, trotzdem ein vollständiges Bild des Blattes erscheint, ist bereits erstaunlich. Noch erstaunlicher ist allerdings, dass viele kleine Details des realen Blattes exakt auch beim Phantomblatt zu sehen sind. Hier ist also im leeren Raum eine Blaupause (ein genau strukturiertes komplexes elektromagnetisches Feld) vorhanden, die vorgibt, wie das Blatt auszusehen hat.

Abb. 8.16:

Links: Ein durchgeschnittenes Blatt

Mitte: Die untere Hälfte des Blattes wird fotografiert.

Rechts: Ergebnis der Aufnahme des halben Blattes

Bei den Aufnahmen der 127 halbierten Blätter, die zuvor nicht als Ganzes fotografiert worden waren, erschienen ebenfalls Bilder von der nicht vorhandenen Hälfte. Damit entfiel der mögliche Einwand, dass nach der ersten Aufnahme des Gesamtbildes die Abbildung immer noch in der Apparatur vorhanden gewesen sein könnte, zum Beispiel als ein Feuchtigkeitsabdruck des Blattes auf der Glasplatte. Von den insgesamt 137 Aufnahmen von halbierten Blättern konnte bei 96 der „Phantom-Effekt" beobachtet werden. Nur bei 41 war kein Effekt zu sehen.

9. Kapitel

Aspekte der Quantenbiologie

9.1 Unerwartete Quanteneffekte

9.2 Ordnung aus Unordnung

9.3 Quanteneffekte im Lichtsammelkomplex

9.4 Weißes Rauschen

9.5 Farbiges Rauschen

9.6 Der Tunneleffekt

9.7 Der Magnetsinn der Tiere

9.8 Der Versuch Quantenphänomene zu deuten

Aspekte der Quantenbiologie

9.1 Unerwartete Quanteneffekte

Die Quantenphysik ist ein erstaunliches Gebiet. An einige ihrer Betrachtungsweisen haben wir uns zwar mittlerweile gewöhnt: zum Beispiel daran, dass Licht aus Photonen besteht, dass es Elektronenmikroskope gibt und dass in Atomen nur bestimmte Energieniveaus für die Elektronen zur Verfügung stehen. Doch andere Aspekte erscheinen uns noch immer als so ungewöhnlich, dass sie nur schwer zu verstehen oder auch nur zu akzeptieren sind.

Die Vorstellung, die uns am schwersten fällt, ist wohl, dass sich Teilchen an mehreren Orten gleichzeitig befinden können. Das Ergebnis des Doppelspaltexperiments ist der unwiderlegbare Beweis dafür. Ein Phänomen, das damit verknüpft ist, ist der Tunneleffekt, der im Laufe dieses Kapitels noch näher besprochen wird (siehe Seite 158). Diese Gleichzeitigkeit gilt aber nicht nur für Orts-Zustände, sondern auch mehrere Spin-Zustände können von den Teilchen gleichzeitig eingenommen werden. Eine Konsequenz daraus ist die bereits besprochene Quantenverschränkung (siehe Kapitel 5.8). Auch kann jedes Elektron in einem Atom oder Molekül mehrere Energiezustände gleichzeitig haben.

Die Quantenphysik ist der wichtigste Grundbaustein der heutigen Naturwissenschaften. Da sich die Quantenphysik mit den kleinsten Teilchen beschäftigt, musste man erst zu den technischen Voraussetzungen vorstoßen, die es ermöglichen, in diesem Bereich etwas zu sehen. Um ein einfaches Beispiel zu nennen: Es kann erst entdeckt werden, dass Licht aus einzelnen Photonen besteht, wenn entsprechende Experimente dies zeigen.

Viele Quantenphänomene sind Ordnungsphänomene, die erst bei tiefen Temperaturen auftreten. Berühmte Beispiele für Ordnungsphänomene sind die Supraleitung und die Suprafluüssigkeit (Kapitel 4.5). Beide Effekte wurden im Jahr 1911 durch den niederländischen Physiker und Nobelpreisträger Heike Kamerlingh Onnes entdeckt und brachten der sich gerade entwickelnden Quantenphysik eine weitere experimentelle Unterstützung.

Warum ist die Temperatur für quantenphysikalische Ordnungsphänomene entscheidend?

Doch woran liegt es, dass quantenphysikalische Ordnungsphänomene generell erst bei Temperaturen weit unterhalb von 0 Grad Celcius auftreten? Die Antwort ist einfach: weil bei Normaltemperaturen die Wärmebewegung der Materie die Effekte verhindert. Wärmebewegung erfolgt willkürlich und zerstört Ordnung. Um Ordnung zu erhalten, muss die ordnende Kraft also größer sein als die willkürlichen Bewegungen, die die Ordnung zerstören.

> Wärmebewegungen haben pro Atom oder Molekül einen ungefähren Energieinhalt von 1 kT pro Bewegungsmöglichkeit; dabei ist k die Boltzmannsche Konstante, und T ist die absolute Temperatur. Unabhängig davon, ob ein Stoff fest, flüssig oder gasförmig ist: Bewegungen (Unruhe) in einem Stoff nehmen mit der Temperatur ab. Diese Bewegungen können eine Schwingung innerhalb des Moleküls sein, eine Drehbewegung um die eigene Achse oder einfach die Flugbewegung eines Moleküls im Gaszustand.

Es ist wie auf dem Spielplatz in einem Kindergarten: Die Lebensfreude und der Spieltrieb der Kinder sorgen für ein unordentliches Durcheinander, solange von außen niemand auf die Kinder einwirkt. Erst wenn eine Aufsichtsperson auftritt, deren ordnende Kraft stärker ist als der Spieltrieb der Kinder, kann es gelingen, dass sich die Kinder brav nebeneinander aufreihen. Dann entsteht ein geordnetes System.

Die Frage ist also, welche Kraft größer ist: die Kraft, die Ordnung herstellt, oder die Kraft, die Unordnung erzeugt? In Abb. 9.1 ist das schematisch dargestellt.

Die Dekohärenztemperatur ist die Temperatur, bei der Ordnung und Unordnung ineinander übergehen. Unterhalb dieser Temperatur gewinnen die ordnungserzeugenden Kräfte, oberhalb gewinnt die ordnungszerstörende Wärmebewegung.

Die Dekohärenztemperatur kann für verschiedene Ordnungsphänomene sehr unterschiedlich sein. Für den Ferromagnetismus des Eisens liegt sie bei 760° C und für die Supraleitung des Quecksilbers bei −269° C. Je niedriger die Temperatur, desto mehr Ordnungsphänomene treten zutage.

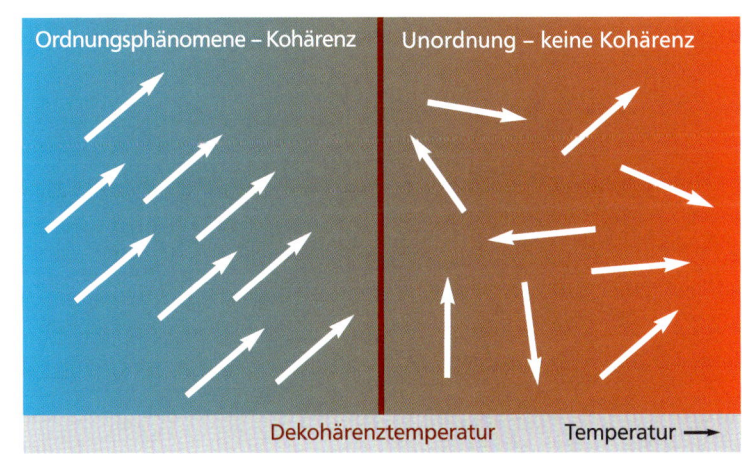

Abb. 9.1:
Schematische Darstellung von Ordnung in Abhängigkeit von der Temperatur

Das ist nicht anders als beim Gefrieren von Flüssigkeiten: Wasser gefriert bei 0° C, Sauerstoff bei −219° C und flüssiges Gold bei 1.064° C. Generell gilt auch hier: Je niedriger die Temperatur, desto mehr Stoffe gefrieren.

Wie kann die Natur Ordnung erzeugen?

Im Kapitel 6 sind uns bei der Darstellung des Energiekreislaufs der Elektronen mehrere sehr interessante Vorgänge begegnet. Obwohl diese Prozesse grob betrachtet schon seit einiger Zeit gut bekannt sind, wusste man nicht, wie sie im atomaren Bereich genau ablaufen. Erst in den zurückliegenden Jahrzehnten hat man diesbezüglich viel dazugelernt.

Was vor allem erstaunt und von Fachleuten nicht vorhergesehen worden war, ist, dass die Quantenphysik bei vielen Schritten des Energiekreislaufes eine Schlüsselrolle spielt. Ohne Quantenphysik können die Vorgänge einfach nicht erklärt werden.

Das ist deswegen erstaunlich, weil man in der Forschung normalerweise großen technischen Aufwand betreiben muss, um quantenphysikalische Phänomene beobachten und erzeugen zu können. Wie bereits erwähnt, müssen Systeme dafür in der Regel stark abgekühlt und gut isoliert werden. Wieso aber kann ein einfacher Grashalm – inmitten des Wirrwarrs von Tausenden anderer Prozesse und bei Raumtemperatur – das, was Forscher nur mit größter Mühe erreichen, standardmäßig erreichen? Vielleicht, weil der Grashalm doch nicht so einfach ist?

Diese neueren Entdeckungen erlauben es auch, tiefgründiger als bisher auf grundlegende Fragen einzugehen, zum Beispiel: Wie ist es möglich, dass die Prozesse überhaupt stattfinden? Und wie ist es möglich, dass sie so effizient ablaufen?

Wir wissen, dass für das Funktionieren der Quantenphysik besondere Umstände notwendig sind. Zum Beispiel müssen bestimmte Molekülgruppen kohärent zusammenwirken, oder Distanzen zwischen Molekülgruppen müssen präzise und zeitlich stabil eingestellt sein. Diese Umstände entstehen nicht von selbst, sie müssen kreiert werden. Die Fragestellung lässt sich somit auch folgendermaßen formulieren: Wie schafft es die Pflanze, die Dekohärenztemperatur so zu verändern, dass Ordnungsphänomene bereits bei Raumtemperatur stattfinden können?

Dafür sind übergreifende Mechanismen notwendig, von denen ordnungserzeugende Kräfte ausgehen. Irgendetwas muss die Ordnung erzwingen. Soweit ersichtlich, können ordnungserzeugende Kräfte, wenn sie über einen bestimmten Raumbereich hinweg effektiv wirken sollen, nur von statischen oder dynamischen elektromagnetischen Feldern bereitgestellt werden.

9.2 Ordnung aus Unordnung

Leben ist dadurch gekennzeichnet, dass in Organismen geordnete Prozesse stattfinden. Wie angedeutet, muss die Ordnung irgendwo herkommen. Sie ist nicht von selbst vorhanden. Es wird daher nach einem Mechanismus, einer Wirkung, gesucht, die diese Ordnung herstellen und aufrechterhalten kann.

Betrachtet man ein Glas Wasser, weiß man, dass sich die einzelnen Wassermoleküle wild und willkürlich umherbewegen. Das lässt sich mit einem einfachen Versuch feststellen, der unter dem Begriff der „Brownschen Bewegung" bekannt ist. Dabei werden sehr kleine Teilchen, die unter dem Mikroskop gerade noch sichtbar sind, in Wasser aufgelöst. Dieses Experiment hat der schottische Botaniker Robert Brown im Jahr 1827 zum ersten Mal durchgeführt. Er entdeckte dabei, dass die gelösten Teilchen unregelmäßige und ruckartige Bewegungen ausführen.

Die korrekte Erklärung für dieses Phänomen lieferte im Jahr 1905 Albert Einstein: Er konnte nachweisen, dass die ruckartigen Bewegungen der gelösten Teilchen durch die ungeordneten Wärmebewegungen der Wassermoleküle verursacht werden. Diese stoßen in großer Zahl ständig und aus allen Richtungen gegen die Teilchen. Dabei schubsen sie das Teilchen rein zufällig mal mehr in die eine Richtung und mal mehr in die andere Richtung.

Die gelösten Teilchen dürfen dabei nicht viel größer als einige Mikrometer sein, sonst ist der Effekt nicht mehr zu beobachten. Je größer das Teilchen, desto mehr Wassermoleküle prallen gleichzeitig von allen Seiten darauf, sodass sich die unterschiedlichen Bewegungen, die die einzelnen Wassermoleküle verursachen, statistisch gesehen ausgleichen.

Bei Größenordnungen, die über einige Mikrometer hinausgehen, sind die molekularen Effekte bei diesem Versuch daher nicht mehr sichtbar, und man gelangt in einen Bereich, in dem bekannte klassische Naturgesetze herrschen. Das sind zum Beispiel die Gasgesetze für Temperatur und Druck. Wenn die Temperatur eines Gases um den Faktor zwei erhöht wird, verdoppelt sich der Druck usw.

Beispielhaft ist dies schon anhand eines Partyballons im Kapitel 1 behandelt worden. Wie wir dort gesehen haben, gelten die Gasgesetze im makroskopischen Bereich mit hoher Präzision, wenn genügend Gasmoleküle beteiligt sind. Obwohl sich die einzelnen Gasmoleküle nach wie vor wild durcheinanderbewegen, zeigen sie insgesamt doch bestimmte Gesetzmäßigkeiten. Das ist der Grund, weshalb hier auch von „Ordnung aus Unordnung" gesprochen werden kann. Es ist aber ausschließlich eine statistische Ordnung, das heißt: eine Ordnung aufgrund von sehr großen Zahlen.

Abb. 9.2:
Die Brownsche Bewegung

Links: ungeordnete Bewegungen mehrerer Teilchen mit unterschiedlichen Richtungen und Geschwindigkeiten

Rechts: Statistische Bewegung eines einzelnen Teilchens in der Zeit

Quantenphysikalische Effekte benötigen keine großen Zahlen, sondern treten auch einzeln in der Mikroebene auf.

Wie wir bisher gesehen haben, braucht ein lebender Organismus Substanzen, die durch physikalische Felder in eine bestimmte Ordnung gebracht werden, in der dann quantenmechanische Effekte möglich sind.

Da die Umwelt der Organismen sich in kleineren und größeren Zeitabschnitten laufend verändert, ist eine Anpassung an diese damit verbundene Unordnung notwendig. Dabei spielen wiederum statische und dynamische Felder eine wichtige Rolle.

9.3 Quanteneffekte im Lichtsammelkomplex

In Kapitel 6.4 haben wir die Photosynthese bereits sehr ausführlich betrachtet. Dabei haben wir gesehen, dass ein Photon aufgefangen wird und mit seiner Energie ein energiereiches Elektron erzeugt. Dieser Prozess findet in einem Chlorophyllmolekül statt, das sich mit vielen anderen Chlorophyllmolekülen in einem Lichtsammelkomplex befindet.

Das energiereiche Elektron bildet zusammen mit dem Loch an der Stelle, an der es sich vorher befand, ein sogenanntes „Exciton". Das Exciton bewegt sich danach über den Lichtsammelkomplex von Chlorophyllmolekül zu Chlorophyllmolekül, bis es ein spezialisiertes Molekül, das sogenannte „Reaktionszentrum", erreicht. Hier werden Elektron und Loch getrennt, und das Elektron wird an die Elektronentransportkette weitergegeben.

Bis vor zehn Jahren war das die gängige Darstellung. Sie beinhaltet allerdings ein ungelöstes Problem: Der Transfer des Excitons vom Chlorophyllmolekül zum Reaktionszentrum ist statistisch gesehen viel zu effizient. Ein Lichtsammelkomplex kann einige Hundert bis zu über tausend Chlorophyllmoleküle enthalten; Abbildung 6.10 zeigt nur wenige davon. Wenn ein Photon von einem weit entfernt gelegenen Chlorophyllmolekül aufgefangen wird, muss das Exciton sehr viele Sprünge machen, bis es endlich beim Reaktionszentrum ankommt. Da das Exciton sehr instabil ist, ist die statistische Wahrscheinlichkeit, dass es nie dort ankommen wird, allerdings sehr groß. In Wirklichkeit arbeitet ein Lichtsammelkomplex mit einer nahezu 100-prozentigen Effizienz: Das gilt für alle Chlorophyllmoleküle – auch die, die weit vom Reaktionszentrum entfernt sind.

Infolge dieses Problems musste also eine bessere Beschreibung des Vorgangs gefunden werden. Um dieser auf die Spur zu kommen, beschossen Forscher in Berkeley Lichtsammelkomplexe mit Laserpulsen, die kürzer als eine Picosekunde (1 Picosekunde entspricht 10^{-12} Sekunden, ein Millionstel einer Millionstel Sekunde) dauerten. Sie fanden ein Interferenzmuster wie bei einem Doppelspaltexperiment. Dies ist eine Folge davon, dass ein Teilchen oder Photon mehrere Zustände gleichzeitig einnehmen kann. Derartige Interferenzmuster werden in der Quantenphysik Quantenschwebung genannt.

Das Wort Schwebung ist von der Musik hergeleitet. Wenn zwei Töne, die in der Frequenz nahe beieinanderliegen, gleichzeitig klingen, hört man einen Gesamtton, der periodisch lauter und leiser klingt. Die Periode ist auf die Differenz beider Frequenzen zurückzuführen. Klavierstimmer verwenden diesen Effekt, weil er leicht zu hören ist und genaue Ergebnisse bringt. Liegt der Ton des Instrumentes nahe am Vergleichston, so klingt der Gesamtton periodisch lauter und leiser. Je näher die zwei Töne beisammen sind, desto länger ist die Periode zwischen laut und leise.

Auch können Gruppen von Atomen oder einzelne Atome mit Photonen passender Frequenz bestrahlt werden, sodass sie gleichzeitig zwei oder mehr angeregte Zustände erreichen. Wenn diese angeregten Atome zerfallen, treten dabei Quantenschwebungen auf, das heißt, die abgestrahlten Photonen überlagern sich als unterschiedliche Wellen. Sie erscheinen nicht mehr gleichmäßig abnehmend, sondern treten in der Zeit abwechselnd in größeren und kleineren Mengen auf. Die Überlagerung von zwei Energiezuständen führt also zu Schwebungen, das heißt, zu gewissen Zeiten werden plötzlich überhaupt keine Photonen mehr abgestrahlt.

Das gerade beschriebene Experiment von Berkeley zeigt, dass das Verhalten von Ecitonen ebenfalls einer Quantenschwebung entspricht, da auch hier zeitliche Schwankungen im aufgenommenen Signal auftreten, die dem Interferenzmuster entsprechen, das auch in einem Doppelspaltexperiment zu sehen ist.

Das von einem Photon erzeugte Exciton hüpft also nicht von einem Chlorophyllmolekül zum anderen, um schließlich zum Reaktionszentrum zu gelangen, wie es in Abbildung 6.10 angedeutet ist. Es fließt vielmehr als Quantenwelle gleichzeitig durch viele Chlorophyllmoleküle (siehe Abb. 9.3) hindurch.

So wie ein Elektron beim Doppelspaltexperiment als Quantenwelle durch zwei Spalten gleichzeitig fließen kann, stellt man sich auch hier vor, dass das Exciton als Quantenwelle durch viele Chlorophyllmoleküle gleichzeitig fließen kann.

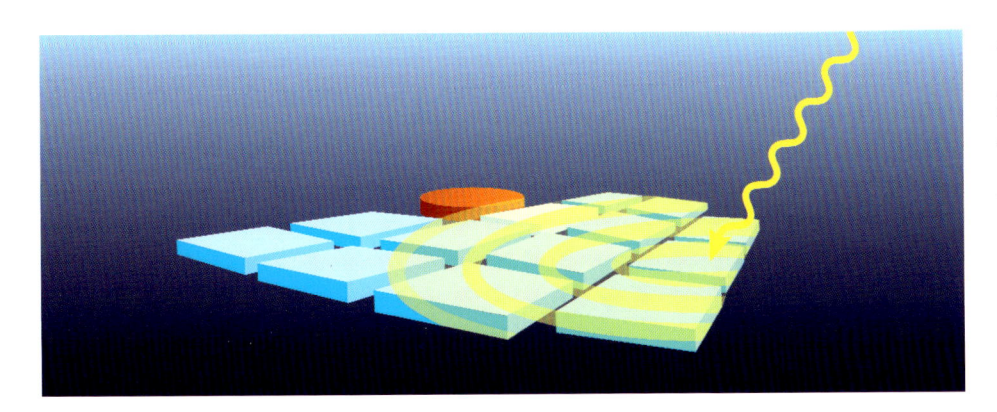

Abb. 9.3:
Das Photon (gelber Pfeil) erzeugt ein Exciton, das als Welle zum Reaktionszentrum (rote Scheibe) fließt und dort aufgenommen wird.

Das Reaktionszentrum wiederum hat andere Eigenschaften und funktioniert als Senke (Endpunkt). Sobald die Exciton-Welle das Reaktionszentrum erreicht hat, wird sie dort geschluckt.

Neueste Untersuchungen eines internationalen Teams des Labors für Attosekundenphysik (1 Attosekunde entspricht 10^{-18} Sekunden) ist erstmals die Beobachtung gelungen, wie sich die Elektronenwolke eines Kryptonatoms zeitlich bewegt wenn eines der Elektronen des Atoms durch einen Lichtimpuls herausgelöst wird. Bekanntlich entsteht durch diesen Vorgang ein einfach positiv geladenes Ion, und an der Stelle wo das Elektron das Atom verlassen hat, entsteht ein positiv geladenes Loch. Dieses Loch kann eine schnelle pulsierende Bewegung durchführen, wobei es sich zwischen einer langgestreckten und einer kompakten Form hin- und herbewegt. (Gou 2010)

Die Bewegungen des Lochs sind eine Superposition der Bewegungen der restlichen Elektronen in der Elektronenschale, aus der das eine Elektron herausgelöst wurde. Derartige Bewegungen werden ebenfalls als eine Quantenschwebung gedeutet.

Die oben beschriebene Erklärung ist interessant und einleuchtend, doch noch nicht vollständig. Damit die Chlorophyllmoleküle sich wie ein einziges „Doppelspaltensystem" verhalten können, müssen sie quasi eine starre Einheit bilden.

Beim wirklichen Doppelspaltexperiment ist der doppelte Spalt in einer Metallplatte eindeutig definiert und verändert sich nicht mit der Zeit. Der doppelte Spalt ist eine starre Einheit. Die Chlorophyllmoleküle in einem Lichtsammelkomplex sind das aber nicht. Sie hängen über flexible Proteinstrukturen zusammen. Sowohl die Chlorophyllmoleküle als auch die Proteinstrukturen führen eigene Wärmebewegungen aus und werden zusätzlich von den sie umgebenden Ionen, Wassermolekülen und anderen Molekülen angestoßen. Hierdurch verändern sich ihre Abstände ununterbrochen, sodass keine gute Nachbildung eines Doppelspaltsystems aufrechterhalten werden kann.

9.4 Weißes Rauschen

Die kleinen Bewegungen, die die Chlorophyllmoleküle aufgrund von Stößen aus der Umgebung erfahren, werden auch mit dem Begriff des „weißen Rauschens" verbunden. Die Minibewegungen sind wie die Blätter eines Baumes, die sich im Wind bewegen. Es sind unwillkürliche, unzusammenhängende Bewegungen, die insgesamt die Hörempfindung des Rauschens verursachen. Es heißt „weißes Rauschen", weil keine Frequenz dabei heraussticht; das ist in Analogie zu den Farben zu verstehen: Wir sehen eine Oberfläche als „weiß", wenn in dem vom Auge aufgefangenen Licht alle Frequenzen des sichtbaren Lichts gleichermaßen vorhanden sind.

Hinsichtlich dieses weißen Rauschens haben Forscher vom MIT (Massachusetts Institute of Technology) und von der Harvard Universität etwas Interessantes entdeckt (Moh 2008). Sie fanden heraus, dass eine geringe Menge des weißen Rauschens den Transport des Excitons durch den Lichtsammelkomplex unterstützen kann. Ohne diese Unterstützung durch das weiße Rauschen würde das Exciton auf dem Weg irgendwo stecken bleiben. Wenn dagegen das weiße Rauschen zu kräftig ist, werden die Chlorophyllmoleküle stark durcheinandergeschüttelt und können als Gesamtheit nicht mehr als eine gute Nachbildung eines Doppelspaltsystems funktionieren, und eine vorhandene Superposition wird zerstört.

Nach Berechnungen der Forscher läuft der Transport des Excitons durch den Lichtsammelkomplex gerade bei den auf der Erde herrschenden Temperaturen optimal ab. Diese Übereinstimmung ist bemerkenswert und ein eindeutiger Hinweis darauf, wie die Natur es schafft, die Quantenphysik dort einzusetzen, wo sie die erforderlichen biochemischen Vorgänge vorteilhaft unterstützen kann (Llo 2011).

9.5 Farbiges Rauschen

Das weiße Rauschen, das die Chlorophyllmoleküle erfahren, wird von Stößen durch die Ionen und Moleküle in ihrer unmittelbaren Umgebung verursacht. Daneben führen die Chlorophyllmoleküle und die mit ihnen verbundenen Proteinstrukturen auch eigene Schwingungen aufgrund der Umgebungstemperatur aus. Diese Wärmebewegungen sind jedoch nicht willkürlich, sondern hängen mit dem genauen Aufbau der Moleküle und der mit ihnen verbundenen Strukturen zusammen.

Kleine Teile schwingen mit hohen Frequenzen, größere Teile schwingen mit niedrigeren Frequenzen gegeneinander. Insgesamt ergibt sich ein Spektrum, bei dem bestimmte Frequenzen herausragen. Das ist der Grund, warum bei den eigenen Schwingungen der Molekülteile und der mit ihnen verbundenen Proteinstrukturen von „farbigem Rauschen" gesprochen werden kann. Eine bestimmte optische Farbe kann damit jedoch nicht verbunden werden; der Begriff bringt lediglich zum Ausdruck, dass bestimmte Frequenzen überrepräsentiert sind.

Die Schwingungen des farbigen Rauschens sind stärker als die des weißen Rauschens und verhindern die Fortbewegung des Excitons, wenn sie willkürlich und nicht aufeinander abgestimmt sind. Das ist offensichtlich nicht der Fall: Seit Milliarden von Jahren wandern Excitonen erfolgreich über Lichtsammelkomplexe und erreichen ihre dazugehörigen Reaktionszentren.

Das heißt aber, dass die Schwingungen aller beteiligten Moleküle im Lichtsammelkomplex genau aufeinander abgestimmt sein müssen, sodass sie quasi im Takt schwingen. Oder anders ausgedrückt: Die Moleküle bewegen sich kohärent. Das wurde von Alexandra Olaya-Castro und ihrem Mitarbeiter Edward O'Reilly in einer theoretischen Studie am University College London auch nachgewiesen. Sie konnten zeigen, dass sich das Exciton und die Moleküle des Lichtsammelkomplexes an einer gemeinsamen Schwingung beteiligen, wodurch das Exciton sein Ziel erreichen kann (O'R 2014).

Hier zeigt sich eine Parallele zu den kohärenten Domänen im Wasser (siehe Kapitel 5). Diese Domänen werden ebenfalls durch eine elektromagnetische Schwingung stabilisiert, die dem Energieinhalt eines angeregten Niveaus der Wassermoleküle entspricht. Somit lässt sich zu Recht behaupten, dass sich die Chlorophyllmoleküle in einem Lichtsammelkomplex wie eine kohärente Domäne im Wasser verhalten.

9.6 Der Tunneleffekt

In der Quantenphysik werden Teilchen durch Wellenfunktionen beschrieben. Diese überdecken einen räumlichen Bereich, in dem sich das Teilchen überall gleichzeitig, jedoch mit unterschiedlicher Wahrscheinlichkeit, befindet.

So gesehen ist das Teilchen auf Quantenniveau ein über den Raum ausgedehntes, weiches Gebilde. Diese „Weichheit" ist der Grund dafür, dass es dort auftauchen kann, wo „normale" Teilchen nie hinkommen. So dringt die Wellenfunktion von Quantenteilchen zu einem geringen Anteil in Barrieren ein, die für normale Teilchen undurchdringbar sind. Auf Quantenniveau sind das üblicherweise elektromagnetische Barrieren oder Barrieren, die von der Kernkraft herrühren.

Wir können uns das wie einen Topf mit Wänden vorstellen, in dem das Quantenteilchen wie eine Kugel am Boden liegt oder hin- und herrollt. In der klassischen Physik kann die Kugel ohne Hilfe von außen nie aus dem Topf herauskommen. In der Quantenphysik hingegen ist das möglich, da es eine Wahrscheinlichkeit dafür gibt, dass es die Wand als Welle durchdringen kann. Dieser Effekt des Durchdringens heißt „Tunneleffekt". Es ist, als ob ein Tunnel durch die Wand gebohrt wurde, wodurch das Teilchen entweichen kann.

Beispiel: der Alpha-Zerfall

Ein schönes Beispiel für den Tunneleffekt gibt der „Alpha-Zerfall". Die schwersten Atomkerne der chemischen Elemente sind radioaktiv, das heißt: Sie senden radioaktive Strahlung aus. Bei den Kernen der Uran-Atome wird ein Alphateilchen ausgesendet. Alphateilchen bestehen aus zwei Protonen und zwei Neutronen, die zusammen eine stabile Einheit bilden. Der Kern des Heliums ist ein Alphateilchen.

Den Atomkern des Urans kann man sich wie einen Topf vorstellen, in dem sich das Alphateilchen befindet (siehe Abb. 9.4). Das Alphateilchen ist in einem metastabilen und damit energetisch höheren Zustand (siehe Kapitel 6.1). Entweicht es aus dem Topf, kann es einen energetisch niedrigeren Zustand annehmen. Dazu muss es aber über den Rand des Topfes gehoben werden (wenn nur die klassische Physik gilt) oder durch die Wand hindurchtunneln (mithilfe der Quantenphysik). Die Wahrscheinlichkeit für diesen letzten Prozess ist klein, aber größer als null.

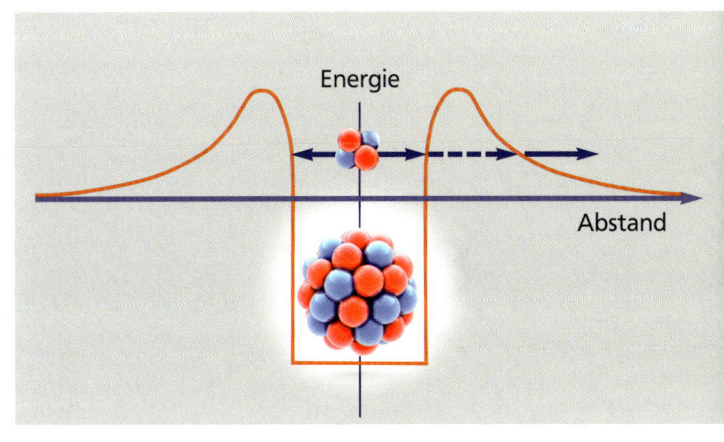

**Abb. 9.4:
Atomkern mit Alphateilchen**

In Zahlen ausgedrückt sieht die Situation für Atomkerne des Urans wie folgt aus: Wenn man heute 100 Uran-Atome in einem Behälter aufbewahrt, sind nach 4,5 Milliarden Jahren im Durchschnitt 50 davon zerfallen, das heißt: 50 der 100 Alphateilchen haben es in der Zeit geschafft, aus dem Topf herauszukommen. Die verbleibenden Alphateilchen müssen noch darum kämpfen und unter Umständen weitere 4,5 Milliarden Jahre oder sogar noch länger warten. Wir sehen, wie diese kleinen Zerfallswahrscheinlichkeiten über 4,5 Milliarden Jahre auch zu einer Wirkung führen.

Die Wahrscheinlichkeit des Auftretens eines Tunneleffekts ist abhängig von der Breite und Höhe der Energiebarriere, die zu durchtunneln ist. Dadurch verfügt die Natur über eine Art „Steuerungshebel": Tunnelvorgänge von Elektronen können zum Beispiel durch die Breite der Barriere – also durch die Veränderung des Abstandes zwischen den beteiligten Atomen oder Molekülen – beschleunigt oder verzögert werden.

Tunneleffekt von Elektronen im Komplex I der Mitochondrien

In Kapitel 6 wurde der Weg der Elektronen durch den Lichtsammelkomplex sowie durch die pflanzlichen und tierischen Elektronentransportketten geschildert. Am Ende des Citratzyklus wird in den Mitochondrien ein wichtiger Teil der Energie, die vorher in Glucose gespeichert war, in den energiereichen Elektronen des NADH-Moleküls konzentriert. Diese werden an Komplex I der Elektronentransportkette abgegeben. Die energiereichen Elektronen des $FADH_2$-Moleküls werden an Komplex II der Elektronentransportkette abgegeben.

Die Elektronen durchlaufen die Komplexe auf ganz bestimmten Wegen, die mittlerweile sehr gut untersucht sind. Als Beispiel wird hier Komplex I beschrieben: Die vom NADH übernommenen Elektronen werden im Komplex I zuerst von einer FMN (Flavinmononucleotid)-Gruppe aufgenommen. Danach wandern sie durch eine Reihe von FeS (Eisen-Schwefel)-Zentren, bis sie schließlich an Q10 abgegeben werden.

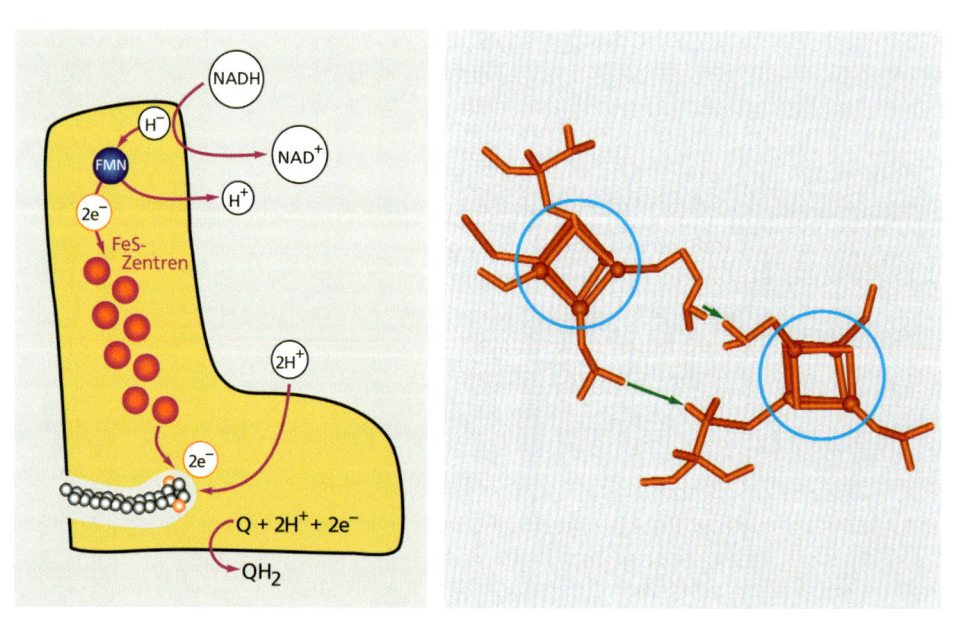

Abb. 9.5:
Der Weg der Elektronen durch die FeS-Zentren im Komplex I der Elektronentransportkette (siehe Abb. 4.4)

Links: Übersicht des ganzen Weges durch Komplex I.

Rechts: Schematische Darstellung möglicher Detailwege zwischen zwei (blau eingekreisten) FeS-Zentren. Die roten Verzweigungen sind Molekülketten, die den materiellen Elektronentransport verwenden. Die Lücken werden durch den in der Quantenmechanik bekannten Tunneleffekt überbrückt (grüne Pfeile).

Zwei der FeS-Zentren sind in Abbildung 9.5 rechts mit blauen Kreisen angedeutet. Die weiteren Strukturen sind Wege, die von den Elektronen ebenfalls benutzt werden können, um vom einen zum nächsten Zentrum zu gelangen. In Abbildung 9.5 rechts fällt auf, dass es scheinbar räumliche Lücken zwischen den FeS-Zentren gibt, die übersprungen werden müssen. Man könnte meinen, dass die Elektronen diese Lücken frei fliegend überbrücken – das ist aber nicht der Fall. Sie sind immer an eines der FeS-Zentren oder an Unterstrukturen im Komplex gebunden und bewegen sich daher nicht frei von einem bis zum nächsten gebundenen Zustand, sondern überspringen die räumlichen Entfernungen ohne Zeitverzögerung. Das geschieht durch den quantenphysikalischen Tunneleffekt.

In Abbildung 9.6 sind die FeS-Zentren durch aufeinanderfolgende Mulden, die immer ein wenig tiefer dargestellt sind, angegeben. Ein gebundenes Elektron ist wie eine Kugel, die sich unten in einer Mulde befindet. Laut der klassischen Physik kann eine Kugel nur zur nächsten Mulde gelangen, wenn sie über den Rand hochgehoben wird. Dafür wird Energie benötigt. Laut der Quantenphysik hingegen kann ein Elektron auch ohne Energiezufuhr direkt bis zur nächsten Mulde wandern. Das Elektron muss nicht über den Berg gehoben werden, es „tunnelt" durch den Berg hindurch.

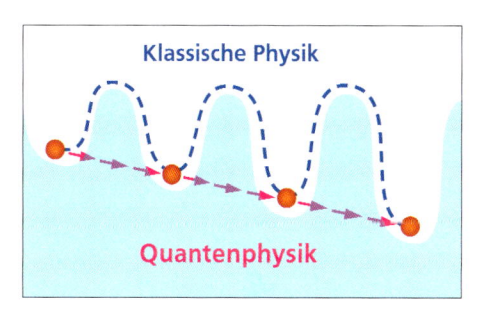

Abb. 9.6:
Der Elektronenweg zwischen Bindungsstellen: Tunneleffekt versus klassischer Weg

Der Tunneleffekt gehört zu den vielen erstaunlichen Quantenphänomenen, die mittlerweile bekannt sind. „Bild der Wissenschaft" schrieb im Mai 2010 in einem Artikel: *„Zeitlos im Quantentunnel. Elementarteilchen können Hindernisse ‚durchtunneln'. Neue Experimente zeigen überraschenderweise, dass sie dafür keinerlei Zeit brauchen."* Noch überraschender ist vielleicht, dass dieser Effekt in jedem Mitochondrium in jeder tierischen und in jeder menschlichen Zelle stattfindet.

Tunneleffekt von Protonen

Enzyme sind die „Arbeitstiere" der Zellen. Sie unterstützen beim überwiegenden Teil der biochemischen Reaktionen in der Zelle den Prozessablauf. Im Allgemeinen wird gesagt, dass sie die Reaktionen beschleunigen, indem sie die Aktivierungsenergie, die überwunden werden muss, herabsetzen, damit es überhaupt zu einer Reaktion kommen kann, (siehe Abb. 9.7).

Das trifft auch zu, ist aber wohl etwas zu einfach formuliert. Damit es zu einer Reaktion kommen kann (Herabsetzung der Aktivierungsenergie), müssen die Ausgangsstoffe der Enzymreaktion zunächst genau definierte Positionen zueinander und zum Enzym einnehmen. Das geschieht im „aktiven Zentrum" des Enzyms.

Das Enzym vollführt somit eigentlich zwei Kunststücke:

1. Es bringt die beteiligten Moleküle in sehr präzise Positionen.
2. Anschließend arrangiert es einige Atome im aktiven Zentrum derart, dass die Aktivierungsenergie tatsächlich herabgesetzt wird.

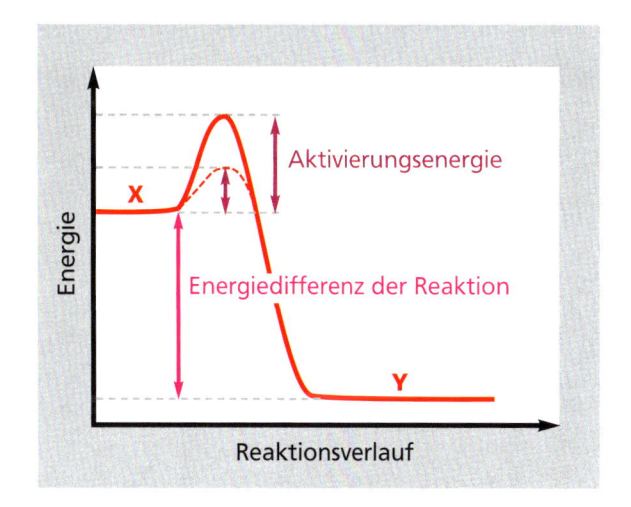

Abb. 9.7:
Darstellung der Aktivierungsenergie einer Reaktion ohne und mit Beteiligung eines Enzyms

So detailliert wurde der Prozess bis vor Kurzem noch nie betrachtet, sondern man hat die Vorgänge eher pauschal hingenommen. Wenn man aber genau hinschaut, kann man über die präzise Steuerung der Vorgänge nur staunen und erkennt, dass der Ablauf von willkürlichen Zufallsbewegungen weit entfernt ist.

Sehr oft sind Enzyme für die Verknüpfung oder Lösung von Bindungen zuständig. Ribosomen zum Beispiel verknüpfen Aminosäuren zu Proteinen, die RNA-Polymerase verknüpft Ribonukleotide zu einem RNA-Strang, und die DNA-Polymerase verknüpft Desoxyribonukleotide zu einem komplementären DNA-Strang.

Ein weiteres Beispiel behandelt das Enzym Kollagenase. Die Aufgabe dieses Enzyms ist es, das Kollagen, das in bestimmten Wachstumsphasen eines Organismus nicht mehr gebraucht wird, abzubauen. Kollagen ist das Strukturprotein der extrazellulären Matrix sowie das wichtigste Eiweiß im tierischen Körper.

Kollagenfasern bestehen aus einzelnen langen Proteinketten. Jeweils drei dieser Ketten sind in einer rechtsdrehenden Helix arrangiert.

Die Kollagenase zerlegt also die Kollagenproteine in die einzelnen Aminosäuren, aus denen sie aufgebaut sind. Dazu muss die Kollagenase unter anderem folgende Schritte durchlaufen:

1. Sie muss hergestellt und

2. zum richtigen Ort gebracht werden.

3. Sie muss sich an eine Kollagenfaser binden,

4. an dieser Faser entlanggleiten und

5. dabei die Faser auseinanderwickeln.

6. Sie muss immer genau dort haltmachen, wo sich eine Bindung – genau gesagt: eine Peptidbindung – zwischen den Aminosäuren befindet, und

7. die Bindung auflösen.

Jede dieser Aktionen ist bereits ein Kunststück für sich.

Allerdings ist diese Auflistung längst nicht umfassend: Vielmehr kann jeder der sieben Schritte weiter spezifiziert werden, was im Folgenden für Schritt 7 (das Auflösen der Bindung) exemplarisch dargestellt wird.

Die Peptidbindung, durch die die Aminosäuren aneinandergekettet werden, ist eine Bindung zwischen dem Stickstoffatom (N) der einen Aminosäure und einem Kohlenstoffatom (C) der anderen Aminosäure. Es handelt sich dabei um eine kovalente Bindung, das heißt: Die beiden Atome teilen sich ein Elektronenpaar.

Abb. 9.8:
Zwei Aminosäuren verbinden sich über eine Peptid-Bindung.
Dabei wird ein Wassermolekül frei. Zur Auflösung der Bindung wird wiederum ein Wassermolekül gebraucht. Die Reaktion läuft dann in umgekehrter Richtung ab.

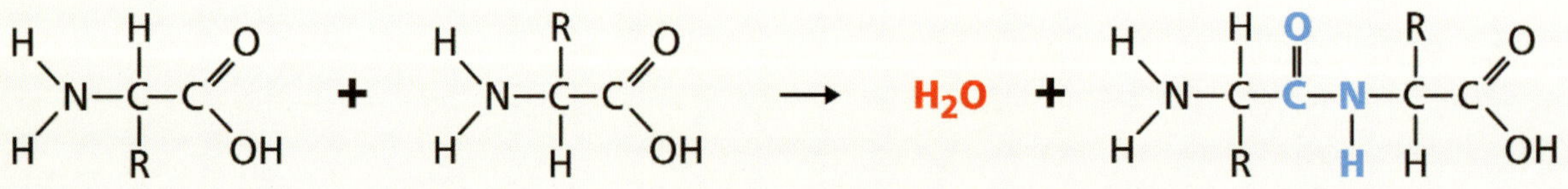

Die gemeinsamen negativ geladenen Elektronen ziehen die beiden positiv geladenen Atome an und bewirken so die Bindung. Diese Peptidbindungen sind sehr stabil; es erfordert einen hohen Energieaufwand, sie ohne spezielle Werkzeuge aufzubrechen.

Diese erforderliche Energie ist die bereits genannte Aktivierungsenergie (siehe auch Abb. 9.7). Sie wird durch das Enzym Kollagenase bereitgestellt.

Schritt 7 kann nun in folgende Teilschritte unterteilt werden:

7.1 Die Peptidkette wird an einer genau festgelegten Stelle innerhalb des Enzyms durch Wasserstoffbrückenbindungen stabilisiert.
(Abb. Teilschritt 7.1)

7.2 Ein Wassermolekül wird in die Nähe der Peptidbindung gebracht.
(Abb. Teilschritt 7.2)

7.3 Das Wassermolekül gibt an das C-Atom ein Elektron ab; dieses wandert zum daran gebundenen O-Atom weiter, wodurch das O-Atom negativ geladen ist.

7.4 Im Wassermolekül fehlt jetzt ein Elektron, wodurch es ein relativ freies Proton (ein Wasserstoffatom ohne Elektron ist ein Proton) enthält.

7.5 Das weniger gebundene Proton wandert zwischen dem Wassermolekül und dem sich in der Nähe befindenden Stickstoffatom der C-N-Bindung hin und her. Dieses Wandern ist kein freies Wandern, sondern beruht – wie beim Elektron in der Elektronentransportkette – auf dem quantenmechanischen Tunneleffekt. (Abb. Teilschritt 7.5)

7.6 Während der Zeit, in der das Proton sich beim Stickstoffatom befindet, zieht es ein Elektron aus der zu lösenden C-N-Bindung und lockert dadurch die Bindung.

7.7 Zur gleichen Zeit wird im aktiven Zentrum des Enzyms ein positiv geladenes Zink-Atom in Richtung des negativ geladenen O-Atoms geschoben.
(Abb. Teilschritt 7.7)

7.8 Dadurch wird das O-Atom stark zum Zink-Atom hingezogen und damit auch an das daran gebundenen C-Atom und somit auch an die C-N-Bindung.

7.9 Wenn das Proton die Bindung genügend gelockert hat und das Zink-Atom kräftig genug zieht, bricht die C-N-Bindung auf, und die Peptidbindung zwischen den beiden Aminosäuren ist damit gelöst.

Auch in diesem Beispiel wird nicht nur deutlich, wie erstaunlich genau die Vorgänge ablaufen, sondern auch, wie genau bestimmte Positionen eingenommen werden müssen. Die gesamte Beschreibung des Vorgangs steht im krassen Widerspruch zu der Vorstellung, dass wir es hierbei mit willkürlichen, auf der Statistik beruhenden Bewegungen zu tun haben.

Der Protonen-Tunneleffekt kann auch bei der DNA auftreten (siehe Kapitel 7.4). Bei der Transkription oder Verdoppelung muss sich das Proton entscheiden, zu welcher Seite es sich gesellen will. Normalerweise geht es dann dorthin, wo seine Aufenthaltswahrscheinlichkeit am größten ist. Es gibt aber eine geringe Wahrscheinlichkeit, dass es an der anderen (falschen) Seite landet, wodurch dann eine Mutation ausgelöst wird.

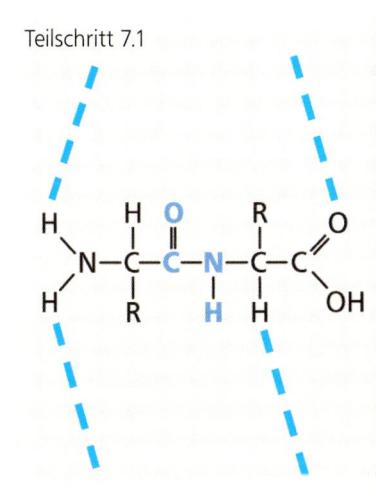

9.7 Der Magnetsinn der Tiere

Der außerordentliche Orientierungssinn, den viele Tierarten aufweisen, ist ein besonderes Phänomen, das bis vor Kurzem nach einer Erklärung suchte. Viele Zugvogelarten, Fische, Schildkröten oder auch Schmetterlinge ziehen jährlich über Distanzen von Tausenden von Kilometern in die Ferne und kehren nach Monaten oder manchmal auch erst nach Jahren wieder zurück. Dabei ist die Präzision, mit der es ihnen gelingt, zum Ausgangsort zurückzukehren, erstaunlich. Doch wie gelingt ihnen das?

Wie lässt sich der präzise Orientierungssinn der Tiere erklären?

Ein früherer Erklärungsansatz war, dass sie sich an der Sonne, den Sternen, der Landschaft oder sonstigen Merkmalen orientieren. Doch alle diese Möglichkeiten konnten auf Dauer als Erklärung nicht standhalten, denn die Tiere behielten ihre Fähigkeit zur Präzision auch bei Nacht, bei Wolken, bei Nebel und unter Wasser bei, das heißt: wenn die Wahrnehmung dieser Merkmale beeinträchtigt war.

Selbstverständlich wurde auch das Erdmagnetfeld als Erklärungsansatz in Betracht gezogen: Vielleicht würden sich die Tiere daran orientieren können? Das Problem, das sich mit dieser Vorstellung sofort auftut, ist: Wie können die Tiere das Magnetfeld spüren – und nicht nur spüren, sondern sogar seine Richtung feststellen? Welcher Mechanismus, der das bewirkt, ist im tierischen Körper vorhanden? Dabei ist zu bedenken, dass das Erdmagnetfeld im Verhältnis zu den Feldern, die wir technisch erzeugen können, nur sehr schwach ist.

Während des Zweiten Weltkrieges stellte der amerikanische Physiker Henry Yeagley Forschungen mit Brieftauben an. (Yea 1947) Er befestigte kleine Magnete an den Flügeln einiger Tauben und gleich schwere nichtmagnetische Kupferstücke an den Flügeln einiger anderer Tauben (Kontrollgruppe). Die Mehrzahl der Vögel, die mit den Kupferstücken versehen waren, fand den Heimweg, die Mehrzahl der Vögel mit den Magneten nicht. Das Ergebnis war ein Hinweis darauf, dass die Brieftauben einen Magnetsinn, der sich durch andere Magnetfelder stören lässt, für die Orientierung nutzen.

Zur detaillierteren Forschung des Magnetsinns bei Vögeln konstruierte der deutsche Zoologe und Verhaltensforscher Wolfgang Wiltschko in den 1960er-Jahren am Zoologischen Institut in Frankfurt am Main einen speziellen Käfig. Dieser Käfig konnte vom Erdmagnetfeld abgeschirmt und in ein künstlich erzeugtes schwaches Magnetfeld gestellt werden. (Wil 1968) Mit einem Rotkehlchen als Versuchstier gelang Wiltschko der experimentelle Nachweis, dass die Tiere das künstlich erzeugte Magnetfeld wahrnehmen können und ihr Verhalten entsprechend den Magnetfeldänderungen anpassen. In den Folgejahren wurde der Magnetsinn bei insgesamt etwa 50 Tierarten nachgewiesen.

Abb. 9.9:
Tauben, und viele andere Tiere nutzen einen Magnetsinn für die Orientierung.
Damit ist es ihnen möglich, nach langer Zeit und über Tausende Kilometer an ihren Heimatort zurückzukehren.

Worauf ist der Magnetsinn zurückzuführen?

So weit zu den experimentellen Befunden, die mittlerweile nicht mehr zu leugnen sind. Eine Erklärung für die Befunde zu finden hat allerdings gedauert.

Anfänglich wurde gedacht, dass in speziellen Zellen der Tiere „Mini-Magnetchen" vorhanden sein könnten. Tatsächlich wurden in vielen Tierarten und Mikroorganismen, die einen Magnetsinn besitzen, auch winzige Kristalle aus Magnetit gefunden. Magnetit ist ein magnetisches Mineral, das Eisenoxid enthält. Die Magnetit-Kristalle können aber nur bei manchen Organismen die Ursache für den Magnetsinn sein; als generelle Erklärung dienen sie nicht.

Beim Rotkehlchen, das zweifellos über einen Magnetsinn verfügt, konnte zum Beispiel kein Magnetit gefunden werden. Außerdem hatte Wiltschko im Laufe seiner Untersuchungen festgestellt, dass Rotkehlchen ihren Magnetsinn verlieren, wenn ihnen die Augen verbunden werden. Der Magnetsinn der Rotkehlchen muss also irgendwo in den Augen angesiedelt sein und ist zusätzlich von der Photoneneinstrahlung in die Augen abhängig. (Wil 1981)

Der deutschen Physiker Klaus Schulten schlug zur Erklärung einen chemischen Mechanismus vor, der eine Verbindung zwischen den Augen und dem Magnetsinn herstellt. (Rit 1981)

In den Augen gibt es das lichtempfindliche Protein Cryptochrom, das unter Lichteinfluss freie Radikale bilden kann. Freie Radikale sind Atome oder Moleküle, die ungepaarte Elektronen besitzen und dadurch sehr reaktiv sind. Man könnte auch sagen, dass sie sich in einem stark metastabilen Zustand befinden.

Solche Zustände sind heikel, sie bieten aber auch besondere Möglichkeiten (siehe Kapitel 6). Gerade weil sie so heikel sind, sind sie selbst für sehr geringe Einflüsse empfindlich und können so als „Detektor" für schwache Signale – wie zum Beispiel auch für ein schwaches Magnetfeld – dienen.

Chemische Bindungen bestehen meistens daraus, dass sich die beteiligten Atome ein Elektronenpaar teilen. Die Elektronen des Paares haben einen entgegengesetzten Spin (anti-parallel) und sind miteinander verschränkt (siehe Kapitel 5.8). Fängt das Cryptochrom ein Photon auf, kann dadurch ein solches verschränktes Elektronenpaar aufgebrochen werden, und die beteiligten Atome bewegen sich auseinander. Beide Atome sind jetzt freie Radikale, da sie ein ungepaartes Elektron besitzen. (Nie 2013)

Interessanterweise kann die Quantenverschränkung der Elektronen erhalten bleiben, auch wenn die Atome auseinanderfliegen. Sie kann sogar noch erhalten bleiben, wenn der Spin eines der beteiligten Elektronen sich umdreht. Auf diese Weise entsteht ein verschränktes Elektronenpaar, das an die jeweiligen Atome (Radikale) gebunden ist und aus einer Superposition (= Überlagerung mehrerer physikalischer Größen, ohne dass sie sich gegenseitig behindern) von parallelen und anti-parallelen Spin-Zuständen besteht. Es ist dieses Gleichgewicht zwischen parallelen und anti-parallelen Zuständen, das auf Veränderungen des äußeren Magnetfeldes sehr empfindlich reagiert. (Rit 2004)

Nach kurzer Zeit reagieren die verschränkten freien Radikale dann mit anderen Atomen. Abhängig davon, in welchem Spin-Zustand sich das Radikalenpaar gerade befindet, entstehen unterschiedliche Reaktionen, die ein Maß für die Größe des vorhandenen Magnetfeldes sind.

9.8 Der Versuch Quantenphänomene zu deuten

Die Quantenphysik wurde am Anfang des vorigen Jahrhunderts entdeckt und seitdem auf theoretischer, experimenteller und praktischer Ebene immer weiter ausgebaut. Neben der Relativitätstheorie Albert Einsteins bildet die Quantenphysik mit der Quantenfeldtheorie die Grundlage unseres Wissens über die physikalische Welt. Dass die Quantenphysik kein „Hirngespinst" ist, zeigt sich schon allein darin, dass sie für viele Erfindungen, die heute in die alltägliche Welt Einzug gehalten haben, die Grundlage bildet. Beispiele dafür sind das Elektronenmikroskop, der Laser und die Kernspintomografie.

Obwohl die Quantenphysik sowohl theoretisch als auch experimentell sehr gut untermauert ist, lässt sich nicht sagen, dass sie auch gut verstanden ist. Wir wissen zwar, dass die Formeln der Quantenphysik stimmen, aber wir sind uns nicht sicher, was wir uns unter dem, was sie beschreiben, genau vorstellen sollen.

Wir selbst leben nicht im Bereich der Quantenphänomene. Wenn wir nun versuchen, die Quantenphänomene zu verstehen, beschreiben wir sie bei diesem Versuch mit den Begriffen aus unserer alltäglichen Welt. Es liegt auf der Hand, dass das nicht funktionieren kann, denn es sind nun einmal unterschiedliche Welten. Beim Versuch der Interpretation müssen wir zwangsweise spekulieren und berühren damit den Bereich der Philosophie.

Vor allem rätselhaft ist für uns die Interpretation der Wellenfunktion:
Was bedeutet nun eigentlich, dass Teilchen Welleneigenschaften besitzen?

Im Laufe der Zeit haben sich einige unterschiedliche Deutungen etabliert. Die erste ist die „Kopenhagener Deutung", die aus den Diskussionen zwischen den Physikern Niels Bohr und Werner Heisenberg resultierte. Ihre Theorie: Solange ein Teilchen unbeobachtet bleibt, entwickelt sich seine Wellenfunktion mit allen potenziellen Möglichkeiten kontinuierlich weiter. Der Akt der Beobachtung löst dann eine abrupte Veränderung aus, die meist als „Kollaps der Wellenfunktion" bezeichnet wird. Danach befindet sich das Teilchen in einem definierten klassischen Zustand. Die Wahrscheinlichkeit, welcher Zustand entsteht, wird durch die Wellenfunktion festgelegt.

Eine zweite, sehr spekulative Interpretation ist die „Vielwelten-Interpretation". Sie besagt, dass die Wellenfunktion nicht wirklich kollabiert und nach der Beobachtung nicht als nur eine Möglichkeit weiter existiert. So lässt sie alle Möglichkeiten weiter bestehen, wobei wir nur eine davon wahrnehmen. Die Welt spaltet sich in mehrere Zweige auf, wobei wir nur in einem davon weiter existieren. In dieser Interpretation befinden wir uns in einem Multi-Universum, wobei jeweils nur eines der vielen Universen für uns zugänglich ist.

Bei einer dritten Interpretation steht die Dekohärenz im Mittelpunkt. Diese Interpretation behauptet, dass die Wellenfunktion (die eine Superposition von vielen Möglichkeiten in sich birgt) auch ohne Beobachtung bereits sehr schnell zu einer Entscheidung gezwungen wird. Demnach bestehen kohärente Superpositionen (siehe auch Kapitel 5) nur so lange, wie noch keine Wechselwirkung mit der restlichen Welt stattgefunden hat. Einzelne Luftmoleküle oder Photonen würden die Kohärenz bereits sehr schnell zerstören. Man könnte auch sagen, dass bei dieser Interpretation die Umgebung die Rolle des Beobachters übernimmt und durch sie der Kollaps der Wellenfunktion herbeigeführt wird.

10. Kapitel

Vom Reduktionismus zur Ganzheitlichkeit

10.1 Das faszinierende Zusammenspiel innerhalb der Zelle

10.2 Faszinierende Vernetzungen innerhalb und zwischen Organismen

10.3 Vom Reduktionismus über Quantenphysik zum Vitalfeld

10.4 Ist das Bewusstsein ein Quanteneffekt?

Vom Reduktionismus zur Ganzheitlichkeit

10.1 Das faszinierende Zusammenspiel innerhalb der Zelle

In diesem Buch finden Sie eine Auswahl an Beispielen für die vielen wunderbaren Prozesse, die in der Zelle stattfinden. Im Gegensatz zu den Standardlehrbüchern der molekularen Zellbiologie liegt der Fokus dabei nicht darauf, die einzelnen chemischen Abläufe zu beschreiben. Vielmehr geht es darum, einen Eindruck davon zu vermitteln, wie genau koordiniert eine meist große Anzahl unterschiedlicher Prozesse zusammenarbeiten muss, damit ein bestimmtes Ergebnis erreicht werden kann.

Die Zelle arbeitet dazu unter anderem mit Codes und Mustern (Kapitel 7); sie kreiert kohärente Bereiche und strengt sich an, die lebenswichtigen metastabilen Energiezustände innerhalb der Zelle mittels zum Beispiel Elektronentransportketten zu erhalten.

Die Reichweite dieser Koordinationsprozesse wird erst richtig deutlich, wenn man sich die Mühe macht, sein Blickfeld ein wenig zu erweitern. Denn dann sieht man plötzlich nicht nur ein einzelnes Enzym bei der Arbeit, sondern Dutzende von Enzymen, die gleichzeitig an unterschiedlichen Stellen die gleiche Arbeit verrichten.

Ein Beispiel dafür wurde im Kapitel über Kohärenz (Kapitel 4) bereits erwähnt: die DNA-Polymerasen, die bei der DNA-Verdopplung während der Zellteilung aktiv sind. Die DNA-Verdopplung an sich ist bereits ein äußerst komplexer Vorgang und erfordert die Koordination vieler Einzelvorgänge, die in der Nähe der einzelnen DNA-Polymerasen ablaufen. Doch darüber hinaus ist noch ein hohes Maß an Koordination auf höheren Ebenen notwendig.

Alle Chromosomen sind gleichzeitig zu verdoppeln. Dazu müssen genügend DNA-Polymerasen angefertigt werden sowie zur rechten Zeit am richtigen Ort bereitstehen und mit ihrer Arbeit beginnen. Eine DNA-Polymerase pro Chromosom reicht dazu aber nicht aus; dafür arbeitet sie zu langsam. Im Schnitt werden etwa 40 DNA-Polymerasen pro Chromosom benötigt. Diese müssen also präzise über die Länge des Chromosoms verteilt sein und gleichzeitig beginnen. Das ist jedoch nicht leicht, da die DNA in den Chromosomen auch in dieser Phase nicht ausgestreckt ist (dafür wäre sie viel zu lang), sondern gewunden und geknäuelt vorliegt.

Darüber hinaus sind noch weitere Schritte zu koordinieren: Die Histone müssen den DNA-Doppelstrang abwickeln, entwinden und trennen; für die neuen DNA-Ketten müssen genügend Bausteine bereitstehen; zudem müssen vorher schon neue Histone angefertigt worden und nun einsatzbereit sein. Selbstverständlich müssen die neuen Histone dieselben Histonmodifikationen (epigenetische Prägungen) erhalten wie die Histone der ursprünglichen DNA-Kette.

Diese Histonkodierungen sind in der Regel sehr komplex, wie wir in Kapitel 7.4 gesehen haben. Wo diese Kodierungen so lange zwischengespeichert und wie sie abgelesen und umgesetzt werden, ist unbekannt. Ganz allgemein ist noch nicht geklärt, wie die zeitliche und örtliche Koordination, die bei allen diesen Schritten erforderlich ist, zustande kommt. Die heutige Zellbiologie hat dafür kein Modell.

10.2 Faszinierende Vernetzungen innerhalb und zwischen Organismen

Verknüpfungen des Knochens mit lebenswichtigen Funktionen

Kalzium befindet sich in Knochen und Zähne: Das ist zwar nützliches Basiswissen, doch es beschreibt nur einen Bruchteil der Wirklichkeit.

99 Prozent des im Körper vorkommenden Kalziums sind tatsächlich in Knochen und Zähnen gebunden, davon über 90 Prozent in den Knochen. Dort verbleibt es aber nicht permanent, denn die Knochen dienen zusätzlich als Speicherort für Kalzium, das heißt: Bei Kalziummangel kann ein Teil davon aus den Knochen gelöst und für andere Aufgaben zur Verfügung gestellt werden.

Auch wenn kein Mangel vorliegt, herrscht in den Knochen rege Aktivität. Im Rahmen des Knochenumbaus werden täglich etwa 20 Gramm Kalzium zwischen Knochen und extrazellulärer Flüssigkeit ausgetauscht.

Die Kalzium-Konzentration in der extrazellulären Flüssigkeit ist um einen Faktor 10.000 höher als die in den Zellen. Auf diese Weise ist Kalzium daran beteiligt, das Membranpotenzial aufrechtzuerhalten. Neben Kalium und Natrium spielt Kalzium eine wichtige Rolle bei der Reizübertragung in Nerven- und Muskelzellen. Aber auch in anderen Zellen haben Kalziumionen eine wesentliche Bedeutung: unter anderem als Signal-Ion (second messenger), beim Stoffwechsel und bei der Aktivierung einiger Enzyme und Hormone. Außerhalb der Zellen ist Kalzium unter anderem an der Blutgerinnung beteiligt.

Bei Frauen kommt noch eine weitere Funktion hinzu: Sie brauchen für den Eisprung und die Menstruation zusätzlich Kalzium. Deshalb sinkt vor der Menstruation der Östrogenspiegel, da Östrogen als Kontrollmedium für die Kalziumdepots im Knochen betrachtet werden kann. Ist weniger Östrogen vorhanden, wird mehr Kalzium freigesetzt.

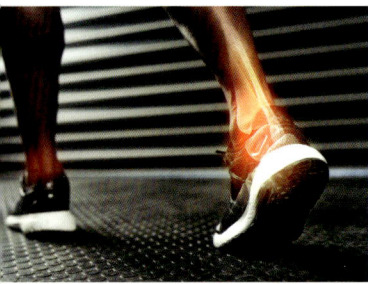

Abb. 10.1:
Dass Bewegung gut für das Knochensystem ist, wissen inzwischen viele. Diese positive Wirkung entsteht zum Teil durch im Knochen eingelagertes Silicium, das minimale Stromstöße verursacht. Dadurch wird die Hormonbildung angeregt und die Regenerationskraft des Knochens gefördert.

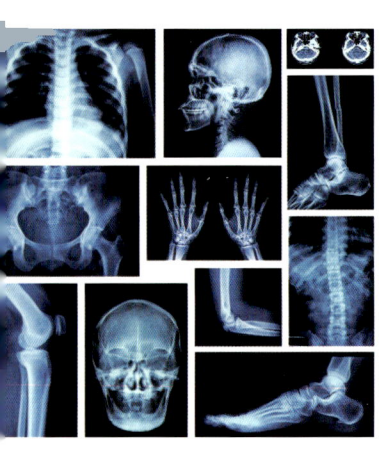

Abb. 10.2:
Zwischen dem Skelett und anderen Organen bestehen vielfältige Wechselwirkungen. Zum Beispiel stellt das Knochenmark dem Herzen Stammzellen zur Verfügung, wenn diese gebraucht werden.

So weit zu den Wundern des Kalziums. Alle diese Möglichkeiten stecken im Grunde nicht im Kalzium an sich, sondern sie kommen nur zum Tragen, weil der Körper entsprechende Moleküle verwendet und Prozesse konstruiert hat, durch die die Eigenschaften des Kalziums vorteilhaft genutzt werden können.

Beim Knochen verhält es sich nicht anders: Knochen ist nicht nur Knochen, und das war's. Wie dargestellt, wird der Knochen fortwährend umgebaut, wobei altes Knochengewebe von Osteoklasten abgebaut und neues von Osteoblasten am selben oder an einem anderen Ort gebildet wird. Dieser Prozess dient dem Erhalt eines stabilen und funktionsfähigen Skeletts, das ohne diesen Reparaturmechanismus schnell verschleißen würde. Die Aufgaben bestehen einerseits darin, die Schäden, die durch alltägliche Beanspruchungen entstehen, zu reparieren, und andererseits darin, die genaue Knochenform der Beanspruchung anzupassen.

Vitamin D3 ist wichtig für die Knochen: Es fördert sowohl die Entstehung von Osteoklasten aus Vorläuferzellen als auch die Aktivität der Osteoblasten. Zudem fördert es durch seine Wirkungen auf Darm und Nieren die Erhöhung des Kalziumangebots. So bewirkt Vitamin D3 insgesamt den Aufbau von Knochensubstanz.

Durch das im Knochen eingelagerte Silicium werden bei Belastung kleine Stromstöße verursacht (Piezoelektrischer Effekt). Diese elektrischen Impulse regulieren das im Knochen eingelagerte Silicium, und das regt die Regenerationskräfte im Knochen und die Hormonbildung an.

Darüber hinaus ist auch der Knochen selbst ein hormonbildendes Organ: Es handelt sich dabei um das Hormon Osteocalcin, das von den Osteoblasten freigesetzt wird. Eine der Funktionen von Osteocalcin besteht darin, die Mineralisierung des Knochens zu verhindern. Weiterhin wurde herausgefunden, dass Osteocalcin in den Hoden die Produktion von Enzymen fördert, die für die Testosteronproduktion notwendig sind. Aufgrund dessen ist Osteocalcin ein Faktor für das Überleben männlicher Keimzellen, und das Skelett hat einen regulierenden Einfluss auf die Fruchtbarkeit des Mannes. Das führt zu folgendem Schluss: Um den Testosteronspiegel beim Mann zu erhöhen, kann man etwas für seine Knochen tun, indem der Vitamin-D3-Spiegel erhöht wird.

Beim Osteocalcin werden immer mehr und neue Verflechtungen entdeckt. So weisen neue Forschungserkenntnisse dem Osteocalcin zum Beispiel auch den Blutzucker senkende und den Fettabbau fördernde Funktionen zu. In der Bauchspeicheldrüse bewirkt das Hormon, dass Insulin freigesetzt wird. Davon profitieren auch die Muskel- und Gehirnzellen, weil mehr Glucose in sie hineingeschleust werden kann. So hängen nicht nur Diabetes und Knochen, sondern auch Diabetes und Osteoporose zusammen.

Eine weitere Verknüpfung der Knochen besteht mit der Niere. Die aktive, wirksame Form des Vitamins D3 ist das Calcitriol. Es wird in der Niere aus dem Vorläufermolekül Calcidiol hergestellt. Der gesunde Knochen braucht Vitamin D3. Erkrankt die Niere, geht es auch dem Knochen schlecht.

Eine bedeutende Funktion des Knochens ist die Aufbewahrung von Stammzellen im Knochenmark. Tritt beispielsweise ein Herzproblem auf, erhält das Knochenmark ein Signal, um Stammzellen zur Verfügung zu stellen und an das Blut abzugeben. Die Stammzellen im Blut korrelieren mit der Gesundheit des Herzens.

Das Herz ist auf die Reparatur mittels Stammzellen angewiesen. Sobald das Herz ausgewachsen ist, kann es selbst keine neuen Zellen mittels Zellteilung mehr produzieren.

Zellvermehrung birgt die Gefahr der Entstehung von Krebs in sich. Auf diese Weise ist das Herz gegen Krebs geschützt. Dass die Reparatur mit Stammzellen offensichtlich funktioniert, zeigt sich im folgenden Beispiel: Bei einem Mann, dem das Herz einer Frau transplantiert worden war, fand man nach seinem Tod männliche Zellen im Herzen. Das heißt: Seine männlichen Stammzellen hatten am weiblichen Herzen Reparaturen vorgenommen.

Insgesamt zeigt sich hier ein eindrucksvoll verflochtenes Bild, bei dem der Knochen mit fast jedem Organ im Körper zusammenhängt.

Verknüpfungen bei Befruchtung und Schwangerschaft

Bei der Befruchtung kommt eine Samenzelle zur Eizelle, dringt in sie ein, und die beiden Chromosomenbestände verschmelzen zu einem neuen Zellkern, der den Anfang eines neuen Wesens bildet. Damit die neue Keimzelle einen geeigneten Platz zum Wachsen findet, muss die Schleimhaut der Gebärmutter entsprechend vorbereitet sein. Das ist allgemein bekannt.

Weniger bekannt ist allerdings, dass noch viel mehr Vorbedingungen und Umstände stimmen müssen, damit der Prozess der Embryonalentwicklung erfolgreich vonstattengehen kann.

Die Samenflüssigkeit und die Spermien sind für die Frau Fremdkörper. Das Ejakulat dient aber der Fortpflanzung und darf deshalb nicht abgestoßen werden. Damit das Immunsystem der Frau die Spermien und Samenflüssigkeit nicht sofort angreift und auf Zerstörung umschaltet, muss es diese Substanzen tolerieren. Dazu enthält die Samenflüssigkeit hilfreiche Substanzen wie Prostaglandin, Spermidin und Spermin, aber auch andere Stoffe, wie Opiate, die das Immunsystem vermindern.

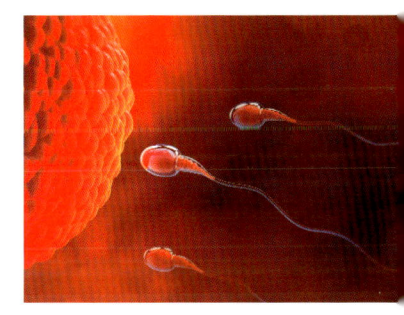

Abb. 10.3:
Würden Samenflüssigkeit und Spermien nicht über ein System verfügen, mit dem sie das Immunsystem der Frau vermindern können, würden sie sofort als Fremdkörper angegriffen, und eine Befruchtung wäre nicht möglich.

Es wäre für das Leben der Frau gefährlich, wenn ihr Immunsystem seine Aufgabe auch in anderen Bereichen vermindert ausführen würde. Zur Unterstützung der gemeinsamen Aufgabe sind in der Samenflüssigkeit insbesondere auch eigene immunologische Strukturen des Mannes vorhanden. Diese bewegen sich zu den dendritischen Zellen der Frau, um dann zu den Lymphknoten weiterzuwandern.

So passt sich das Immunsystem der Frau teilweise dem Immunsystem des Mannes an und erzeugt aufgrund der kodierten Blaupause des Mannes bei der Frau einen Immunzustand, in dem die Samenflüssigkeit und die Spermien toleriert werden. Dieser Prozess ist Teil der Anpassungen, die notwendig sind, um den Körper der Frau auf die befruchtete Eizelle vorzubereiten.

Darüber hinaus ist Spermidin ein Stoff, der den Körper zur Verjüngung anregt. Spermidin treibt die Autophagozytose an: Das ist die Fähigkeit des Körpers, die eigenen nicht mehr gebrauchten Zellen zu vernichten.

Die Menge von Spermidin im Organismus erhöht sich bei einer Beschleunigung des Stoffwechsels. Auch während der Schwangerschaft steigt der Spermidinwert an, damit die Frau auf diese Zeit optimal vorbereitet ist.

Sie muss sich aber nicht nur mit dem Immunsystem des Mannes auseinandersetzen und sich daran anpassen, sondern wird auch nachhaltig von dem in ihr heranwachsenden neuen Leben verändert. Dabei stehen wieder die Stammzellen im Fokus; das Phänomen wird als „Mikrochimärismus" bezeichnet (von Chimära, einem Mischwesen der griechischen Mythologie): Darunter versteht man im Allgemeinen das Überleben fremder Zellen im Körper.

Entdeckt wurde dieses Phänomen, als im Blut einer Mutter die DNA ihres Kindes nachgewiesen wurde. Weitere Untersuchungen haben gezeigt, dass das keine Ausnahme, sondern ein allgemein vorkommendes Phänomen ist. Offensichtlich ist die Plazenta unter diesem Aspekt nicht ganz „dicht", sodass Zellen in beide Richtungen hindurchwandern können. Das bedeutet, dass zwischen Mutter und Kind eine weitergehende Ganzheitlichkeit existiert, als bisher angenommen wurde.

Von diesem Phänomen profitiert vor allem die Mutter, denn was sie von dem heranwachsenden Kind bekommt, sind hauptsächlich Stammzellen. Diese sind noch nicht ausgereift und deshalb für vielfältige Einsatzbereiche nutzbar. Sie helfen der Mutter dabei, sich möglichst schnell von den Strapazen und/oder auch Wunden (wie beim Kaiserschnitt) der Geburt zu erholen. Auch ist bekannt, dass sie zum Herzen wandern und zur Verjüngung der Herzmuskulatur beitragen.

Die Anzahl der Zellen, die Mutter und Kind gegenseitig austauschen, steigt mit jeder weiteren Schwangerschaft an. Wird die Mutter nach dem ersten Kind nochmals schwanger, erhält sie auch die Zellen des zweiten Kindes. Das wiederholt sich bei jeder Schwangerschaft. Die Zellen des Erstgeborenen gehen von der Mutter auch auf die jüngeren Geschwister über.

Die Stammzellen bewegen sich auch zur Brust, um den Körper der Mutter auf das Stillen vorzubereiten. Teilweise ändern sich die Stammzellen dort in Milch produzierende Zellen um. Teilweise bleiben sie jedoch auch als aktive Stammzellen erhalten und passen auf, dass keine Mutationen entstehen. Auf diese Weise sollen sie eine mögliche Krebsentstehung verhindern. Frauen, die einige Kinder geboren haben, erkranken deutlich weniger an Brustkrebs als Frauen, die keine Kinder geboren haben.

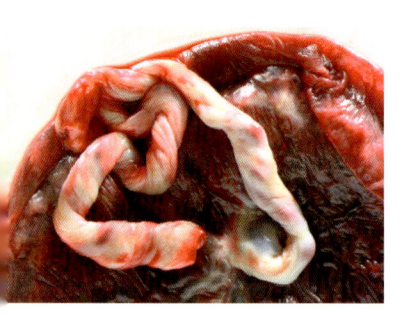

Abb. 10.4:
Über die Plazenta erhält eine werdende Mutter Stammzellen von ihrem Kind. Diese helfen bei Heilungsprozessen und tragen zur Verjüngung des Herzens bei.

Abb. 10.5:
Mehrere Schwangerschaften erhöhen den Stammzellenaustausch zwischen Kindern und Mutter. Das hat unter anderem den Effekt, dass mehrfache Mütter sehr viel seltener Brustkrebs bekommen.

10.3 Vom Reduktionismus über Quantenphysik zum Vitalfeld

Die reduktionistische Betrachtung ist lückenhaft

Bislang wurde in der Zellbiologie der Weg des Reduktionismus (siehe auch Kapitel 4.2) beschritten, der darin besteht, die Dinge so weit auseinanderzunehmen, bis alle ihre Einzelheiten bekannt sind, und dann darauf zu hoffen, dass man dadurch auch versteht, wie sie funktionieren. Dieses Vorgehen war lange Zeit erfolgreich, denn um zu wissen, wovon man spricht, muss man tatsächlich erst einmal sehen, was in einer Zelle alles vorhanden ist.

Dieser Punkt ist inzwischen erreicht: Die Zelle wurde so weit auseinandergenommen und erforscht, dass man ihre einzelnen Bestandteile klassifiziert und gesehen hat, wie sie vernetzt sind. Im Gegensatz dazu weiß man aber sehr wenig darüber, wie diese Vernetzung gesteuert und aufrechterhalten wird. Um die Zelle als Ganzes zu verstehen, ist die Methode des Reduktionismus nicht länger die relevante Herangehensweise.

Faktisch werden im reduktionistischen (chemisch-mechanistischen) Modell die Lebensvorgänge von Organismen nicht erklärt, sie werden nur beschrieben. Das Missverständnis ist, dass man eine detaillierte Beschreibung für eine Erklärung hält.

Die Quantenphysik öffnet die Tür für eine ganzheitliche Betrachtung

Doch diese, seit etwa 100 Jahren festgefahrene Situation verändert sich gerade. Der Grund dafür ist die Quantenphysik. Sprich: Quantenphysiker haben sich interdisziplinär auf den Fachbereich der Biologie gestürzt und mittlerweile bewiesen, dass viele biologische Prozesse nur mithilfe der Quantenphysik eine korrekte Erklärung finden können.

Im Gegensatz zum chemisch-mechanistischen Modell besteht Materie in der Quantenphysik nicht mehr aus Einheiten, die sich an einem Ort befinden und eine bestimmte Energie haben. Es gibt hier Unbestimmtheiten, die zu erstaunlichen Ergebnissen führen, zum Beispiel dass ein Elektron gleichzeitig durch 2 Spalten gehen und in einem Atom mehrere Energiezustände gleichzeitig einnehmen kann.

Während die ersten Erklärungsversuche der Quantenphysiker vor einigen Jahrzehnten in der biologischen Fachwelt noch mit großer Skepsis betrachtet wurden, ist heute eine viel größere Offenheit für diese Erklärungsansätze zu spüren. Wenn Sie beispielsweise das Wort „Quantum" in pubmed eingeben (pubmed ist die weltweit größte Datenbank für medizinische Veröffentlichungen), wird Ihnen allein für das erste Halbjahr 2018 eine Anzahl von 6.215 Treffern angezeigt.

Die Quantenphysik birgt die Vorstellung in sich, dass natürliche Systeme und ihre Eigenschaften nicht als Zusammensetzung und Zusammenwirken ihrer Teile, sondern als Ganzes zu betrachten sind. Mit der Quantenphysik kann erklärt werden, wie eine größere Anzahl von gleichen Molekülen im Mikrobereich zusammenarbeiten. Beispiele dafür sind die kohärenten Domänen in Wasser (siehe Kapitel 4) und die Chlorophylle der Lichtsammelkomplexe (siehe Kapitel 9).

Weitere Erklärungserfolge der Anwendung der Quantenphysik auf die Biologie, die in diesem Buch besprochen wurden, sind:

- der Tunneleffekt von Elektronen in der Elektronentransportkette der Mitochondrien;
- der Tunneleffekt von Protonen bei der Enzymwirkung und bei spontanen Mutationen in der DNA;
- die Quantenverschränkung als Grundlage des Magnetsinns bei Tieren;
- die Quantenschwebung als Grundlage des Transportes der Excitonen zur pflanzlichen Elektronentransportkette;
- der Beitrag von Rauschsignalen zur Unterstützung der Stabilität angeregter Elektronen(Quanten)zustände für die Energiegewinnung.

Mit der Entstehung der Quantenbiologie hat das Monopol der reduktionistischen Betrachtungsweise, das über ein Jahrhundert lang in der Biologie vorgeherrscht hat, nun sein Ende gefunden.

Die Quantenbiologie allein reicht nicht

Die Entstehung der Quantenbiologie ist ein wesentlicher neuer Schritt für das Verständnis von biologischen Prozessen auf Mikroebene. Für viele Forscher mag das den Eindruck erwecken, als hätten wir die betroffenen Prozesse jetzt wirklich verstanden. Doch nichts ist weniger wahr!

Wir können viele Details dieser Prozesse heute zwar viel präziser beschreiben, aber komplett verstanden haben wir sie noch immer nicht. Neben der Komplexität ist die geringe Fehleranfälligkeit der Lebensprozesse beeindruckend. Wie in Kapitel 1 beschrieben, war das schon dem Quantenphysiker Erwin Schrödinger in den 1930er-Jahren in Bezug auf die Vererbung aufgefallen – also weit bevor die Struktur der DNA überhaupt entdeckt wurde. Schrödingers Verwunderung ist heute noch genauso angebracht wie damals. Wir wissen nicht, wie die einzelnen Schritte aufeinander abgestimmt und koordiniert werden. Erinnern wir uns zum Beispiel an die Komplexität der Spaltung der Peptidbindung im Zusammenhang mit der Kollagenase, wobei das Protonen-Tunneling ein wichtiger Schritt ist (siehe Kapitel 9.6.). Dort werden viele Schritte aufgeführt, die durchlaufen werden müssen. Der quantenmechanische Effekt, das Tunneln des Protons, ist Schritt 7e. Alle anderen Schritte sind nur dazu da, diesen Effekt zu ermöglichen und den Prozess erfolgreich abzuschließen.

Der komplette Ablauf der Spaltung der Peptidbindung kann tatsächlich als ein Tanz von Atomen, Elektronen und Protonen betrachtet werden. Die Choreografie ist vorgeschrieben, die Tänzer müssen genau festgelegte Plätze einnehmen und genau festgelegte Bewegungen durchführen. Dabei gibt es zwei wichtige Fragen: 1) Wo ist diese Choreografie festgelegt und 2) wie wird sichergestellt, dass sie korrekt durchlaufen wird?

Auf diese Fragen hat auch die Quantenbiologie keine Antwort. Die Quantenbiologie ermöglicht zwar wichtige Schritte im gesamten Tanz, sie führt aber keine Regie. Nach wie vor kennen wir in der regulären Biologie, mitsamt der Quantenbiologie, keine übergreifenden, regieführenden Mechanismen.

Leben kann durch die Quantenphysik nicht „erklärt" werden, sondern die Quantenphysik zusammen mit biologischen Feldern eignet sich lediglich zu einer besseren Beschreibung der Unterschiede zwischen belebter und unbelebter Materie in ihren Erscheinungsformen (siehe auch Kapitel 10.4).

Biologische Felder

Die Quantenphysik hat die Tür für eine ganzheitliche Betrachtung der Zellprozesse geöffnet. Es fehlen aber offensichtlich übergreifende Kontrollmechanismen der beschriebenen Quantenprozesse, die sowohl örtlich als auch zeitlich die Kontrolle übernehmen können. Wodurch können die übergreifenden Kontrollmechanismen realisiert werden? Die Antwort ist einfach: Wenn die bisher von der Biologie angenommenen zufälligen molekularen Kontaktwechselwirkungen als Erklärung für das Überleben und die Erhaltung der Ordnung in der Zelle nicht anwendbar sind, braucht man etwas Grundlegenderes. Dafür kommen nur Felder infrage. Felder reagieren mit Lichtgeschwindigkeit, durchziehen den Raum, Felder bewirken eine Kontinuität, geben Anhaltspunkte und einen Orientierungssinn. Ohne Gravitationsfeld zum Beispiel könnte sich Leben auf der Erde nicht halten. Gegenstände würden in alle Richtungen fliegen und niemals wiederkehren. Auch das Wasser würde im Nu verschwunden sein.

Das Beispiel der Gravitation kann als eine Metapher für biologische Felder gelten. Ohne ein biologisches Feld würden sich die Moleküle in einer Zelle willkürlich hin- und herbewegen und nur sehr selten und zufällig am gewünschten Ort ankommen. In Kapitel 8 wurde Professor Igor Jerman aus Ljubljana zitiert. Seiner Meinung nach hinkt die Biologie mit der Vorstellung von lauter zufälligen Kontaktwechselwirkungen ohne ein übergreifendes Feldkonzept der Physik um einige Hundert Jahre hinterher. Damit vertritt er die Meinung vieler Biologen und Biophysiker, die ebenfalls davon ausgehen, dass Felder für die Erklärung der Lebensvorgänge unentbehrlich sind. Sie sind aber noch in der Minderheit, wodurch biologische Feldkonzepte es noch nicht bis in die Schulbücher und universitären Lehrgänge geschafft haben.

Leben kann auch nicht durch den Kontrollmechanismus von Feldern auf Atome und Moleküle „erklärt" werden. Biologische Felder eignen sich zusammen mit quantenmechanischen Gesetzen lediglich zu einer besseren Beschreibung der Unterschiede zwischen belebter und unbelebter Materie in ihren Erscheinungsformen (siehe auch Kapitel 10.4).

Elemente des Vitalfelds

Im Laufe der Zeit haben sich Forscher mit der Thematik von biologischen Feldern beschäftigt und dafür unterschiedliche Begriffe verwendet, wie zum Beispiel Biofeld, Lebensfeld oder morphogenetisches Feld. In diesem Buch wird der Begriff Vitalfeld verwendet. Das Vitalfeld ist definiert als die Gesamtheit aller bio-elektromagnetischen und quantenmechanischen Vorgänge in einem lebenden Organismus.

Woraus besteht nun das Vitalfeld? Einerseits aus den Komponenten, die in Kapitel 2.2 besprochen wurden: aus statischen elektrischen Feldern, statischen magnetischen Feldern, elektromagnetischen Wechselfeldern und elektrischen Strömen. Andererseits kommen noch die in Kapitel 5.5 genannten Möglichkeitsfelder der Quantenphysik hinzu.

Es sind vor allem die elektromagnetischen Komponenten, die für den Zusammenhalt der Zelle verantwortlich sind. Die Verwendung dieser Komponenten verschafft Zellen und Organismen eine fast unendliche Palette von Möglichkeiten. Auf die Frage: Was kann die Zelle mit diesen Feldern anfangen, lautet die Antwort: Fast alles! Die Frage ist vergleichbar mit der Frage: Was kann aus Protonen, Neutronen und Elektronen gebaut werden? Die Antwort hierauf lautet ebenfalls: Fast alles! Aus Protonen, Neutronen und Elektronen ist sowohl die tote als auch die lebende Natur aufgebaut. Ähnlich ist es mit den Komponenten des Vitalfelds, die wir im Buch besprochen haben: Sie werden von der Natur für sehr viele Funktionen eingesetzt. Weitere Forschung auf dem Gebiet des Vitalfeldes wird uns noch wesentlich mehr Grundlagen erschließen.

Die Zelle ist eine Einheit, die durch starke elektrische Felder aufrechterhalten wird. Wie in Kapitel 7 beschrieben, gibt es in einer lebenden Zelle extrem starke elektrische Felder. Die Membranspannung einer gesunden Zelle beträgt etwa 70 Millivolt (mV). Geteilt durch die Membrandicke von etwa 5 Nanometern (nm) ergibt sich eine elektrische Feldstärke von 14 Millionen Volt pro Meter (V/m). Hier haben wir das erste von vielen weiteren statischen Feldern, die zur Strukturbildung innerhalb der Zelle beitragen, die zwischen etwa 500.000 V/m und größer 3,5 Millionen V/m liegen. Neben statischen Feldern gibt es in einer Zelle auch dynamische Felder. Die Kombination von beiden bewirkt, dass in der gesamten Zelle komplexe und äußerst effektive Steuerungsmechanismen für geladene Teilchen in Form von Feldlinienstrukturen vorhanden sind. Jedes elektrisch geladene Teilchen, wie zum Beispiel Ionen, wird sich – entsprechend seiner Ladung – an diesen Feldlinien entlang durch die Zelle bewegen. Dies ist natürlich keine zufällige Bewegung.

Der unterschiedliche Bedarf beispielsweise an Ionen, Molekülen oder Proteinen muss zu jedem Zeitpunkt an jedem Ort in einer Zelle gedeckt werden können. Das ist nur mit dynamischen Feldstrukturen möglich. Die Forschergruppe von Michal Cifra an der Universität in Prag zeigte, wie derartige Feldstrukturen zum Beispiel durch die Schwingungen von Mikrotubuli in der Zelle entstehen können (Cif 2011).

Ein weiteres Element des Vitalfeldes ist die Kommunikation. Man muss sich nur ein wenig mit der Funktechnik beschäftigen, um zu realisieren, wie viele Möglichkeiten der Übertragung von Informationen durch den Elektromagnetismus gegeben sind. Der ganze Frequenzbereich von etwa 1 Hertz (Hz) bis zur UV-Strahlung von etwa 10^{15} Hz ist in Zellen nachgewiesen worden. Sie verwenden diesen Frequenzbereich zur Kommunikation, indem die elektromagnetischen Wellen auf unterschiedlichste Weise moduliert und angepasst werden.

In Kapitel 7 haben wir ebenfalls gesehen, dass dynamische Wechselfelder zur Struktur- und Formbildung beitragen. So können die unterschiedlichsten Teile des elektromagnetischen Spektrums ihren Beitrag zum gleichen Ziel liefern: dem Bauen und Überleben von Zellen und Zellverbindungen. Hier spielen vor allem die fraktalen Prinzipien aus Kapitel 3 eine wichtige Rolle. Fraktal aufgebaute Frequenzstrukturen, die über viele Größenordnungen fein abgestimmt sind, können die räumlichen Strukturen eines Organismus und deren Zellsysteme stabilisieren und allein dadurch gesundheitliche Verbesserungen bewirken.

10.4 Ist das Bewusstsein ein Quanteneffekt?

Seitdem man weiß, dass Quantenphänomene in der Biologie existieren, mehren sich auch die Spekulationen, dass diese ebenfalls im Gehirn stattfinden können und dass das Gehirn schließlich wie ein Quantencomputer funktioniert. Weil Quantencomputer im Prinzip sehr leistungsfähig sind, hätte man hiermit das enorme geistige Potenzial des Menschen erklärt, so die Idee. Nicht nur die Leistungsfähigkeit, auch das Bewusstsein des Menschen würde man so erklären können, weil durch die quantenmechanische Verschränkung und Kohärenz die Ganzheitlichkeit gegeben sein würde, die wir als Menschen von unserem eigenen Bewusstsein erfahren.

Zwei Forscher, die sich hiermit lange Zeit beschäftigt haben, sind der englische Mathematiker Roger Penrose und der amerikanische Mediziner Stuart Hameroff. Sie schlagen vor, dass sich die Qubits des menschlichen Quantencomputers in den Mikrotubuli der Gehirnzellen befinden würden. Diese Diskussion ist noch lange nicht abgeschlossen. Es ist anzunehmen, dass man auf Dauer Quantenphänomene im Gehirn finden wird, doch die Sache mit dem Bewusstsein ist nach wie vor stark umstritten.

Hierzu hat sich neulich auch der amerikanische Quantenphysiker Mark Tegmark geäußert. (Teg 2000) Nach seiner Berechnungen können kohärente Beobachtungen nicht länger als 10^{-20} Sekunden im Gehirn existieren; dann würden sie durch Dekohärenz zerfallen. Das ist selbstverständlich viel zu kurz für unsere bewussten Empfindungen. Vorläufig gibt es keinen konkreten Hinweis darauf, dass das Bewusstsein durch Quanteneffekte kreiert wird.

Entscheidet das Gehirn oder der Mensch?

Viele Hirnforscher und auch andere Wissenschaftler und Gelehrte, die behaupten, wir hätten keinen freien Willen, beziehen sich mit ihrer Ansicht auf einen bekannten Test des amerikanischen Neurophysiologen Benjamin Libet.

Bei diesem Test müssen die Probanden in einem selbst gewählten Moment einen Knopf drücken – oder eine andere Bewegung ausführen –, während gemessen wird, was in den Gehirnen der Testpersonen vorgeht. Es stellte sich heraus, dass immer wieder die Gehirne zuerst aktiv wurden und die Person sich erst danach bewusst dafür entschied, die vorgegebene Aktion auszuführen. Auf der Zeitachse sah das in etwa so aus:

- 0,4 Sekunden vor der Handlung wurde das Gehirn aktiv,
- 0,2 Sekunden vor der Handlung wurde der Person die geplante Aktion bewusst,
- bei 0,0 Sekunden wurde die Handlung durchgeführt.

Die Schlussfolgerung der Experten war naheliegend: Die bewusste Entscheidung ist irrelevant; das Gehirn hat die Entscheidung zuvor bereits getroffen.

Libet selbst war aber ein Befürworter des freien Willens. Er führte deshalb weitere Experimente durch, um für seine Einstellung eine Bestätigung zu finden. Er entdeckte dabei, dass die oben beschriebene Reihenfolge tatsächlich stimmte, dass sich die Person, bevor die Handlung wirklich ausgeführt wurde, aber noch entscheiden konnte, diese zu unterlassen. Die Testperson hat also im Zeitfenster zwischen –0,2 und 0,0 Sekunden ein bewusstes „Veto-Recht" beziehungsweise einen Entscheidungsspielraum, ob sie die Handlung durchführt oder nicht.

Gehirn und Bewusstsein

Die meisten Gehirnforscher meinen, dass Denken und Bewusstsein ausschließlich chemisch zu erklären sind. Der australische Neurophysiologe und Nobelpreisträger Sir John Carew Eccles (1903-1997) war, wie Libet, damit nicht einverstanden. Im Jahr 1963 gewann er den Nobelpreis für Medizin für seine Arbeit an den Synapsen der Gehirnzellen. Aufgrund seiner akribischen Forschungen im Bereich der Mikrobiologie des Gehirns behauptete er, dass die Materie unfähig sei, geistige Phänomene zu schaffen. Nur eine geistige (spirituelle) Wirklichkeit sei dazu fähig.

Eccles stellte fest, dass wir aus wissenschaftlicher Sicht die materialistische Auffassung, der zufolge das menschliche Bewusstsein ein Produkt der Materie sei, rundweg ablehnen müssen. Jeder Mensch hat eine unsterbliche Seele, so lautete seine Behauptung. Gemäß Eccles besitzen wir einen nicht materiellen Geist, der handelt und von unserem materiellen Gehirn beeinflusst wird. Es gibt eine geistige Welt neben der physischen Welt, die beide interagieren. Er betonte, dass angesichts der Wunder des Lebens die moderne Wissenschaft eine Botschaft der Demut vermittelt. Die echten Qualitäten des Menschen sind nicht nur sein Gehirn und Intelligenz, sondern auch seine Kreativität und Vorstellungskraft. Eccles sprach von zwei Gewissheiten: der Einzigartigkeit des Menschen in seiner Körperlichkeit und der spirituellen Existenz seiner unsterblichen Seele.

Zu diesen Ansichten gelangte der Hirnforscher nicht allein durch den Glauben, sondern auch durch die Erkenntnis, dass die Neurologie trotz aller Fortschritte bislang keine befriedigende Erklärung für das Ich-Bewusstsein des Menschen liefern konnte. Er polemisierte daher gegen die modernen Bewusstseinsforscher, die meinen, dass eine solche Erklärung gegenwärtig in Reichweite liegen würde. Er glaubte allerdings, „die Frage nach der Herkunft des Selbst lässt sich nur religiös beantworten. Es wird uns gegeben, es ist der Geist Gottes."

Eccles hat mehrere populärwissenschaftliche Bücher über diese Thematik verfasst. Sein bekanntestes Werk schrieb er zusammen mit dem Philosophen Karl R. Popper, dem Begründer des Kritischen Rationalismus: Das Buch erschien 1977 unter dem Titel „The self and its brain" (auf Deutsch: „Das Ich und sein Gehirn"). Ihre Schlussfolgerung: Jedem Menschen sei ein besonderes „Ich-Bewusstsein" eigen, das nicht allein auf die materiellen Hirnvorgänge zurückzuführen sei, sondern umgekehrt diese steuere und beeinflusse. „Das Gehirn gehört dem Ich und nicht umgekehrt", formulierten sie. (Ecc 1977)

Diese Aussagen hätten auch von Max Planck stammen können, für den – wie im Vorwort erwähnt – das „Geistwesen" die Steuerungen des Körpers übernimmt. Davon ausgehend ist dann auch die Erklärung für den zeitlichen Ablauf des Libet-Experiments sehr einfach. Das Ich oder Geistwesen gibt einen Impuls auf das Gehirn, und erst danach wird der Befehl ausgeführt. Natürlich kann dieses Wesen die beschriebene Kette jederzeit beispielsweise wieder verändern oder unterbrechen.

Anhang

Weitere Informationen

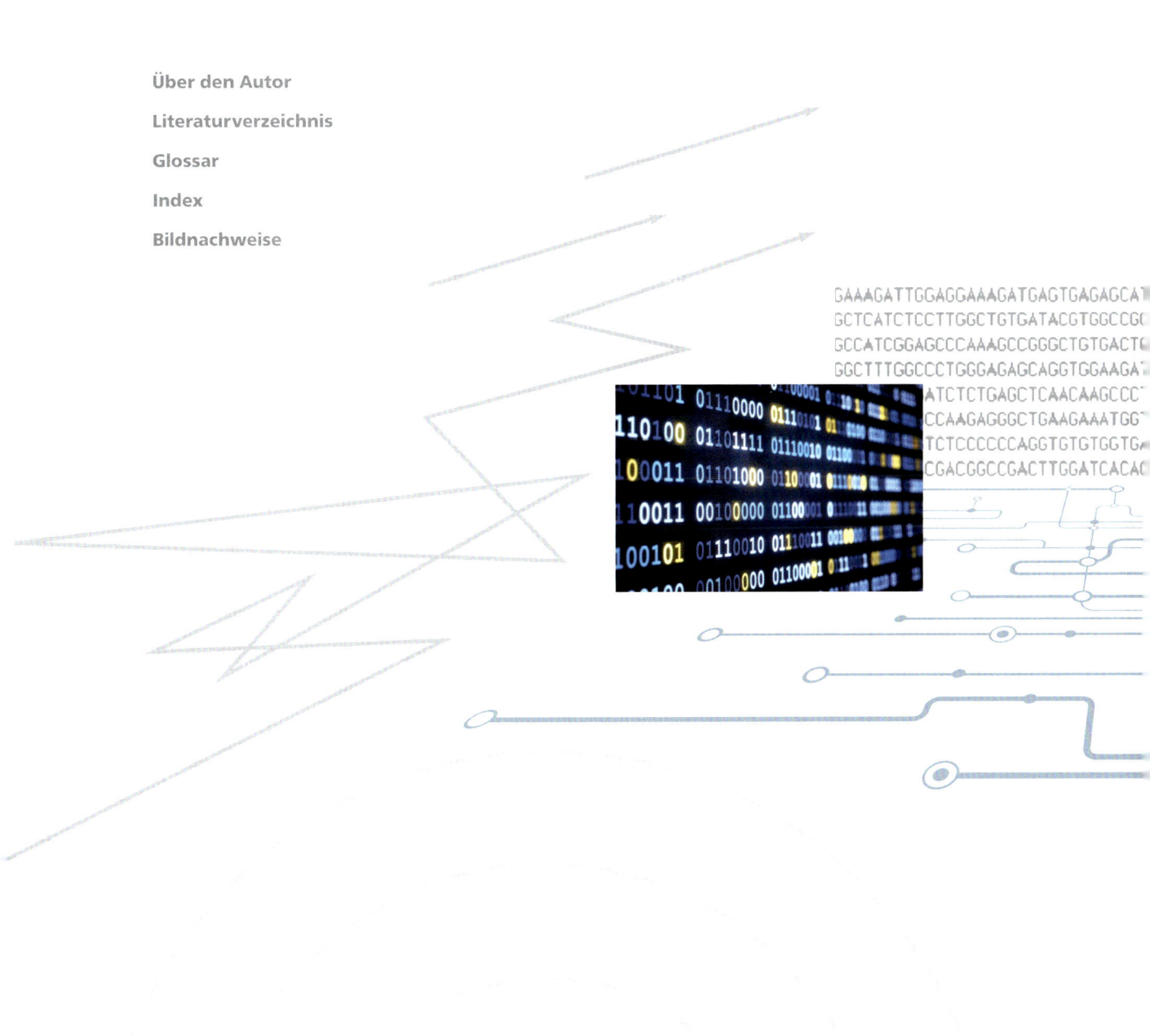

Über den Autor

Literaturverzeichnis

Glossar

Index

Bildnachweise

Über den Autor

Dr. rer. nat. Siegfried Kiontke
studierte Physik und Chemie und wirkte im Rahmen seiner Promotion an der Entwicklung des 600-Tonnen-Neutrinodetektors „KARMEN" mit. Schon in den 70er-Jahren beschäftigte er sich mit dem Thema Biophotonen. In seinen verschiedenen beruflichen Funktionen in der Industrie vertiefte er seine Kenntnisse auf den Gebieten Elektronik und Software.

Der beträchtliche Einfluss, den die natürliche Umgebungsstrahlung auf biologische Systeme ausübt, veranlasste Dr. Kiontke zu einer vertieften Auseinandersetzung mit den Wechselwirkungen zwischen elektromagnetischen Feldern und physiologischen Vorgängen. Seit 1990 erforscht und entwickelt er physikalische Diagnose- und Therapiesysteme. Er ist Mitbegründer und geschäftsführender Gesellschafter eines namhaften Medizinprodukteherstellers.

Dr. Kiontke ist Autor bzw. Co-Autor folgender Bücher:

„Physik biologischer Systeme – Die erstaunliche Vernachlässigung der Biophysik in der Medizin" (erschien 2006),

„Betriebstemperatur 37° Celsius – Die faszinierenden Wechselwirkungen menschlicher Körpersysteme" (erschien 2007),

„Handbuch VitalfeldTherapie" (erschien 2011),

„Farbe – Ein Lebenselixier" (erschien 2013),

"Tatort Zelle – Wie Elektrosmog-Attacken unseren Organismus bedrohen" (erschien 2014)

Literaturverzeichnis

Kürzel	Referenz
Aha 1959	Aharonov et al., *Significance of Electromagnetic Potentials in the Quantum Theory*. Physical Review 115, 485–491 (1959)
Ara 1995	Arani et al., *QED coherence and the thermodynamics of water*, International Journal Physics B9, 1813, (1995)
Bal 2001	Baltimore, *Our genome unveiled*, Nature 409: 814–816 (2001)
Bar 2008	Barbieri, *Life is Semiosis, the biosemiotic view of Nature*, Cosmos and History The Journal of Natural and Social Philosophy, Vol 4, No 1-2 (2008)
Bar 2016	Barbieri, *A new theory of development: the generation of complexity in ontogenesis*, Phil. Trans. R. Soc. A 374: 20150148 (2016)
Bar 2014	Barreto Lemos et al, Quantum imaging with undetected photons, Nature 512, 409–412 (2014)
Bec 1985	Becker et al, *THE BODY ELECTRIC: Electromagnetism and the Foundation of Life*, William Morrow (1985)
Bis 2002	Bischof, *Tachyonen Orgonenergie Skalarwellen*, AT Verlag (2002)
Bud 1956	Budwig, *Die elementare Funktion der Atmung in ihrer Beziehung zu autoxydablen Nahrungsstoffen*. Hyperion-Verlag, Freiburg im Breisgau (1956)
Bur 1939	Burr, *Evidence for the Existence of an Electro-Dynamic Field in Living Organisms*, Proc Natl Acad Sci U S A. Jun; 25(6): 284–288 (1939)
Cas 1948	Casimir, *On the attraction between two perfectly conducting plates*, Proc. Kon. Nederland. Akad. Wetensch. B51, 793 (1948)
Cif 2011	Cifra et al., *Electric field generated by longitudinal axial microtubule vibration modes with high spatial resolution microtubule model*, J. Phys.: Conf. Ser. 329 012013 (2011)
Che 2005	Cheung et al., *Molecular crowding enhances native state stability and refolding rates of globular proteins*, Proc Natl Acad Sci U S A. 102(13):4753-8 (2005)
Chl 1787	Chladni 1787 *Entdeckungen über die Theorie des Klanges*, Weidmanns Erben und Reich, Leipzig (1787)
Cri 1967	Crick, *Of molecules and men*, University of Washington Press, Seattle (1967)
Dür 2009	Dürr, *Warum es ums Ganze geht*, Oekom Verlag, München (2009)
Ecc 1977	Eccles et al., *The Self and Its Brain*, Springer (1977)

Frö 1972	Fröhlich H, *Selective long range dispersion forces between large systems,* Physics Letters A39, S. 153 (1972)
Fuh 2009	Fuhrhop und Wang, *Sieben Moleküle, die chemischen Elemente und das Leben,* Wiley-VCH Verlag (2009)
Gou 2010	Goulielmakis et al., *Real-time observation of valence electron motion,* Nature 466(7307):739-43 (2010)
Hu	Huping Hu & Maoxin Wu, *Spin-Mediated Consciousness: Theory, Experimental Studies, Further Development & Related Topics*
Hub 2015	Hubacher, *The Phantom Leaf Effect: A Replication, Part 1,* The Journal Of Alternative And Complementary Medicine Volume 21, Number 2, pp. 83–90 (2015)
Hub 2017	Huber, *Der holistische Mensch,* edition a, Wien (2017)
Huc 2016	Huck, Interview in NRC Handelsblad, 11 Juni 2016
Jah 1997	Jahn et al., *Correlations of Random Binary Sequences with Pre-Stated Operator Intention: A Review of a 12-Year Program,* Journal of Scientific Exploration, Vol. 11, No. 3, pp. 345–367, (1997)
Jer 2009	Jerman et al., *Deep Significance of the Field Concept in Contemporary Biomedical Sciences,* in Electromagnetic Biology and Medicine, 28: 61–70 (2009)
Jul 2001	Julsgaard et al., *Experimental long-lived entanglement of two macroscopic objects.* Nature 413:400–403 (2001)
Kio 2012	Kiontke, *Physik biologischer Systeme,* VITATEC Verlagsgesellschaft, Münsing (2012)
Kio 2015	Kiontke, *Betriebstemperatur 37° Celsius,* VITATEC Verlagsgesellschaft, Münsing (2015)
Koc 1906	Helge von Koch: *Une méthode géométrique élémentaire pour l'étude de certaines questions de la théorie des courbes planes,* Acta Mathematica. Band 30, 145–174 (1906)
Krö 2016	Kröplin et al., *Die Geheimnisse des Wassers,* AT Verlag (2016)
Kud 2011	Kudernac et al., *Electrically driven directional motion of a four-wheeled molecule on a metal surface,* Nature. 479 (7372): 208–211 (2011)
Lev 2014	Levin et al., *Endogenous bioelectrical networks store non-genetic patterning information during development and regeneration,* The Journal of Physiology 592.11 pp 2295–2305 (2014)
Lib 1983	Libet et al., *Time of conscious intention to act in relation to onset of cerebral activity (readiness-potential): the unconscious initiation of a freely voluntary act.* Brain 106: 623–642 (1983)
Lip 2005	Lipton, *Intelligente Zellen, wie Erfahrungen unsere Gene steuern,* Koha Verlag, 12. Auflage 2013. Englische Ausgabe erschienen als *The Biology of Belief – Unleashing the Power of Consciousness,* (2005)

Llo 2011	Lloyd et al., *The quantum Goldilocks effect: on the convergence of timescales in quantum transport,* arXiv:1111.4982 [quant-ph] (2011)
Mar 2013	Martini et al., *Water-Protein Interactions: The Secret of Protein Dynamics,* Hindawi Publishing Corporation, The Scientific World Journal, Article ID 138916, http://dx.doi.org/10.1155/2013/13891 (2013)
Mas 2006	Masgrau et al., *Atomic description of an enzyme reaction dominated by proton tunneling,* Science 312(5771): 237-41 (2006)
McC 2005	McCaig et al., „*Controlling Cell Behavior Electrically: Current Views and Future Potential*". Physiol. Rev. 85, 943–978 (2005)
McC 2009	McCaig et al., „*Electrical dimensions in cell science*". Journal of Cell Science 122, 4267–4276 (2009)
McC 1974	McClare, *Resonance in Bioenergetics,* Annals New York Acad. Science 227: 74-97 (1974)
Mc D 2017	Mc Dermott et al., *DNA's Chiral Spine of Hydration,* ACS Cent. Sci. 2017, 3, 708−714 (2017)
Mey 1996	Meyl, *Elektromagnetische Umweltverträglichkeit,* Teil 1, 2 und 3, Indel Verlag (1996)
Moh 2008	Mohseni et al., *Environment-Assisted Quantum Walks in Photosynthetic Energy Transfer,* Journal of Chemical Physics 129, 174106 (2008)
Mon 2011	Montagnier et al., *DNA waves and water,* Journal of Physics: Conference Series 306: 012007 (2011)
Nie 2013	Nießner et al., *Magnetoreception: activated cryptochrome 1a concurs with magnetic orientation in birds,* J R Soc Interface 10: 20130638 (2013)
O'Re 2014	O'Reilly et al., *Non-classicality of the molecular vibrations assisting exciton energy transfer at room temperature,* Nature Communications 5: 3012 (2014)
Pai 2012	Pai et al., *Transmembrane voltage potential controls embryonic eye patterning in Xenopus laevis,* Development Jan;139(2):313-23 (2012)
Pel 2004	Pelling et al., *Local nanomechanical motion of the cell wall of Saccharomyces cerevisiae,* Science 305(5687):1147-50 (2004)
Pen 2011	Penrose et al., *Consciousness in the Universe: Neuroscience, Quantum Space-Time Geometry and Orch OR Theory,* Journal of Cosmology 14 (2011)
Pie 2011	Pietak, *Electromagnetic Resonance in Biological Form: A Role for Fields in Morphogenesis,* Journal of Physics: Conference Series 329 (2011)
Pla 1949	Planck, *Vorträge und Erinnerungen,* Hirzel Verlag Stuttgart (1949)
Pre 2013	Preto und Pettini, *Resonant long-range interactions between polar macromolecules,* Physics Letters A377, S. 587 (2013)

Rit 2000	Ritz, *A model for photoreceptor-based magnetoreception in birds,* Biophys J. 78(2): 707–718 (2000)
Rit 2004	Ritz et al., *Resonance effects indicate a radical-pair mechanism for avian magnetic compass,* Nature 429, 177–180 (2004)
Sar 2010	Sarovar et al., *Quantum entanglement in photosynthetic light harvesting complexes,* Nature Physics, 6, 462 (2010)
Sch 1944	Schrödinger, *What is Life?* Cambridge University Press (1944)
She 1981	Sheldrake, *A New Science of Life: The Hypothesis of Morphic Resonance,* J.P. Tarcher, Los Angeles (1981)
Tal 2010	Tallant et al., *Matrix metalloproteinases: fold and function of their catalytic domains,* Biochim Biophys Acta 1803(1):20-28 (2010)
Teg 2000	Tegmark, *The importance of quantum decoherence in brain processes,* Phys. Rev E61: 4194-4206 (2000)
Tso 1989	Tsong et al., *Resonance electroconformational coupling: a proposed mechanism for energy and signal transductions by membrane proteins,* Bioscience reports 9, 13–26 (1989)
Hay 2010	Hayashi et al., *Electron tunneling in respiratory complex I,* PNAS vol. 107, no. 45, 19157–19162 (2010)
Tyn 2007	Tyner et al., *Nanosized Voltmeter enables cellular-wide electric field mapping,* Biophysics Journal 93, S. 1163–1174 (2007)
Van 2014	Van Wijk, *Light in shaping life - Biophotons in biology and medicine,* Meluna Geldermalsen (2014)
Voe 2007	Voeikov, *Fundamental Role Of Water In Bioenergetics,* In "Biophotonics and Coherent Systems in Biology ", Springer, pp. 89-104 (2007)
Wei 2001	Weinhold, *A new twist on molecular shape,* Nature 411, 539-541 (2001)
Wie 1948	Wiener, *Cybernetics: Or Control and Communication in the Animal and the Machine,* Paris, (Hermann & Cie) & Camb. Mass. (MIT Press) (1948)
Wil 2008	Wilczek, *The Lightness of Being: Mass, Ether, and the Unification of Forces,* Basic Books (2008)
Wil 1981	Wiltschko et al., *Disorientation of inexperienced young pigeons after transportation in total darkness,* Nature 291, S. 433–435 (1981)
Wil 1968	Wiltschko, *Über den Einfluss statischer Magnetfelder auf die Zugorientierung der Rotkehlchen (Erithacus rubecula),* Zeitschrift für Tierpsychologie. Band 25, S. 536–558 (1968)
Yea 1947	Yeagley, *A Preliminary Study of a Physical Basis of Bird Navigation,* Journal of Applied Physics 18, 1045 (1947)

Glossar

1. atmosphärisches Fenster
Frequenzabschnitt im Bereich der Radiowellen, wofür die Atmosphäre durchlässig ist.

2. atmosphärisches Fenster
Frequenzabschnitt im Bereich der Infrarotstrahlung und des sichtbaren Lichts, wofür die Atmosphäre durchlässig ist.

Acetyl CoA
Zusammensetzung aus Coenzym A und einer Acetylgruppe.

Acetylgruppe
Zusammensetzung aus einer Carbonylgruppe (C mit doppelt gebundenem O) und einer Methylgruppe (CH_3).

Aerosole
Heterogenes Gemisch (Dispersion) aus festen oder flüssigen Schwebeteilchen in einem Gas.

Alternatives Splicing
Beim alternativen Splicing entscheidet sich erst während des Spleißvorgangs, welche RNA-Sequenzen Introns (nicht-kodierend) und welche Exons (kodierend) sind.

Atmospherics
Elektromagnetische Signale natürlichen Ursprungs, die primär auf Blitzentladungen zurückzuführen sind.

ATP-Synthase
Komplex V, das letzte Glied in der Atmungskette. Bei diesem Enzym entsteht ATP aus ADP und einer Phosphatgruppe.

Attosekunde
1 Attosekunde entspricht 10^{-18} Sekunden.

Autophagozytose
Die Fähigkeit des Körpers, die eigenen nicht mehr gebrauchten Zellen zu vernichten.

Bahndrehimpuls
Drehimpuls eines Körpers bezüglich eines Punktes, der nicht mit dem Schwerpunkt zusammenfällt.

Biophotonen
Lichtteilchen (Photonen), die spontan und fortwährend durch lebende Zellen ausgesendet werden.

Bit
Kleinste Speichereinheit eines Computers.

Blaupause
Konstruktionszeichnung, Plan zur Herstellung eines Produktes, Bauplan.

Chemisch-mechanistisch
Auffassung, dass die Eigenschaften und Fähigkeiten von Lebewesen auf chemische und mechanische Vorgänge beschränkt sind.

Chlorophyll
Lichtempfindliches Molekül.

Chloroplast
Organellen der Zellen von Pflanzen, die Photosynthese betreiben.

Citrate
Ester, Salze und das negative Ion der Citronensäure.

CoA
Coenzym A.

Coenzym A
Komplexes Molekül, zusammengesetzt aus ADP, Vitamin B5 und Cystein. Ist am Energiestoffwechsel beteiligt.

Contergan
Arzneimittel mit dem Wirkstoff Thalidomid.

De-Broglie-Wellenlänge
Wellenlänge, die jedem Teilchen mit einem bestimmten Impuls zugeordnet werden kann.

Dekohärenz
Das Fehlen oder der Verlust von Zusammenhang.

Determinismus
Die Auffassung, dass alle künftigen Ereignisse durch Vorbedingungen eindeutig festgelegt sind.

Diffusion

Ungerichtete Zufallsbewegung von Teilchen aufgrund ihrer thermischen Energie.

Drehimpuls

Physikalische Größe, die als das Maß der Drehung eines Körpers um einen Punkt beschrieben werden kann. Er wird berechnet als Vektorprodukt aus dem Ortsvektor und dem Impulsvektor.

Eigendrehimpuls

Drehimpuls eines Körpers bezüglich seines Schwerpunkts.

Elektronenvolt

Kleine Energieeinheit, gleich $1,6 \cdot 10^{-19}$ Joule.

Epigenetik

Weitergabe (Vererbung) von Eigenschaften auf die Nachkommen, die nicht auf Abweichungen in der DNA-Sequenz zurückgehen, sondern auf eine vererbbare Änderung der Genregulation und Genexpression.

eV

Siehe Elektronenvolt.

Ester

Chemische Verbindungen, die durch die Reaktion einer Säure und eines Alkohols oder Phenols unter Abspaltung von Wasser entstehen.

Exciton

Kombination eines angeregten Elektrons und des von ihm zurückgelassenen Lochs.

Farbiges Rauschen

Breites Frequenzspektrum, worin einige Frequenzen übervertreten sind.

FADH$_2$

Reduzierte Form des Flavin-Adenin-Dinukleotids. Wichtige Bedeutung als Elektronenüberträger in verschiedenen Stoffwechselprozessen.

Femtosekunde

1 Femtosekunde entspricht 10^{-15} Sekunden.

Fettsäuren

Monocarbonsäuren (Verbindungen, die nur eine Carboxy-Gruppe COOH haben) mit zumeist unverzweigter Kohlenstoffkette.

FeS-Zentren

Eisen-Schwefel-Cluster. Mehrfachkomplexe aus Eisen und Schwefel, die als Kofaktoren an Enzymreaktionen beteiligt sind.

Flagellen

Bakterielle Flagellen sind extrazelluläre, wendelförmige Fäden („Filamente"), die der Fortbewegung dienen.

FMN

Flavinmononukleotid, eine Verbindung von Riboflavin (Vitamin B2) und einer Phosphatgruppe. Funktioniert als Elektronenüberträger.

Freie Radikale

Atome, Moleküle und Molekülbruchstücke, die mindestens ein ungepaartes Elektron besitzen.

Gel

Feinverteiltes System aus mindestens einer festen und einer flüssigen Phase.

Genom

Gesamtheit der materiellen Träger der vererbbaren Informationen.

Genregulation

Steuerung der Aktivität von Genen.

Glycerin

Auch Glycerol oder Glyzerin, chemische Bezeichnung Propan-1,2,3-triol, ein Zuckeralkohol. Spielt eine zentrale Rolle als Zwischenprodukt in verschiedenen Stoffwechselprozessen.

Histone

Eiweiße, auf denen der DNA-Faden wie auf Kabeltrommeln aufgewickelt ist.

Hohlraumresonator

Schwingungskörper, wobei im Innenraum stehende (elektromagnetische oder akustische) Wellen ausgebildet werden können.

Holistisch
Ganzheitlich.

Homöostase
In der Systemtheorie die Fähigkeit eines Systems, sich selbst durch Rückkopplung innerhalb bestimmter Grenzen in einem stabilen Zustand zu halten.

Hox-Gene
Familie von Genen, die Transkriptionsfaktoren exprimieren.

Interferenz
Überlagerung von zwei oder mehr Wellen nach dem Prinzip der Addition ihrer Amplituden.

Junk-DNA
DNA, die nicht für Proteine kodiert.

Kernspinresonanz
Physikalischer Effekt, bei dem Atomkerne in einem konstanten Magnetfeld elektromagnetische Wechselfelder absorbieren und emittieren.

Kohärenz
Der Begriff Kohärenz kommt vom lateinischen Wort „cohaerere", das „zusammenhängen" bedeutet. Kohärenz bedeutet im Allgemeinen also „Zusammenhang".

Konvergenzpunkt
Der Punkt, an dem Linien oder Strahlen zusammenlaufen, oder Grenzwert von Zahlenfolgen.

Kosmische Strahlung
Hochenergetische Teilchenstrahlung oder elektromagnetische Strahlung, die von der Sonne, der Milchstraße und von fernen Galaxien kommt.

Lichtsammelkomplex
Eine Einheit bestehend aus einigen Hundert bis zu über Tausend Chlorophyllmolekülen.

Magnetresonanztomografie
Bildgebendes Verfahren, das physikalisch auf den Prinzipien der Kernspinresonanz basiert.

Makrophagen
Fresszellen der unspezifischen Immunabwehr.

Metamorphose
Formveränderung.

Metastabil
Zustand zwischen stabil und instabil. Metastabile Zustände sind nicht im Gleichgewicht mit der Umgebung.

Mikrochimärismus
Das Überleben fremder Zellen im Körper.

Mikrotubuli
Hohlzylinder mit einem Durchmesser von zirka 25 Nanometern, die unter anderem in der Zelle für längere Transportvorgänge zuständig sind.

Mitotische Spindel
Struktur aus Mikrotubuli, die sich während der Zellteilung in der Zelle ausbildet.

Mol
Mengeneinheit: 1 Mol entspricht einer Menge von $6 \cdot 10^{23}$ Molekülen oder Atomen.

Morphogenese
Formbildung.

MRT-System
System für Magnetresonanztomografie.

NADH
Nicotinamidadenindinukleotid, Coenzym, das gleichzeitig zwei Elektronen und ein Proton übertragen kann. Es ist an zahlreichen Redoxreaktionen des Stoffwechsels der Zelle beteiligt.

NADPH
Nicotinamidadenindinukleotidphosphat, hat im Prinzip die gleiche Funktion wie NADH, führt diese aber an anderen Stellen durch.

Nukleotide
Ein biochemischer Grundbaustein, der aus einem Zuckermolekül, einer Base und einer Phosphorgruppe aufgebaut ist.

Nullpunktfeld
Die Gesamtheit der Nullpunktschwingungen des Vakuums.

Nullpunktschwingung
Die Schwingung die in einem quantenmechanischen System im tiefsten Energiezustand noch vorhanden ist.

Osteoblasten
Zellen, die für die Bildung von Knochengewebe beim Knochenumbau verantwortlich sind.

Osteocalcin
Hormon, das von den Osteoblasten hergestellt wird. Eine der Funktionen ist, die Mineralisierung des Knochens zu verhindern.

Osteoklasten
Mehrkernige Zellen, die durch Fusion von Vorläuferzellen aus dem Knochenmark entstehen. Ihre Hauptaufgabe ist die Resorption von Knochengewebe.

Östrogene
Weibliche Sexualhormone aus der Klasse der Steroidhormone.

Oxalacetat
Auch Oxalessigsäure, ist eine Oxodicarbonsäure (besitzt zwei Carboxy-Gruppen COOH), ein wichtiger Knotenpunkt im Stoffwechsel.

Oxidative Phosphorylierung
Umfassender Begriff für die Gesamtheit aller Prozesse, die in der Atmungskette stattfinden.

Oxidieren
Das Abgeben von Elektronen oder von Wasserstoffatomen.

PCR
Polymerase-Kettenreaktion, eine Methode, DNA in vitro zu vervielfältigen.

Peptidbindung
Die Bindung zwischen zwei Aminosäuren.

Phase
Die raumzeitliche Relativposition mehrerer Wellen untereinander.

Physiologie
Lehre von den normalen Lebensvorgängen in den Zellen, Geweben und Organen in Lebewesen.

Picosekunde
1 Picosekunde entspricht 10^{-12} Sekunden.

Piezoelektrischer Effekt
Physikalische Erscheinung, bei der elektrische Ladungen auf Kristallen (beispielsweise Quarz) auftreten, wenn diese durch Druck, Zug oder Biegung beansprucht werden.

Plancksche Formel
Theoretische Formel, mit der die Schwarzkörperstrahlung berechnet wird.

Polymerase
Enzym, das die Polymerisation von Nukleotiden katalysiert.

Prophase
Eine Phase im zeitlichen Verlauf der Zellteilung.

Prostaglandine
Prostaglandine gehören zu den Eicosanoiden (Fettsäure-Abkömmlinge) und wirken als Gewebshormone.

Proteom
Die Gesamtheit aller Proteine in einem Lebewesen, einem Gewebe, einer Zelle oder einem Zellkompartiment unter exakt definierten Bedingungen zu einem bestimmten Zeitpunkt.

Pyruvate
Salze und Ester der Brenztraubensäure.

Quant
Kleinste Menge. In der Physik wird dieser Terminus verwendet, wenn eine makroskopisch kontinuierlich erscheinende physikalische Größe nur in bestimmten, nicht weiter unterteilbaren Mengen auftritt.

Quantenschwebungen
Intensitätsschwankungen, die auf die Interferenz der Wellenfunktion(en) von Quanten zurückzuführen sind.

Quark
Bestandteil von Protonen und Neutronen.

Qubit
Kleinste Speichereinheit eines Quantencomputers.

Radionik
Eine wissenschaftlich nicht belegte Heilmethode, die auch als Energiemedizin oder Informationsmedizin bezeichnet wird. Der Begriff Radionik bezieht sich dabei auf die Annahme, dass der menschliche Organismus auf Radiowellen, die angeblich Träger aufmodulierter Heilinformationen sein sollen, reagieren soll.

Rauschquelle
Spezieller Signalgenerator, der zufällig verteilte Signalschwankungen in einem großen Frequenzbereich erzeugt.

Reaktionszentrum
Schnittstelle zwischen den Chlorophyllmolekülen und der pflanzlichen Elektronentransportkette.

Reduzieren
Das Aufnehmen von Elektronen oder von Wasserstoffatomen.

Schumanwellen
Teil der Atmospherics im Frequenzbereich von etwa 7 bis 100 Hz, der durch entfernte Gewitter verursacht wird.

Schwarzer Körper
Idealisierter Körper, der die auf ihn treffende elektromagnetische Strahlung bei jeder Wellenlänge vollständig absorbiert. Er ist eine ideale thermische Strahlungsquelle und dient als Grundlage für theoretische Betrachtungen und praktische Untersuchungen elektromagnetischer Strahlung.

Schwarzkörperstrahlung
Die Strahlung eines „Schwarzen Körpers".

Skalare Größe
Eine physikalische Größe ohne Richtung.

Spermidin
Zwischenprodukt bei der Bildung von Spermin.

Spermin
Natürlich vorkommendes Polyamin (Stoff mit NH_2-Gruppen), das im menschlichen Sperma und in anderen Körperflüssigkeiten vorkommt; wirkt stabilisierend auf die DNA.

Spin
Eigendrehimpuls.

Steroidhormone
Steroide (Stoffklasse der Lipide), die als Hormone wirken.

Substanzabstrahlung
Elektromagnetische Abstrahlung einer Substanz über den gesamten Frequenzbereich.

Superposition
Zustand, der aus einer Zusammensetzung (Mischung) von mehreren Möglichkeiten besteht.

TM11-Modus
Bestimmte stehende elektromagnetische Welle in einem Hohlraumresonator, wobei die halbe Wellenlänge gleich dem Durchmesser des Hohlraums ist.

Transkription
Die Auslesung der Information in der DNA auf RNA-Moleküle.

Translation
Die Übersetzung der genetischen Information aus einer Nukleotidsequenz in ein Protein.

Vakuumfluktuationen
Virtuelle Teilchen oder Photonen, die in der Quantenfeldtheorie postuliert werden.

Vektorielle Größe
Eine physikalische Größe mit Richtung.

Verschränkung
Zustand, bei dem sich mehrere Teilchen oder Photonen zusammen in einer Superposition befinden.

Vesikel
Bläschen in der Zelle, das von einer Membran oder einer Hülle aus Proteinen umgeben ist.

Vioxx
Der Arzneistoff Rofecoxib. Wurde von MSD Sharp & Dohme unter dem Handelsnamen Vioxx in Verkehr gebracht.

Virtuelles Teilchen
Kurzlebiger Zwischenzustand, der während einer Wechselwirkung zweier Teilchen auftritt. Konzept aus der Quantenfeldtheorie.

Wärmeabstrahlung
Elektromagnetische Abstrahlung eines Gegenstandes, verursacht durch die thermischen Bewegungen der Bestandteile.

Wasserstoffbrücke
Schwache Bindung eines Wasserstoffatoms in einem Molekül mit einem freien Elektronenpaar eines anderen Moleküls.

Weißes Rauschen
Frequenzspektrum, worin alle Frequenzen gleichermaßen intensiv vorhanden sind.

Zyklotronresonanz
Resonanz, die auftreten kann, wenn ein geladenes Teilchen sich in einem konstanten Magnetfeld befindet und gleichzeitig einem passenden elektromagnetischen Signal ausgesetzt ist.

Index

A

Abstrahlung 40, 41, 42, 60, 61, 68, 123
Acetyl 92, 98, 99, 111
Acetyl-CoA 92, 98-99
Acetylgruppe 98, 99, 111
Adenin 97, 114-116
ADP 55, 92, 96, 97, 100
Aharonov-Bohm-Effekt 39
Aktivierungsenergie 89, 159, 161
Alphateilchen 157
Alpha-Zerfal 157
Alternative Splicing 113
Aminosäure 21, 22, 53, 92, 124, 130, 160, 161
Amphibien 138
Amplitude 32, 59, 127
Atmosphärische Fenster 38
Atmospherics 36-38
Atmungskette 55-56, 62, 92, 100
ATP 55-56, 62, 92, 96-100, 102
ATP-Synthase 55-56, 58, 92-93, 96, 100
Autophagozytose 169

B

Bahndrehimpuls 77
Baltimore, David 135
Barbieri, Marcello 20, 22, 109, 111
Bearden, Tom E. 39
Becker, Robert O. 142-143
Befruchtung 13, 169
Benveniste, Jacques 120
bioelektrischer Code 111-112
bio-elektromagnetisch 145, 174
Biophotenabstrahlung 42, 61
Biophotonen 10, 42, 60-61, 69
Biophysiker 43, 173
Bits 25
Blaupause 12, 25, 129-130, 133-134, 136, 138-139, 144-146, 169
Blitzentladungen 36
Blutgefäße 9, 19, 33, 47, 49, 134, 142
Blutparameter 90
Bohr, Niels 164
Boyle, Robert 66
Brownsche Bewegung 151
Budwig, Johanna 64

C

Calcitriol 168
Calvinzyklus 92, 97
Casimir, Hendrick B. G. 75
Casimir-Effekt 75
Chladni Figuren 139
Chladni, Ernst 139-140
Chlorophyll(molekül) 70, 93-95, 100, 152-156, 172
Chloroplasten 91, 93, 95-96, 100-101
Chromosom 22, 55, 166, 169
Citratzyklus 92, 99, 101, 158
Crick, Francis 18
Cryptochrom 163
Cytochrome C 100-101
Cytosin-Basen 111

D

Decarboxylierung 92, 98, 101

Dekohärenz(temperatur) 25, 149-150, 164, 176

Del Giudice, Emilio 76

DNA-Code 11, 20, 22, 113

DNA-Polymerase 55, 122-123, 160, 166

DNA-Verdoppelung 24, 55, 114, 116, 166

Doppelspalt-Experiment 10, 70, 74, 148, 152-155

Drehimpuls 71, 77-79

Dürr, Hans-Peter 20

E

Eccles, John Carew 177

Eigendrehimpuls 77-78

Einstein, Albert 68, 69, 72, 81, 151, 164

Eizellen 113, 134, 136, 169

elektromagnetische Felder 7, 9, 12, 26, 28, 30, 33, 38-39, 70, 75, 137, 139, 146, 150, 174

Elektromagnetismus 8, 28, 33, 36, 38, 144, 175

Elektronenkreislauf 101-102

Elektronentransportkette 55, 92-97, 100-101, 152, 158, 151, 166, 172

Elektronenvolt 76

Elektronloch 95

Energiekreislauf 86, 100-102, 150

Energiespeicherung 11, 90

EPR-Paradoxon 81

Exciton 94-95, 152-156, 172

F

FADH$_2$ 92, 99-100, 158

Farbiges Rauschen 13, 156

Feld 7, 9, 10, 12, 13, 22, 26, 28, 29-30, 33-36, 38-39, 44, 68, 70, 75, 128, 137-139, 141, 143, 144, 146, 150, 152, 162, 173-175

Feldlinienstrukturen 128, 174

Feringa, Bernard 57

FeS 158-159

Fettsäure 92, 98

Fettstoffwechsel 98

Filament 52, 57

Flagellenmotor 57-59

Flagellum 57

FMN 158

Fraktal 9, 45-50, 137, 175

Fraser Stoddart, James 57

Fröhlich, Herbert 126

Fuhrhop, Jürgen-Heinrich 21

G

Gap Junctions 112

Gas-Gesetz 23, 151

Gauß 34

GDP 92, 99

Gehirnwellen 38, 42, 60

Gehörknöchelchen 106

Genexpression 111

Genregulation 29

Geophysik 33

Gleichgewicht 11, 33, 86-87, 90, 163

Gleichgewichtssystem 33

Glykolyse 92, 98-99, 101

Gravitationsfeld 29, 33, 144, 173

GTP 92, 99

Guanin 114-116

Gurwitsch, Alexander 137

H

Hameroff, Stuart 176

Heisenberg, Werner 164

Hertz, Heinrich 31

Histone 111, 167

Histonmodifikationen 167, 111

holistisch 19

Homöostase 21

Hox-Genen 134

Hubacher, John 146

Huck, Wilhelm 25-26

Immunsystem 13, 19, 169-170

Information 11-12, 25, 43, 63, 81-83, 103, 104, 105-109, 112, 114-115, 118-119, 127, 144, 175

Informationsträger 106-107

Informationsübertragung 8, 11, 43, 63, 82-83, 106, 124

Infrarotstrahlung 33, 36-38, 40-41, 60, 84

Interferenz 9, 32, 39, 63, 74, 152-153

Ionosphäre 35

Jerman, Igor 144, 173

Junk-DNA 135

K

Kalzium 167-168

Kamerlingh Onnes, Heike 148

Kepler, Johannes 144

Kirchhoff, Gustav Robert 68

Kirlianfotografie 145

Knochen 13, 167-169

Koch-Kurve 46, 48

kohärente Domäne 11, 76, 120, 156, 172

Kohärenz 9-11, 13, 22, 25, 60-64, 76, 149, 164, 166, 176

Kollagenase 160-161, 172

Kollagenfasern 160

Kopenhagener Deutung 164

Kristall 81, 84, 107, 163

Kröplin, Bernd 120

Kybernetik 105

L

L-field (Lebensfeld) 137, 174

Libet, Benjamin 176-177

Lichtsammelkomplex 92-94, 96, 152-156, 158, 172

Lipton 28

Longitudinale Wellen 9, 38-39

Lymphknoten 169

M

Magnetismus 71, 149

Magnetit 163

Magnetsinn 13, 162-163, 172

Mandelbrot 46

Martini, Silvia 128

Maxwell, James Clerk 38, 68

Maxwell-Gleichungen 38-39

McCaig, Colin 143

McClare, Colin W. F. 43

McDermott, Luke 127

Membran 10, 56-57, 64, 93, 96, 100, 102, 110, 112, 128, 167, 174

Metamorphose 136

metastabil 11, 86-91, 93, 97, 100, 115, 157, 163, 166

Methylgruppen 111

Meyl, Konstantin 39

Mikrochimärismus 170

Mikrotubuli 141, 175-176

mitotischen Spindeln 141

Modulation 63, 82, 127

Möglichkeitsfeld 10, 72-73, 174

molekulare Motoren 10, 56-57

Montagnier, Luc 120

Montagnier-Experiment 11, 121, 123-124

Morphogenese 12, 29, 134

Morphogenetische Felder 12, 137, 174

MotA/MotB 58-59

Motorprotein 10, 59, 100

Muster 9, 11, 12, 28, 44, 46-49, 63, 74, 104, 107, 112, 117-120, 123, 124, 126-128, 139-140, 152-153, 166

N

NADP 92, 97, 99-101, 158

NADPH 96, 97, 99, 101

Nahrungskette 11, 131

Nernst, Walter 75

Nervensystem 119, 137

Newton 28, 68, 144

Nicotinamid-Ring 97

NO 19

Nordpol 34

Nukleinsäure 52

Nukleotiden-Sequenz 123

Nukleotide 114, 122, 123

Nullpunktenergie 11, 70, 75

Nullpunktfeld 75

Nullpunktschwingung 40, 75

O

O'Reilly, Edward 156

OH-Gruppe 131

Oktave 48-50

Olaya-Castro, Alexandra 156

Ordnungsphänomene 10, 63, 71, 72, 148-150

Ortsfunktion 70-71

Osteoklasten 168

Oxidative Phosphorylierung 55

P

Pai 112

PCR 121-123

PEAR-Projekt 83

Peptidbindung 160 161, 172 173

Pettini, Marco 126

Phantom-Effekt 146

Phase 31-32, 60, 63-64, 87

Photosynthese 36, 70, 91, 97, 131, 152

Pietak, Alexis 140

Piezoelektrischer Effekt 168

Planck, Max 7, 8, 10, 68, 75, 177

Plancksche Formel 41, 60, 61

Plancksche Konstante 68, 75, 78

Plancksche Strahlungsformel 60

Plato 66

Plattwurm 142

Plazenta 170

Podolsky, Boris 81

Polarisiertes Licht 81

Polsprung 34-35

Polymerase-Kettenreaktion 121-122

Popp, Fritz-Albert 60, 140-141

potenzielle mechanische Energie 88

präbiotisch 21

Preparata, Giuliano 76

Preto, Jordane 126

Prophase 141

Prostaglandin 169

Proteom 54

Pyruvat 92, 98

Pythagoras 48, 50

Q

Quant 10, 40, 67-69

Quantenbiologie 148, 172-173

Quantencomputer 25, 64, 72, 176

Quanteneffekte 148, 152, 176

Quantentunnel 159

Quantenverschränkung 13, 64, 65, 77-78, 81-82, 148, 163, 172

Quantum 67, 70, 171

Quark 66-67

Qubits 25, 72, 176

R

Radionisch 83

Radiostrahlung 33

Rauschen 13, 43, 147, 155-156

Rausch-Quelle 83

Rayleigh-Jeans-Gesetz 68

Reaktionszentrum 93-96, 152-154

Reduktionismus 55, 81, 165-166, 171

Regeneration 142-143, 168

Rezeptor 110, 125, 127

Rosen, Nathan 81

S

Salamander 137, 142-143

Samenzellen 113

Sauvage, Jean-Pierre 57

Saxton Burr, Harald 137, 142

Schallwellen 31, 38, 106

Schrödinger, Erwin 23-25, 113, 172

Schumanwellen 36, 38

Schwarzkörperstrahlung 40-42, 60, 75

Schwerkraftenergie 88, 91

Schwingungsmuster 140

Sheldrake, Rupert 137

Signalmolekül 19, 92, 110

skalar 30, 38-39

Skaleninvarianz 46

Spannungsgradient 12, 138

Spemann, Hans 137

Spermidin 169-170

Spermin 169

Spin 77-78, 80, 82, 141, 148, 163-164

Stammzellen 168-170

Stärke 12, 97-98, 132-133

Steroidhormone 125

Stickstoffmonoxid 19

Stoffwechsel 28, 98, 167, 170

Substanzabstrahlung 41-42, 44

Substanzinformation 119

Substanzmuster 119-120

Substanzspektren 119

Superposition 71, 80, 115, 154-155, 163-164

Suprafluidität 63

Supraflüssigkeit 63

Supraleitung 63, 71-72, 148-149

Synapsen 177

T

Tegmark, Mark 176

Testosteron 168

Thermodynamik 62

Thymin 114-116

Transkription 108, 110, 113-116, 125, 135, 161

Translation 108, 135

Transversalwellen 39

Tunneleffekt 71, 147-148, 157-159, 161, 172

U

Ubichinon 100-101

Umgebungsstrahlung 36-38, 41, 124

Umpolung 34

V

Vakuum 38, 70, 75

Vakuumfluktuationen 75-76

vektoriell 30, 39

Verschränkte Photonen 80-81, 84

Verschränkung 80-84, 176

Vesikel 26

Vioxx 20

Vitalfeld 144-145, 171, 174-175

Vitamin D3 168

Voeikov, Vladimir 26

W

Wang, Tianyu 21

Wärmeabstrahlung 40, 42, 60, 65, 68-69

Wärmebewegungen 24, 42, 53, 60, 63, 72, 89, 149, 151, 154, 156

Wasserstoffbrücke(n) 114-115, 126, 132-133, 161

Watson, James 18

Watson-Crick-Modell 18

Weinhold, Frank 28

Weiss, Paul 137

Weißbezirk 71

Weißes Rauschen 155-156

Wellenlänge 31-32, 36, 38, 40-42, 60-61, 63, 70, 72, 74, 76, 84, 93, 139

Wiener, Norbert 105

Wiltschko, Wolfgang **162-163**

Y

Yeagley, Henry 162

Z

Zeilinger, Anton 84

Zellplasma 53, 112, 124

Zellteilung 24, 29, 113, 115, 122, 140-141, 166, 169

Zink 161

Zitronensäurezyklus 62, 99-100

Zucker 19, 110, 124, 168

Bildnachweise

Bilder und Grafiken VITATEC Products AG mit Ausnahme von:

1. Kapitel
Seite 17

Steine: shutterstock / Stas Malyarevsky

Keimling: shutterstock / Charles Brutlag

Abb. 1.1: shutterstock / Rick Wang

Abb. 1.2: shutterstock / Pookpick Urairat

2. Kapitel
Seite 27

Wellen: shutterstock / Optimarc

Abb. 2.8: Umgezeichnet nach Oehrl, W. und H. L. König, Messung und Deutung elektromagnetischer Oszillationen natürlichen Ursprungs, Z.s. Angew. Physik, 25

3. Kapitel
Seite 45

Farn: shutterstock / Niccolo Talenti

Linienfraktal: shutterstock / Zita

Abb. 3.3 Blutgefäße: shutterstock / ballemans

Abb. 3.4 Fraktal: shutterstock / DasArts

4. Kapitel
Seite 51

Zellen: shutterstock / Giovanni Cancemi

Abb. 4.3: shutterstock / cherezoff

Abb. 4.11: Umgezeichnet nach Paul A. Tipler "Physik" (1995)

Abb. 4.12 Sonne: shutterstock / djgis

5. Kapitel
Seite 65

Netzwerk blau: shutterstock / vs148

Abb. 5.7: Wikipedia

Abb. 5.12 rechts, Schraubenzieher: shutterstock / zlikovec

Abb. 5.15: Gestaltet nach „Kamera fotografiert mit teleportiertem Licht" aus Spiegel on-line 27.08.2014

6. Kapitel
Seite 85

Schwan: shutterstock / Nailia Schwarz

Fuchs: shutterstock / Miche Godimus

Aprikosen: shutterstock / Larry Korb

Abb. 6.2 Baum im Sturm: shutterstock / Gabi Wolf

Abb. 6.4 Feuer: shutterstock / Petrychenko Anton

Abb. 6.6 Gratwanderung: shutterstock / Galina Kovalenko

Abb. 6.14 und 6.17: Umgezeichnet nach Alberts u. a., Molekularbiologie der Zelle, Wiley-VCH Verlag, 2004

Abb. 6.16 Kuh: shutterstock / smereka

7. Kapitel

Seite 103

DNA blau: shutterstock / Sashkin

DNA bunt: shutterstock / Lecter

Abb. 7.1 Information-Fahrplan: shutterstock / Kzenon

Abb. 7.2 Telefongespräch: shutterstock / Yakobchuk Viacheslav

Abb. 7.3 Infoquelle (Paar am Computer): shutterstock / nd3000 und (Bibliothek): shutterstock / Pressmaster

Abb. 7.4 Brand: shutterstock / Art Konovalov

Abb. 7.10 Umgezeichnet nach Alberts u. a., Molekularbiologie der Zelle, Wiley-VCH Verlag, 2004

Abb. 7.12 Vogelsilhouetten: shutterstock / vadimmus

Abb. 7.13 Rod Stewart: shutterstock / landmarkmedia

Abb. 7.14 Marylin Monroe: shutterstock / Stamptastic – Michael Jackson: shutterstock / 360b – Prinz Charles: shutterstock / Marc Burleigh

Abb. 7.20 Sporthalle: shutterstock / YutRed Cap

8. Kapitel

Seite 129

Embryo: iStock / selvanegra

Blaupause: iStock / AF-Studio

Code: iStock / matejmo

Abb. 8.3 Kartoffeln: shutterstock / mjaud

Abb. 8.4 Holz: shutterstock / wdeon

Abb. 8.7 Schmetterling: shutterstock / Mathisa

Abb. 8.8 Chladni historisch: shutterstock / Morphart Creation

Abb. 8.10: Umgezeichnet nach M. Rattemeyer, Diplomarbeit Universität Marburg, 1978

Abb. 8.12 links, Mitose: iStock / snapgalleria

Abb. 8.13 Plattwurm: iStock / Sinhyu

9. Kapitel

Seite 147

Fischschwarm: iStock / Global Pics

Atomkern: iStock / koya79

Abb. 9.4 VITATEC unter Verwendung Atomkern von iStock / koya79

Abb. 9.9 Brieftaube: iStock / Vladimir Vladimirov

10. Kapitel

Seite 165

Baby: shutterstock / wowsty

Dame: shutterstock / pressmaster

Kind mit Schmetterling: iStock / ulkas

Mann: iStock / Pinopic

Abb. 10.1 Füße: iStock / PeopleImages

Abb. 10.2 Skelett: iStock / Stockdevil

Abb. 10.3 Sperma: shutterstock / Yurchanka Siarhei

Abb. 10.4 Plazenta: iStock / photosoup

Abb. 10.5 Mutter: iStock / tatyana_tomsickova

Cover:

Gestaltet von Margit Eberlein unter Verwendung einer Grafik von shutterstock / Quality Stock Arts